"十二五"职业教育国家规划教材

经全国职业教育教材审定委员会审定

（高职高专）

HUAGONGYONGBENG

IANXIU

YU

WEIHU

U0233882

化工用泵检修与维护

第二版

◎ 傅　伟　主编　　　◎ 袁绍明　主审

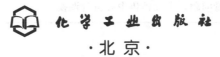

化学工业出版社

·北京·

本书是为了适应高等职业教育发展和改革的需要，并根据化工设备维修技术专业的培养目标，以职业岗位工作过程为导向，以生产实际中典型化工用泵的检修任务为载体，采用学习情境形式进行编写。本书共分绪论和六个学习情境，分别讲述了单级离心式水泵的检修与维护、多级离心泵的检修与维护、耐腐蚀泵的检修与维护、柱塞泵的检修与维护、齿轮泵的检修与维护、真空泵的检修与维护等工作过程性知识。各学习情境之间既相互独立又相互联系，呈现出由易到难、由简单到复杂的逐步递进关系，有利于学生知识的学习和技能的培养。

本书既可作为高等职业技术学院化工设备维修技术和化工装备技术专业的教材，也可作为石油化工行业中等职业院校、职业技能培训和职业技能鉴定教材及工程技术人员的参考用书。

图书在版编目(CIP)数据

化工用泵检修与维护/傅伟主编. —2版. —北京：化学工业出版社，2016.1（2024.8重印）
"十二五"职业教育国家规划教材　经全国职业教育教材审定委员会审定
ISBN 978-7-122-25769-7

Ⅰ.①化…　Ⅱ.①傅…　Ⅲ.①化工用泵-维修-职业教育-教材　Ⅳ.①TQ051.217

中国版本图书馆 CIP 数据核字（2015）第 285664 号

责任编辑：高　钰　　　　　　　　　　　　　装帧设计：史利平
责任校对：王素芹

出版发行：化学工业出版社（北京市东城区青年湖南街 13 号　邮政编码 100011）
印　　装：北京科印技术咨询服务有限公司数码印刷分部
787mm×1092mm　1/16　印张 15½　字数 388 千字　2024 年 8 月北京第 2 版第 6 次印刷

购书咨询：010-64518888　　　　　　　　　售后服务：010-64518899
网　　址：http://www.cip.com.cn
凡购买本书，如有缺损质量问题，本社销售中心负责调换。

定　　价：48.00 元

前　言

本教材是根据化工设备维修技术专业的培养目标，以职业岗位工作过程为导向，以职业能力为依据，以工作结构为逻辑，以工作任务为载体，参考《国家职业资格标准》，并根据高职教育规律和学生的认知规律，采用学习情境、学习任务和工作任务等形式组织编写。本教材以培养学生的职业能力为主线，着力提高学生的专业能力、方法能力和社会能力；在保证工作过程性知识学习的基础上，着力培养学生的职业技能，提高学生的职业素养。

本教材以典型化工用泵的检修任务为载体，设置了单级离心式水泵的检修与维护、多级离心泵的检修与维护、耐腐蚀泵的检修与维护、柱塞泵的检修与维护、齿轮泵的检修与维护、真空泵的检修与维护六个学习情境。各学习情境之间既相互独立又相互联系，呈现出由易到难、由简单到复杂的逐步递进关系。

本教材力求将理论知识和实践技能相结合，使课程结构达到最大限度的优化。教材采用最新国家标准，内容新颖、文字简练、图文并茂、通俗易懂，充分体现针对性、实用性和先进性。

本书的内容已制作成用于多媒体教学的课件，并将免费提供给采用本书作为教材的院校使用。如有需要，请发电子邮件至 cipedu@163.com 获取，或登录 www.cipedu.com.cn 免费下载。

本书绪论、学习情境一、学习情境五由傅伟编写，学习情境二、学习情境四由姜玲编写，学习情境三由沈兵编写，学习情境六由杜存臣编写。本书由傅伟主编，扬州石油化工厂袁绍明高级工程师主审。参加审稿的还有颜惠庚、袁强、林英志、赵利民等，他们对本书提出了许多宝贵意见，在此表示衷心的感谢。

由于编写时间仓促，编者水平所限，书中不足之处在所难免，敬请各位读者批评指正。

编者
2015 年 7 月

前　言

目　录

绪　　论

一、石油化工生产中泵的作用

泵是用来输送液体并增加液体能量的一种机器。它能够将液体从低处送往高处，从低压升为高压，或者从一个地方送往另外一个地方。

石油化工装置系统中，原料、中间产品和产品等液体物料的输送、增压或物料的回流常用泵来完成，因此要求泵必须具备长期、可靠、连续稳定的运转和效率高、成本低等特点。在石油化学工业中，由于生产类别和工艺过程不同，泵所输送的液体有很大区别。如液体腐蚀性的范围从无腐蚀性到有强烈腐蚀性，黏度的范围从低黏度到黏稠液体，温度从低温到高温，有无毒的或有剧毒的液体，有易挥发、易燃、易爆的液体，同时液体的压力、流量差异也很大，因而泵的型式也是多种多样的。

化工用泵是指在化工工艺流程中输送各种液体用的机器以及在流程以外输送各种液体用的机器，是维持石油化工生产连续性的重要设备之一。化工用泵的正常运行是保证石油化工生产的关键，如果泵发生故障就会影响生产，甚至造成半停产或全厂停产。因此，泵的运行可靠性显得尤为重要，化工用泵的检修与维护在石油化工生产过程中占有极为重要的位置。

二、石油化工生产对泵的特殊要求

1. 能适应石油化工工艺需要

泵在石油化工生产流程中，除起着输送物料的作用外，它还向系统提供必要的物料量，使化学反应达到物料平衡，并满足化学反应所需的压力。在生产规模不变的情况下，要求泵的流量及扬程要相对稳定，一旦因某种因素影响，生产波动时，泵的流量及出口压力也能随之变动，且具有较高的效率。

2. 耐腐蚀

化工用泵所输送的介质，包括原料、中间产品和产品等液体，多数具有腐蚀性。如果泵的材料选用不当，零部件就会被介质腐蚀而失效，造成泵不能正常工作。

3. 耐高温或低温

作为输送高温与低温介质的化工用泵，其所用材料必须在正常室温、现场温度和输送介质的温度下都具有足够的强度和稳定性。同样重要的是，泵的所有零件都要能承受热冲击以及由此产生的不同的热膨胀和冷脆性危险。

4. 耐磨损

化工用泵的磨损，是由输送的高速液流中含有悬浮固体颗粒造成的。化工用泵的磨损破坏，往往会加剧介质对泵的腐蚀，因为不少金属及合金的耐腐蚀能力是依靠表面的钝化膜，一旦钝化膜被磨损掉，则金属便处于活化状态，腐蚀情况就会很快恶化。

5. 运行可靠

化工用泵的运行可靠，包括两方面内容：长周期运行无故障及运行中各种参数平稳。运行可靠对石油化工生产至关重要，如果泵经常发生故障，不但会造成经常停产，影响经济效益，有时还会造成石油化工生产系统的安全事故。化工用泵转速的波动，会引起流量及泵出口压力等参数的波动，使石油化工生产不能正常运行，化学反应受到影响，物料不能平衡，造成浪费，甚至使产品质量下降或者报废。

6. 无泄漏或少泄漏

化工用泵输送的液体介质，多数具有易燃、易爆、有毒的特性，有的介质含有放射性元素。这些介质如果从泵中漏入大气，可能造成火灾或影响环境卫生伤害人体；有些介质价格昂贵，泄漏会造成很大浪费。因此，化工用泵要求无泄漏或少泄漏。

7. 能输送临界状态的液体

临界状态的液体，当温度升高或压力降低时，往往会汽化。化工用泵在输送临界状态的液体时，一旦液体在泵内汽化，则易产生汽蚀破坏，这就要求泵具有较高的抗汽蚀性能。同时，液体的汽化，可能引起泵内运动部件与静止部件之间的干摩擦，缩短泵的使用寿命。

三、化工用泵的分类

（一）按泵的工作原理分类

1. 容积泵

容积泵是依靠泵内工作容积作周期性的变化来输送液体的机器。该类型泵又可分为往复泵和转子泵。

往复泵包括活塞泵、柱塞泵、隔膜泵等。

转子泵包括齿轮泵、螺杆泵、滑片泵、液环泵、挠性转子泵等。

2. 叶片泵

叶片泵是依靠泵内作高速旋转的叶轮把能量传递给液体，从而实现液体输送的机器。该类型的泵又可按叶轮结构不同分为离心泵、混流泵、轴流泵及旋涡泵等。

3. 其他类型泵

除叶片泵和容积泵以外的特殊泵。该类型泵主要有流体动力作用泵、电磁泵等。流体动力作用泵是依靠一种流体（液、气或汽）的静压能或动能来输送液体的泵。如喷射泵、酸蛋、水锤泵等。

（二）按化工用途分

1. 工艺（装置）用泵

包括进料泵、回流泵、循环泵、塔底泵、产品泵、输出泵、注入泵、燃料油泵、冲洗泵、补充泵、排污泵和特殊用途泵等。

2. 公用设施用泵

包括锅炉的给水泵、凝水泵、热水泵、余热泵和燃料油泵，凉水塔的冷却水泵和循环水泵，以及水源用深井泵、排污用污水泵、消防用泵、卫生用泵等。

3. 辅助用泵

包括润滑油泵、封油泵和液压传动用泵等。

4. 管路输送用泵

包括输油管线用泵和装卸车用泵等。

（三）按输送介质分

1. 水泵

包括清水泵、锅炉给水泵、凝水泵、热水泵等。

2. 耐腐蚀泵

包括不锈钢泵、高硅铸铁泵、陶瓷耐酸泵、不透性石墨泵、屏蔽泵、隔膜泵、钛泵等。

3. 杂质泵

包括液浆泵、砂泵、污水泵、煤粉泵、灰渣泵等。

4. 油泵

包括冷油泵、热油泵、油浆泵、液态烃泵等。

（四）按使用条件分

1. 大流量泵与微流量泵

流量分别≥300m³/min与≤0.01L/h。

2. 高温泵与低温泵

高温达500℃，低温至－253℃。

3. 高压泵与低压泵

高压达200MPa，真空度为2.66～10.66kPa。

4. 高速泵与低速泵

高速达24000r/min，低速为5～10r/min。

5. 高黏度泵

黏度达数万泊（1P＝0.1Pa·s）。

6. 计量泵

流量的计量精度达±0.3％。

学习情境一

单级离心式水泵的检修与维护

学习任务一　单级离心式水泵的操作与性能测定

【学习任务单】

学习领域	化工用泵检修与维护	
学习情境一	单级离心式水泵的检修与维护	
学习任务一	单级离心式水泵的操作与性能测定	课时:12
学习目标	1. 知识目标 (1)掌握流体静力学基本方程和流体动力学基本方程; (2)掌握流体阻力的计算方法; (3)了解离心泵装置,熟悉单级离心式水泵的操作规程与操作方法; (4)掌握离心泵的基本性能参数,熟悉单级离心式水泵性能测试装置与测试方法,了解离心泵性能测试的仪表; (5)熟悉离心泵的工作,了解离心泵性能调节的方法。 2. 能力目标 (1)能够正确操作单级离心式水泵; (2)能够进行单级离心式水泵的性能测试; (3)能够进行离心泵的性能调节。 3. 素质目标 (1)培养学生吃苦耐劳的工作精神和认真负责的工作态度; (2)培养学生踏实细致、安全保护和团队合作的工作意识; (3)培养学生语言和文字的表述能力。	

一、任务描述

离心泵是石油化工生产中用于输送液体最常用的机器。假设你是一名设备管理员或检修工,在日常工作过程中,应熟悉离心泵装置,并能对其进行操作、测试和调节。在掌握流体流动的基本知识基础上,请针对 IS 型单级离心式水泵,按其操作规程正确操作离心泵,进行性能调节,并对其性能进行测试,绘制性能曲线。

二、相关资料及资源

1. 教材;
2. 离心泵的操作规程;
3. IS 型离心泵的技术资料;
4. 相关视频文件;
5. 教学课件。

三、任务实施说明

1. 学生分组,每小组 4~5 人;
2. 小组进行任务分析和资料学习;
3. 现场教学;
4. 小组讨论,认真阅读离心泵的操作规程,制订离心泵性能测试的步骤;
5. 小组合作,操作离心泵,进行性能调节,记录测量数据,绘制性能曲线。

四、任务实施注意点

1. 在阅读离心泵操作规程时,要特别注意离心泵启动与停车步骤;
2. 在进行性能测试前要熟悉各性能参数测量方法和测量仪表;
3. 在进行性能测试过程中要注意测量参数的范围,确保性能曲线的真实可靠;
4. 遇到问题时小组进行讨论,可让老师参与讨论,通过团队合作获取问题的解决;
5. 注意安全与环保意识的培养。

五、拓展任务

1. 压力测量仪表;
2. 流量测量仪表。

【知识链接】

一、流体力学基本知识

流体的流动规律是化工产品生产工艺设计与操作的重要基础。化工生产中所处理的原料、半成品及产品大多数是流体。化工生产都是在流体流动的情形下进行的，生产工艺设计的好坏、操作费用和设备的投资都与流体流动状态有密切的关系。流体包括液体、气体和蒸汽。流体的特性之一是无固定形状，其形状随容器的形状而变化，在外力作用下，其内部会发生相对运动。流体的另一特性是易流动性，即其抗剪和抗扩张能力很小。

（一）流体静力学

流体静力学是研究流体处于静止状况时在重力和压力等力作用下的平衡规律，这些力的大小与流体的密度等性质有关。

1. 流体的密度

（1）密度　单位体积流体所具有的质量称为流体的密度，其表达式为：

$$\rho = \frac{m}{V} \tag{1-1}$$

式中　ρ——流体的密度，kg/m^3；

　　　m——流体的质量，kg；

　　　V——流体的体积，m^3。

任何一种流体的密度都是压强和温度的函数，即

$$\rho = f(p, T) \tag{1-2}$$

式中　T——流体的温度，K。

流体的密度一般可在物理化学手册或有关资料中查得，但使用时应注意单位的换算。

通常视液体为不可压缩流体。其密度随压强的变化很小（在极高压力下除外），可以忽略不计，但是温度对液体的密度则有一定的影响，如纯水的密度在277K时为$1000kg/m^3$，而在297K时则为$998.2kg/m^3$。因此，查阅和使用液体的密度，必须注意附注的温度条件。

手册中所列出的通常为纯物质的密度，而化工生产中所遇到的液体，往往是混合物，其各组分的浓度常用质量分率表示。现以1kg混合液体为基准，设各组分在混合前后其体积不变，则1kg混合液体的体积应等于各组分单独存在时的体积之和，即

$$\frac{1}{\rho_m} = \frac{x_{w1}}{\rho_1} + \frac{x_{w2}}{\rho_2} + \cdots + \frac{x_{wn}}{\rho_n} \tag{1-3}$$

式中　　　　　ρ_m——液体混合物的密度，kg/m^3；

　ρ_1，ρ_2，$\cdots\rho_n$——液体混合物中各纯组分液体的密度，kg/m^3；

x_{w1}，x_{w2}，$\cdots x_{wn}$——液体混合物中各组分液体的质量分率，$x_{w1} + x_{w2} + \cdots + x_{wn} = 1$。

【例1-1】 已知293K正戊烷和正辛烷的密度分别是$626kg/m^3$和$703kg/m^3$。试求正戊烷含量为70%（质量分率）的正戊烷-正辛烷混合溶液的密度。

解： 液体混合物的密度可从下式计算

$$\frac{1}{\rho_m} = \frac{x_{w1}}{\rho_1} + \frac{x_{w2}}{\rho_2} + \cdots + \frac{x_{wn}}{\rho_n}$$

已知正戊烷质量分率 $x_{w1} = 70\%$，$x_{w1} + x_{w2} = 1$

所以正辛烷质量分率 $x_{w2} = 1 - 70\% = 30\%$

正戊烷密度 $\rho_1 = 626kg/m^3$，正辛烷的密度 $\rho_2 = 703kg/m^3$ 得

$$1/\rho_m = 0.7/626 + 0.3/703 = 1.54 \times 10^{-3}$$

$$\rho_m = 647 \text{kg/m}^3$$

答：混合溶液的密度为 647kg/m^3。

（2）相对密度　在一定温度下，某种流体的密度与 277K（或 4℃）的纯水密度之比，称为相对密度，又称比重。它是一个无因次的物理量。其表达式为

$$d = \rho/\rho_{水} \tag{1-4}$$

式中　d——流体的相对密度；

　　　ρ——流体在 TK 时的密度，kg/m^3；

　　　$\rho_{水}$——水在 277K 时的密度，kg/m^3。

相对密度的值由实验测定，亦可查有关手册。

（3）比容　单位质量的体积称为流体的比容。其表达式为

$$\upsilon = V/m = 1/\rho \tag{1-5}$$

式中　υ——流体的比容，m^3/kg。

由此可见，比容是密度的倒数。

2. 流体的压强

垂直作用于流体单位面积上的力，称为流体的压力强度，简称压强，习惯上称为压力，以符号 p 表示。

（1）压强的单位　国际单位制中，压强用一个统一的单位 Pa（帕斯卡 Pascal，中文代号为帕）计量，Pa 等于 $N \cdot m^{-2}$（牛顿/米²），表示每平方米面积上受 1 牛顿的力。

（2）压强的表示方式　流体的压强还可用不同的方法表示：绝对压强、表压强、真空度。

绝对压强是以绝对零压为基准测得的压强，是流体的真实压强；表压强或真空度是以大气压强为基准测得的压强，它们不是流体的真实压强，而是测压仪表的读数值。当被测流体的绝对压强大于大气压强时用压力表，当被测流体的绝对压强小于大气压强时用真空表。表压强或真空度与绝对压强、大气压强的关系如图 1-1 所示。

表压强＝绝对压强－大气压强

真空度＝大气压强－绝对压强

化工计算中，一般均应采用绝对压强计算，但在以后的讨论中可以看到，有时采用表压强和真空度计算比较方便。为了避免混淆，以绝对压强作为流体压强的默认表示方法，如采用表压强或真空度来表示流体的压强，则应加以标注。如 $23.3 \times 10^5 \text{Pa}$（表压）、$1.53 \times 10^5 \text{Pa}$、$3 \times 10^3 \text{Pa}$（真空度）。

值得注意的是大气压和各地海拔高度有关，相同地区的大气压又和温度、湿度有关，所以表压强或真空度相同，其绝对压强未必相等，必须通过当地、当时的大气压计算出绝对压强。

【例 1-2】　有一设备，其进口真空表读数为 0.02MPa，出口压力表读数为 0.092MPa。当地大气压为 101.33kPa，试求进、出口的绝对压强为多少 kPa？

解：

（1）进口

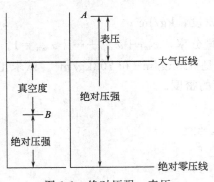

图 1-1　绝对压强、表压强与真空度的关系

$$真空度\ p_真 = 大气压强\ p_大 - 绝对压强\ p_绝$$

已知真空度 $p_真 = 0.02MPa = 20kPa$

当地大气压 $p_大 = 101.33kPa$

所以进口绝对压强

$$p_绝 = p_大 - p_真 = 101.33 - 20 = 81.33（kPa）$$

（2）出口

$$表压强\ p_表 = 绝对压强\ p_绝 - 大气压强\ p_大$$

已知表压 $p_表 = 0.092MPa = 92kPa$

当地大气压 $p_大 = 101.33kPa$

所以出口绝对压强

$$p_绝 = p_大 + p_表 = 101.33 + 92 = 193.33（kPa）$$

答：进口绝对压强为 $81.33kPa$；出口绝对压强为 $193.33kPa$。

3. 流体静力学基本方程式

流体静力学是研究处于相对静止状态的流体在重力和压力作用下的平衡规律。如图 1-2 所示，取一容器内盛有密度为 ρ 的均质静止流体，在该流体中取一段垂直液体柱，液柱的截面积为 A，若以容器底为基准水平面，液柱的上、下两端与基准面的垂直距离分别为 z_1 和 z_2，作用于液柱上、下端面的压强分别为 p_1 和 p_2。液柱受力分析如下：

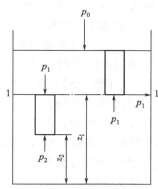

图 1-2　液柱受力分析示意图

液柱所受的重力 $\rho g A(z_1 - z_2)$，其方向向下。作用在液柱上端面的总压力为 $p_1 A$，其方向向下。作用在液柱下端面的总压力为 $p_2 A$，其方向向上。

由于流体处于静止状态，故在垂直方向上的重力和压力应处于平衡状态，即

$$p_2 A = p_1 A + \rho g A(z_1 - z_2)$$

整理得

$$p_2 = p_1 + \rho g(z_1 - z_2) \tag{1-6}$$

式中　ρ——液体的密度，kg/m^3；

　　　g——重力加速度，m/s^2；

p_1，p_2——作用于液柱上、下端面的压强，Pa；

z_1，z_2——液柱的上、下两端面与基准面的垂直距离，m。

如果将液柱的上端面取在容器内的液面上，设流体表面上方的压力为 p_0，并用 h 表示液柱高度，$h = z_1 - z_2$，于是式(1-6) 可改为

$$p_2 = p_0 + \rho g h \tag{1-7}$$

若将式(1-6) 中的各项均除以 ρ，并移项，式(1-6) 可改写成

$$p_2/\rho + gz_2 = p_1/\rho + gz_1 \qquad (1-8)$$

若将式(1-7) 中的各项均除以 ρg，并移项，式(1-7) 可改写成

$$(p_2 - p_0)/\rho g = h \qquad (1-9)$$

式(1-6)～式(1-9) 称为流体静力学基本方程式，式(1-6)、式(1-7) 以压力形式表示，而式(1-8) 以能量的形式表示，而式(1-9) 则以压头的形式表示。这一方程式说明在重力作用下，静止流体内部压强的变化规律。

对不同形式的流体静力学方程式讨论如下：

① 式(1-7) 为帕斯卡定律表示式。在今后的计算中要格外注意液面上方压强 p_0 的存在。

② 式(1-8) 表明，在连续均一的流体内，各点的机械能（位能＋静压能）相等。

③ 由式(1-9) 可以看出，利用一定高度的液柱可以表示压强差的大小，这是液柱压强计的原理。但是，在使用液柱高度来表示压强或压强差时，必须注明是何种液体。

④ 液面上方压力 p_0 一定时，静止流体内任一点的压力 p 与液体本身的密度 ρ 及该点距液面的深度（指垂直距离）有关，液体的密度越大、距液面越远，该点的压力越大。

⑤ 液面上方压力 p_0 一定时，静压强与该点在同一高度的具体水平位置及容器形状无关。即在静止的连续均一的流体内，在任一水平面上 $z_1 = z_2$，$p_1 = p_2$（此即为连通器原理）。在有气泡的 U 形管、油水 U 形管中，即使 $z_1 = z_2$，也未必得到 $p_1 = p_2$，这需要采用逐段传递压强的办法进行计算。

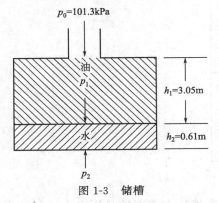

图 1-3　储槽

【例 1-3】　在一个大储槽中（如图 1-3 所示）盛有密度为 917kg/m³ 的油，槽高 3.66m，顶部敞口和 1atm（绝压）的大气相通。槽中充满深为 3.05m 的油，槽底部盛有 0.61m 深的水。计算距槽顶 3.05m 深处和槽底处的压强为多少，槽底处的表压是多少。体系的温度为 273K。

解：已知当地大气压 $p_0 = 1\text{atm} = 1.0133 \times 10^5 \text{Pa}$，油深 $h_1 = 3.05\text{m}$，油的密度 $\rho_{油} = 917\text{kg/m}^3$，$g = 9.807\text{m/s}^2$

所以距槽顶 3.05m 深处的压强可用流体静力学方程求得

$$p_1 = p_0 + \rho_{油} gh_1 = 1.0133 \times 10^5 + 917 \times 9.807 \times 3.05 = 1.287 \times 10^5 (\text{Pa})$$

已知距槽顶 3.05m 深处的压强 $p_1 = 1.287 \times 10^5 \text{Pa}$，水深 $h_2 = 0.61\text{m}$，水的密度 $\rho_{水} = 1000\text{kg/m}^3$

所以槽底处的压强可用流体静力学方程求得

$$p_2 = p_1 + \rho_{水} gh_2 = 1.287 \times 10^5 + 1000 \times 9.807 \times 0.61 = 1.347 \times 10^5 (\text{Pa})$$

槽底处的表压为

$$p_{表} = p_{绝} - p_{大} = 1.347 \times 10^5 - 1.0133 \times 10^5 = 0.334 \times 10^5 (\text{Pa})$$

答：距槽顶 3.05m 深处的压强为 $1.287 \times 10^5 \text{Pa}$，槽底处的压强为 $1.347 \times 10^5 \text{Pa}$，槽底处的表压是 $0.334 \times 10^5 \text{Pa}$。

4. 流体静力学基本方程式的应用

应用静力学原理可测量流体的压力及容器中的液位等。

（1）压力测量　以静力学原理为依据的测量仪器统称为液柱压力计（又称液柱压差计）。这类压力计可测量流体中某点的压力，亦可测两点间的压力差。这类仪器结构简单，使用方便，是应用较广泛的测压装置。常见的液柱压力计有以下几种。

① U形压差计。U形压差计是液柱式压力计中最普遍的一种，其结构如图1-4所示。它是一个两端开口的垂直U形玻璃管，中间配有读数标尺，管内装有液体作为指示液。指示液要与被测流体不互溶，不起化学作用，而且其密度要大于被测流体的密度。通常采用的指示液有：着色水、油、四氯化碳及水银等。

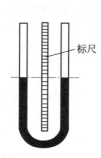

图1-4　U形压差计

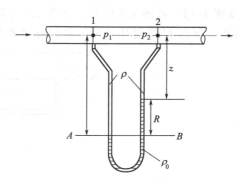

图1-5　测量压力差

在图1-4中，U形管内指示液上面和大气相通，即作用在两支管内指示液液面的压力是相等的，此时由于U形管下面是连通的，所以，两支管内指示液液面在同一水平面上。如果将两支管分别与管路中两个测压口相连接，则由于两截面的压力 p_2 和 p_1 不相等，且 $p_1 > p_2$，必使左支管内指示液液面下降，而右支管内的指示液液面上升，直至液面相差 R 时才停止，如图1-5所示。由标尺读数 R 便可求得管路两截面间的压力差。

若在图1-5中所示的U形管底部装有指示液，其密度为 ρ_0 而在U形管两侧的上部及连接管内均充满待测流体，其密度为 ρ。图中 A、B 两点都在连通着的同一种静止流体内，并且在同一水平面上，所以这两点的静压力相等，即 $p_A = p_B$。依流体静力学基本方程式可得

$$p_1 - p_2 = (\rho_0 - \rho)gR \tag{1-10}$$

式中　ρ_0——指示液的密度，kg/m^3；

　　　ρ——待测流体的密度，kg/m^3；

　　　R——U形管标尺上指示液的读数，m；

$p_1 - p_2$——管路两截面间的压力差，Pa。

若被测流体是气体，气体的密度要比液体的密度小得多，即 $\rho_0 - \rho \approx \rho_0$，于是，上式可简化为

$$p_1 - p_2 \approx \rho_0 gR \tag{1-11}$$

U形管压差计也可用来测量流体的表压力。若U形管的一端通大气，另一端与设备或管道某一截面连接被测量的流体，如图1-6所示，则 $(\rho_0 - \rho) gR$ 或 $\rho_0 gR$ 反映设备或管道某一截面处流体的绝对压力与大气压力之差为流体的表压力。

如将U形管压差计的右端通大气，左端与负压部分接通，如图1-7所示，则可测得流体的真空度。

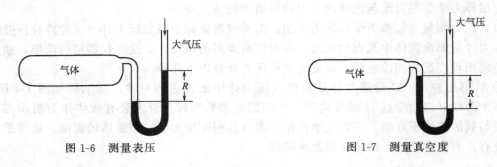

图 1-6　测量表压　　　　　　　　　　　　　　图 1-7　测量真空度

【例 1-4】　如图 1-8 所示，水在 293K 时流经某管道，在导管两端相距 10m 处装有两个测压孔，如在 U 形管压差计上水银柱读数为 3cm，试求水通过这一段管道时的压力差。

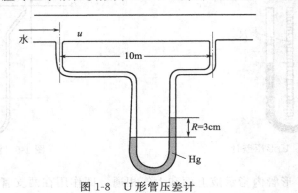

图 1-8　U 形管压差计

解：已知指示液水银的密度 $\rho_{Hg} = 13600 kg/m^3$；待测流体的密度 $\rho_{水} = 998.2 kg/m^3$；U 形管上水银柱的读数 $R = 3cm = 0.03m$。

可根据下式求水通过 10m 长管道时的压力差

$$p_1 - p_2 = (\rho_{Hg} - \rho_{水}) gR = (13600 - 998.2) \times 9.807 \times 0.03 = 3.7 \times 10^3 (Pa)$$

答：水通过这一段管道时的压力差为 $3.7 \times 10^3 Pa$。

② 倒 U 形管压差计。当某系统的压差值 Δp 较小时，为了得到足够大的 R 读数以减小测量误差，可选用密度较小的指示剂。若指示剂的密度小于被测流体的密度，可采用倒 U 形管压差计。如图 1-9 所示，倒 U 形管中液体上方的空间可装入气体（如空气）或其他密度小于被测流体密度的液体为指示液。这种压差计在测量前，可通过上端的旋塞装入或排出指示剂，以调整倒 U 形管中液体水平面的位置。用式(1-10) 计算时，应注意将式中（$\rho_0 - \rho$）改为（$\rho - \rho_0$），即

$$\Delta p = p_1 - p_2 = (\rho - \rho_0) gR \tag{1-12}$$

（2）液位测量　生产中为了了解设备内液体贮量、流进或流出设备的液流量，需要测定液位。测量设备内液位的装置有多种，如玻璃管液位计、浮标液位计等。如图 1-10 所示，液位计是根据静止流体在连通的同一水平面上各点压力相等这一原理设计的。

（二）流体动力学

1. 流量与流速

根据生产的要求，为了便于控制操作，通常对各种流体的输送系统都设置流量的监测装置。

（1）流量　单位时间内流经管道任一截面的流体量，称为流量。通常有两种表示方法。

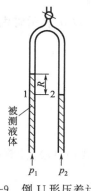

图 1-9　倒 U 形压差计

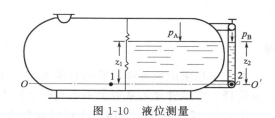

图 1-10　液位测量

① 体积流量：单位时间内流经管道任一截面的流体体积，称为体积流量，以符号 Q 表示，单位为 m^3/s。

② 质量流量：单位时间内流经管道任一截面的流体质量，称为质量流量，以符号 W 表示，单位为 kg/s。

体积流量与质量流量之间的关系：

$$W = Q\rho \tag{1-13}$$

式中　W——质量流量，kg/s；

$\quad\quad Q$——体积流量，m^3/s；

$\quad\quad \rho$——液体的密度，kg/m^3。

由于气体的体积随压力和温度的变化而变化，故当气体流量以体积流量表示时，应注明温度和压力。

（2）流速

① 平均流速：流速是指流体质点在单位时间内、在流动方向上所流经的距离。实验证明，由于流体具有黏性，流体流经管道任一截面上各点的速度是沿半径而变化。工程上为计算方便，通常用整个管截面上的平均流速来表示流体在管道中的流速。平均流速的定义是：流体的体积流量除以管道截面积 A，以符号 u 表示，单位为 m/s。

体积流量与流速（即平均流速）的关系为

$$Q = uA \tag{1-14}$$

式中　u——平均流速，m/s；

$\quad\quad A$——管道截面积，m^2。

质量流量与流速（即平均流速）关系为

$$W = uA\rho \tag{1-15}$$

式中　u——平均流速，m/s；

$\quad\quad A$——管道截面积，m^2；

$\quad\quad \rho$——液体的密度，kg/m^3。

② 质量流速：单位时间内流经管道单位截面积的流体质量，称为质量流速，以符号 G 表示，单位为 $kg/(m^2 \cdot s)$。

质量流速与质量流量及流速之间的关系为

$$G = W/A = Q\rho/A = u\rho \tag{1-16}$$

由于气体的体积流量随压力和温度的变化而变化，其流速亦将随之变化，但流体的质量流量和质量流速是不变的，可见，采用质量流速计算较为方便。

（3）圆形管道直径的估算　一般管道的截面均为圆形，若以 d 表示管内径，则式(1-14)可写成

$$u = \frac{Q}{A} = \frac{Q}{\frac{\pi}{4}d^2}$$

则

$$d = \sqrt{\frac{4Q}{\pi u}} \qquad (1-17)$$

由于市场供应的各种材质的管子均有一定规格，所以由式(1-17)计算的管径需圆整成标准管径。标准管径可从有关手册或产品样本中查出。

由式(1-17)可知，流体输送管路的直径 d 与流量 Q 和流速 u 有关。流量一般由生产任务所决定，而流速则应根据经济权衡决定，通常可选用经验数据。例如水及低黏度液体的流速约为 $1.5\sim3.0\text{m/s}$；一般常用气体流速为 $10\sim20\text{m/s}$，而饱和水蒸气流速为 $20\sim40\text{m/s}$ 等。某些液体在管道中的常用流速范围，可参阅有关手册。

【例 1-5】 某车间要求安装一根输水量为 $40\text{m}^3/\text{h}$ 的管道，试选择合适的管径。

解： 依题意

$$d = \sqrt{\frac{Q}{0.785u}}$$

取水在管道内的流速 $u = 1.8\text{m/s}$

则

$$d = \sqrt{\frac{40}{3600 \times 0.785 \times 1.8}} = 0.0887(\text{m}) \approx 90(\text{mm})$$

确定选用 $\phi108 \times 4$（即管外径为 108mm，壁厚为 4mm）的无缝钢管，其内径为

$$d = 108 - 2 \times 4 = 100 \ (\text{mm}) = 0.1 \ (\text{m})$$

水在管内的实际流速为

$$u = \frac{40}{3600 \times 0.785 \times (0.1)^2} = 1.42 \ (\text{m/s})$$

答： 选用 $\phi108 \times 4$ 的无缝钢管。

2. 稳定流动与不稳定流动

（1）稳定流动　流体在管道中流动时，任一截面处的流速、流量和压力等有关物理参数均不随时间而改变，这种流动称为稳定流动。如图 1-11(a) 所示为一贮水槽，在底部排水的同时往其中不断补充加水，以保持槽中水位恒定（当补充的水量超过流出的水量时，多余的水可由溢流口溢出）。截面 1-1′ 和 2-2′ 处的流速、压力等物理参数各不相等，但均不随时间

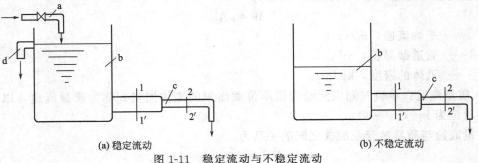

(a) 稳定流动　　　　　　　　　　　　　　(b) 不稳定流动

图 1-11　稳定流动与不稳定流动

a—进水管；b—贮槽；c—排水管；d—溢流管

变化，即各物理参数只与空间位置有关，与时间无关，这种情况属稳定流动。

（2）不稳定流动　流体流动时，任一截面处的流速、流量和压力等物理参数不仅随位置变化，也随时间变化，这种流动称为不稳定流动。如图 1-11（b）所示，不往水槽中补充水，在底部排水时，槽中的水位逐渐降低，截面 1-1′和 2-2′处的流速和压力等物理参数也随之愈来愈小，这种流动情况即属于不稳定流动。

化工生产中多为连续生产，所以流体的流动多属稳定流动。应该指出的是设备开车、调节或停车会造成暂时的不稳定流动。

3. 流体稳定流动时的物料衡算——连续性方程式

在正常操作情况下，生产过程大多是连续、稳定过程。现以流体在管道中作连续稳定流动为例，推导连续性方程式。如图 1-12 所示，流体从截面 1-1′流入，从截面 2-2′流出。两截面处管内径不同。若在两截面间无流体的添加和漏损，根据质量守恒定律，则从截面 1-1′进入的流体质量流量 W_1 应等于从截面 2-2′流出的流体质量流量 W_2，

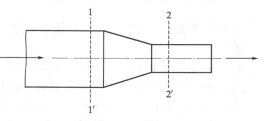

图 1-12　连续性方程式的推导示意图

即
$$W_1 = W_2 \tag{1-18}$$

由式（1-15）可知，
$$\rho_1 A_1 u_1 = \rho_2 A_2 u_2 \tag{1-19}$$

若将上式推广到管道的任一截面，即
$$\rho A u = 常数 \tag{1-20}$$

式（1-19）或式（1-20）都称为流体在管道中作稳定流动的连续性方程式。该方程式表示在稳定流动系统中，流体流经管道各截面的质量流量恒为常量，但各截面的流体流速则随管道截面积 A 的不同和流体密度 ρ 的不同而变化，故该方程式反映了管道截面上流速的变化规律。

对于不可压缩性流体，因流体的密度 $\rho =$ 常数，连续性方程式可写为
$$u_1 A_1 = u_2 A_2 = \cdots = uA = Q = 常数 \tag{1-21}$$

式（1-21）说明不可压缩性流体流经各截面时不仅质量流量相等，而且体积流量亦相等，即流体流速与管道的截面积成反比，截面积愈小，流速愈大，反之，截面积愈大，流速愈小。

对于圆形管道，因 $A_1 = \dfrac{\pi}{4} d_1^2$ 及 $A_2 = \dfrac{\pi}{4} d_2^2$（$d_1$ 及 d_2 分别为 1-1′截面和 2-2′截面处的管内径），式（1-21）可写成
$$\frac{\pi}{4} d_1^2 u_1 = \frac{\pi}{4} d_2^2 u_2 = 常数$$

或
$$\frac{u_1}{u_2} = \left(\frac{d_2}{d_1}\right)^2 \tag{1-22}$$

式（1-22）说明不可压缩性流体在圆形管道中的流速与管道内径的平方成反比。

4. 流体稳定流动时的能量衡算——柏努利方程式

（1）理想流体的机械能守恒　理想流体是指无压缩性，无黏性，在流动过程中无摩擦损失的假想流体。如图 1-13 所示，质量为 m kg 的流体从截面 1-1′流入，从截面 2-2′流出。

衡算范围：1-1′与 2-2′截面间（管内壁面）。

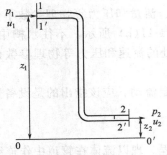

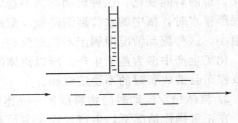

图 1-13　柏努利方程推导示意图　　　　　　图 1-14　流体存在静压力的示意图

基本水平面：0-0′水平面（可任意选定）

设：

u_1，u_2——流体在 1-1′与 2-2′截面上的流速（平均流速），m/s；

p_1，p_2——流体在 1-1′与 2-2′截面上的压力（平均压力），Pa；

z_1，z_2——1-1′与 2-2′截面中心至基准水平面的垂直距离，m；

A_1，A_2——1-1′与 2-2′截面的面积，m²；

ρ_1，ρ_2——1-1′与 2-2′截面上流体的密度，kg/m³。

m kg 流体带入 1-1′截面的机械能有以下几项。

① 位能。位能是流体在重力作用下，因高出某基准面而具有的能量，相当于将质量为 m kg 的流体自基准水平面 0-0′升举到 z_1 高度为克服重力所作的功，即

$$位能=mgz_1$$

位能是相对值，依所选的基准水平面位置而定。基准水平面上流体的位能为零，在基准水平面以上的位能为正值，反之为负值。

② 动能。动能为流体因具有一定的流速而具有的能量，即

$$动能=\frac{1}{2}mu^2$$

③ 静压能。在静止流体内部，任一点都有一定的静压力。同样，在流动流体的内部，任一处也存在着一定的静压力。如果在一内部有流体流动的管壁上开一小孔，并在小孔处装一根垂直的细玻璃管，液体便在玻璃管内上升一定的高度，此液柱高度即表示管内流体在该截面处的静压力值，如图 1-14 所示。对于图 1-13 所示的流动系统，当流体通过截面 1-1′时，因为该截面处流体具有压力 p_1，外来流体需要克服压力而对原有流体作功，所以外来流体必须带有与此功相当的能量才能进入系统。流体的这种能量称为静压能。

m kg 流体的体积为 V_1 m³，通过 1-1′截面将其压入系统的作用力为 $F_1=p_1A_1$，所经的距离为 V_1/A_1，故与此功相当的静压能为

$$输入的静压能=p_1A_1\frac{V_1}{A_1}=p_1V_1$$

由于系统在稳定状态下流动，所以 m kg 流体从截面 1-1′流入时带入的能量应等于从截面 2-2′流出时带出的能量，即

$$mgz_1+m\frac{1}{2}u_1^2+p_1V_1=mgz_2+m\frac{1}{2}u_2^2+p_2V_2 \tag{1-23}$$

将上式各项均除以 m，即为 1kg 流体的能量。因为 $\dfrac{V}{m}=\dfrac{1}{\rho}$（$\rho$ 为流体的密度），则

式(1-23)可写成

$$gz_1 + \frac{u_1^2}{2} + \frac{p_1}{\rho_1} = gz_2 + \frac{u_2^2}{2} + \frac{p_2}{\rho_2} \qquad (1\text{-}24)$$

对于不可压缩性流体，ρ 为常数，式(1-24) 又可写成

$$gz + \frac{u^2}{2} + \frac{p}{\rho} = 常数 \qquad (1\text{-}25)$$

式(1-24) 及式(1-25) 即为著名的柏努利方程式。根据柏努利方程式的推导过程可知，该式仅适用于以下情况：

不可压缩的理想流体作稳定流动；流体在流动过程中，系统（两截面范围内）与外界无能量交换。

由上述可见，理想流体在稳定流动过程存在三种形式的机械能，而柏努利方程式则表明流体在流动过程中此三种机械能的守恒及转换关系。

（2）实际流体的总能量衡算　理想流体是一种假想的流体，实际中并不存在。实际流体的总能量衡算式，除了考虑各截面处的机械能（动能、位能、静压能）外，还要考虑以下能量：

① 损失能量。因实际流体具有黏性，所以流动中有能量损失。根据能量守恒原理，能量不能自行产生，也不能自行消失，只能从一种形式转变为另一种形式，而流体在流动中损失的能量是由部分机械能转变为热能。该热能一部分被流体吸收而使其升温；另一部分通过管壁散失于周围介质。前一部分通常忽略不计。从工程实用的观点来考虑，后一部分能量是"损失"掉了。我们将单位质量流体损失的能量用符号 $\sum h_f$ 表示，单位为 J/kg。

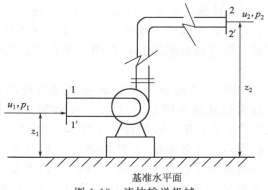

图 1-15　流体输送机械

② 外加能量。若在所讨论的 1-1′ 和 2-2′ 两截面间装有流体输送机械，如图 1-15 所示，该输送机械将机械能输送给流体，我们将单位质量流体从流体输送机械获得的能量（即外加能量）用符号 We 表示，单位为 J/kg。

综上所述，实际流体在稳定状态下的总能量衡算式为

$$gz_1 + \frac{p_1}{\rho} + \frac{u_1^2}{2} + We = gz_2 + \frac{p_2}{\rho} + \frac{u_2^2}{2} + \sum h_f \qquad (1\text{-}26)$$

式(1-26) 是柏努利方程式的引申，习惯也称为柏努利方程式。

【例 1-6】　如图 1-16 所示，在一液位恒定的敞口高位槽中，液面距水管出口的垂直距离为 7m，管路为 $\phi 89mm \times 4mm$ 的钢管。设总的能量损失为 6.5mH$_2$O。试求该管路输水量为多少 m³/h。

解：取高位槽中液面为 1-1′ 截面，水管出口为 2-2′ 截面，以过 2-2′ 截面中心线的水平面为基准面。

在 1-1′ 与 2-2′ 截面间列柏努利方程式

$$gz_1 + \frac{p_1}{\rho} + \frac{u_1^2}{2} + We = gz_2 + \frac{p_2}{\rho} + \frac{u_2^2}{2} + \sum h_f$$

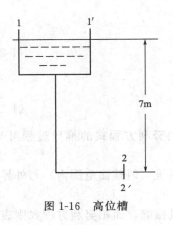

图 1-16　高位槽

1-1'截面：$z_1 = 7\text{m}$，$p_1 = p_a = 0$（以表压计），$u_1 \approx 0$

因高位槽截面比管道截面大得多，在流量相同的情况下，槽内流速比管道内流速小得多，故槽内流速可忽略不计，通常取为零，即 $u_1 \approx 0$，$W_e = 0$（在衡算范围内无流体输送机械）

2-2'截面：$z_2 = 0$，$p_2 = p_a = 0$（以表压计），$\sum h_f = 6.5 \times 9.81$

将以上各项代入柏努利方程式中得

$$7 \times 9.81 = \frac{u_2^2}{2} + 6.5 \times 9.81$$

$$u_2 = \sqrt{0.5 \times 2 \times 9.81} = 3.13 \ (\text{m/s})$$

流量：

$$V = 3600 A u_2 = 3600 \times 0.785 \times (0.081)^2 \times 3.13 = 58 \ (\text{m}^3/\text{h})$$

答：该管路的输水量为 58m³/h。

（三）流体流动时的阻力

1. 流体的黏性与牛顿黏性定律

（1）流体的黏性　流体是具有流动性的，即流体不能承受拉力，在很小的剪切力的作用下，将发生连续不断的变形，所以流体没有固定的形状。尽管流体抵抗剪切力的性能很弱，但这种性能还是存在的，并且在某些情况下还不能忽略。

如图 1-17 所示，圆盘 A 由电动机带动，圆盘 B 通过金属丝悬挂在圆盘 A 上方。A 盘和 B 盘都浸在某种液体中。A、B 之间保持一定距离。当 A 盘开始转动，可以发现，B 盘也随 A 开始转动，但转到一定角度时就不再转动了。此时，使 B 盘转动的力矩与金属丝给予 B 盘的反向扭转力矩正好平衡。若 A 盘停止转动，B 盘将回复到初始位置，金属丝的扭转也随之消失。因此，由 B 盘的扭转角可以测出带动 B 盘转动的力矩的大小。

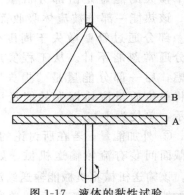

图 1-17　液体的黏性试验

A 盘和 B 盘并没有直接接触，而 B 盘却随着 A 盘转动，其原因为液体存在着内聚力，液体与固体之间也存在着附着力。因此，A、B 盘与液体接触的面上都附着一层薄薄的液体，称为附面层。当 A 盘转动时，A 盘上附面层将随 A 盘以同样的速度转动。但紧挨着 A 盘附面层外的一层流体原来是静止的，此时与附面层之间出现了速度差，于是速度大的附面层就带动附面外的流体层，也以较小的速度转动。这样由下至上一层一层的带动，直到把 B 盘也带动起来。

当流体中发生了层与层之间的相对运动时，速度快的层就对速度慢的层产生了一个拖动力使它加速，而速度慢的流体层对速度快的流体层就有一个阻止它向前运动的阻力，拖动力和阻力是大小相等方向相反的一对力，分别作用在两个紧挨着但速度不同的流体层上，这就是流体黏性的表现，这种运动着的流体内部相邻两流体层间的作用力称为内摩擦力或叫黏滞力。黏性是流体的固有属性之一，不论是静止的流体还是运动流体都具有黏性，只不过黏性只有在流体运动时才会表现出来。

由上可知，流体如在管内流动时，管内任一截面上各点的速度也并不相同，中心处的速度最大，愈靠近管壁速度愈小，在管壁处流体的质点黏附于管壁上，其速度为零。因此在一定条件下，管内流动的流体，可认为是被分割成无数极薄的圆筒层，一层套着一层，各层以不同的速度流动，可设想如图 1-18 所示。由于流体的黏性，在层与层的接触面之间，产生了内摩擦力以抗拒流体向前运动。要使流体在管内以一定的速度流动就必须消耗能量克服这种内摩擦力而做功，从而使流体的一部分机械能转变为热能而损失掉，这就是流体运动时造成能量损失的根本原因。

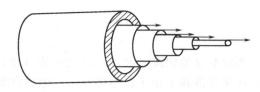

图 1-18　流体在圆管内分层流动示意图

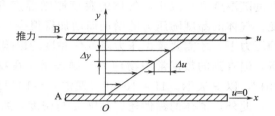

图 1-19　平板间液体速度变化图

（2）牛顿黏性定律　牛顿经过大量的实验研究提出了如何确定流体内摩擦力的"牛顿黏性定律"。

如图 1-19 所示，A、B 为宽度和长度都足够大的平板，互相平行，相距为 y，板间充满了某种液体。若将 A 板固定，而对 B 板施加一个恒定的切向力，则 B 板就以恒定速度 u 沿 x 方向运动。此时发现两板间液体就会分成无数平行的薄层而运动，黏附在 B 板底面的一薄层液体也以速度 u 随上板而运动，其下各层液体的速度依次降低，而黏附在 A 板表面上的液层速度为零。当速度 u 不是很大时，A、B 板之间流体沿 y 方向的速度变化规律将是线性的，如图 1-19 所示。若 F 表示总内摩擦力的大小，大量实验证明，这个力与平板 B 的速度 u 成正比，与两平板间的距离 y 成反比，与接触面积 A'（平板面积）成正比，即

$$F = \mu \frac{\mathrm{d}u}{\mathrm{d}y} A' \tag{1-27}$$

式中　$\dfrac{\mathrm{d}u}{\mathrm{d}y}$——速度梯度，即在与流动方向垂直的方向上单位距离的速度变化率；

μ——比例系数，与流体的性质有关，流体的黏性愈大，其值愈大，所以也称为黏滞系数。

式（1-27）所表示的关系，称为牛顿黏性定律。它的物理意义是：流体运动时层与层之间内摩擦力的大小与流体的性质有关，且与流体的速度梯度和接触面积成正比。

单位面积上的内摩擦力或剪应力，以 τ 表示，于是式（1-27）可写成

$$\tau = \mu \frac{\mathrm{d}u}{\mathrm{d}y} \tag{1-28}$$

当 $\dfrac{\mathrm{d}u}{\mathrm{d}y}=0$，即两层流体相对静止时 $\tau=0$，不存在内摩擦力。

凡符合牛顿黏性定律的流体称作牛顿型流体。一般气体和分子结构简单的液体都是牛顿型流体。不符合牛顿黏性定律的流体称作非牛顿型流体。如常见的非牛顿型流体有泥浆、含锌白油漆等。

（3）流体的黏度　式（1-27）和式（1-28）中出现的与流体性质有关的比例系数 μ 也称为动力黏滞系数或动力黏度，简称黏度。

由式（1-28）可知

$$\mu=\frac{\tau}{\dfrac{\mathrm{d}u}{\mathrm{d}y}}$$

所以黏度的物理意义是：促使流体流动产生单位速度梯度的剪应力，或速度梯度为 1 时，在单位面积上由于流体黏性所产生的内摩擦力的大小。

黏度是流体的物理性质之一，是衡量流体黏性大小的物理量，其值由实验测定。液体的黏度随温度升高减小，气体的黏度则随温度升高而增大。压力变化时，液体的黏度基本不变；气体的黏度随压力的增加而增加得很少，在一般工程计算中可忽略，只有在极高或极低的压力下，才需要考虑压力对气体黏度的影响。某些常用流体的黏度，可以从有关手册中查得，但查到的数据常用物理单位制表示。在物理单位制中黏度的单位为 g/(cm·s)，称为"泊"，以 P 表示。$1P=100cP$（厘泊）$=10^{-1}Pa·s$。

此外，流体的黏性还有黏度 μ 与密度 ρ 的比值来表示，称为运动黏度，以 v 表示，即

$$v=\frac{\mu}{\rho}$$

运动黏度的单位为 m^2/s；在物理单位制中的单位为 cm^2/s，称为斯托克斯，习惯上称为"斯"，以 St 表示，$1St=100cSt$（厘斯）$=10^{-4}m^2/s$。

2. 流体流动现象

（1）雷诺实验　1883 年著名的雷诺（Reynolds）用实验揭示了流体流动的两种截然不同的流动型态。图 1-20 是雷诺实验装置的示意图。在 1 个透明的水箱内，水面下部安装 1 根带有喇叭形进口的玻璃管，管的下游装有阀门以便调节管内水的流速。水箱的液面依靠控制进水管的进水和水箱上部的溢流管出水维持不变。喇叭形进口处中心有一针形小管，有色液体由针管流出，有色液体的密度与水的密度几乎相同。

实验结果表明，当玻璃管内水的流速较小时，管中心有色液体呈现一根平稳的细线流，沿玻璃管的轴线通过全管，如图 1-20(a) 所示。随着水的流速增大至某个值后，有色液体的细线开始抖动、弯曲，呈现波浪形，如图 1-20(b) 所示。速度再增大，细线断裂、冲散，最后使全管内水的颜色均匀一致，如图 1-20(c) 所示。

雷诺实验揭示了流体流动有两种截然不同的类型。一种相当于图 1-20(a) 的流动，称为

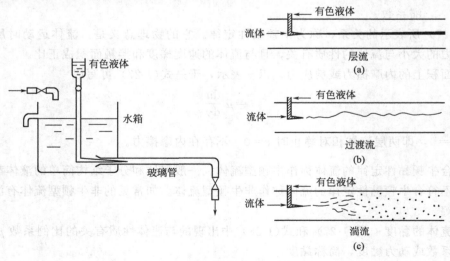

图 1-20　雷诺实验示意图

滞流或层流；另一种相当于图 1-20(c) 的流动，称为湍流或紊流。

（2）流体的流动类型的判据——雷诺数　对于管内流体的流动来说，实验表明不仅流速 u 能引起流体的流动状况改变，而且管径 d、流体的黏度 μ 和密度 ρ 对流体的流动状况也有影响。所以流体在管内的流动状况是同时由上述这几个因素决定的。

在实验的基础上，雷诺发现可以将上述影响的因素综合成 $du\rho/\mu$ 的形式作为流型的判据。这种 $du\rho/\mu$ 的组合形式称为雷诺数，以符号 Re 表示。由于 Re 中各物理量的单位，全部都可以消去，所以雷诺数是一个没有单位的纯数值。如：

$$[Re]=\left[\frac{du\rho}{\mu}\right]=\frac{\mathrm{m}\cdot\mathrm{m/s}\cdot\mathrm{kg/m^3}}{\mathrm{kg/m}\cdot\mathrm{s}}=\mathrm{m^0\,kg^0\,s^0}$$

但应注意，在计算雷诺数的大小时，组成 Re 的各个物理量，必须用一致的单位表示。无论采用何种单位制度，只要 Re 中各个物理量的单位一致，所算出来的 Re 都相等，且将单位全部消去而只剩下数字。

雷诺实验指出：流体在圆形直管内流动时，当 $Re\leqslant2000$ 时，流动总是层流型态，称为层流区；当 $2000<Re\leqslant4000$ 时，有时出现层流，有时出现湍流，与外界条件有关，称作过渡区；当 $Re\geqslant4000$ 时，一般呈现湍流型态，称作湍流区。

值得指出的是，流动虽分为层流区、过渡区和湍流区，但流动型态只有层流和湍流两种，过渡区的流体实际上处于一种不稳定状态，它是否出现湍流状态往往取决于外界干扰条件。例如在管道入口处，流道弯曲或直径改变，管壁粗糙，有外来震动等都可能导致湍流，所以将这一范围称之为不稳定的过渡区。

（3）层流与湍流　层流与湍流的区分不仅在于各有不同的 Re 数，更重要的是它们的本质区别。

① 流体内部质点的运动方式。流体在管内作层流流动时，其质点始终沿着与轴平行的方向作有规则的直线运动，质点之间互不碰撞，互不混合。当流体在管内作湍流流动时，流体质点除了沿管道向前流动外，各质点的运动速度在大小和方向上都随时在发生变化，于是质点间彼此碰撞并互相混合，产生大大小小的旋涡。由于质点碰撞而产生的附加阻力较由黏性所产生的阻力大得多，所以碰撞将使流体前进阻力急剧加大。

② 流体流动的速度分布。无论层流或湍流，在管道横截面上流体的质点流速是按一定规律分布的（如表 1-1 所示）。在管壁处，流速为零，在管子中心处流速最大。层流时流体在导管内的流速沿导管直径依抛物线规律分布，平均流速为管中心流速的 1/2。湍流时的速度分布图顶端稍宽，这是由于流体扰动、混合产生漩涡所致。湍流程度愈高，曲线顶端愈平坦。湍流时的平均流速约为管中心流速的 0.8 倍。

表 1-1　速度分布与平均流速

项目	物理图象	速度分布	平均流速
层流	层流底层	$u_{\max}$　u	$u=0.5u_{\max}$
湍流		$u_{\max}$　u	$u=0.8u_{\max}$

③ 流体在直管内的流动阻力。流体在直管内流动时，由于流型不同，则流动阻力所遵循的规律亦不相同。层流时，流动阻力来自流体本身所具有的黏性而引起的内摩擦，对牛顿型流体，内摩擦应力的大小服从牛顿黏性定律。而湍流时，流动阻力除来自于流体的黏性而引起的内摩擦外，还由于流体内部充满了大大小小的旋涡，流体质点的不规则迁移、脉动和碰撞，使得流体质点间的动量交换非常剧烈，产生了附加阻力。这阻力又称为湍流切应力，简称为湍流应力。所以湍流中的总摩擦应力等于黏性摩擦应力与湍流应力之和。总的摩擦应力不服从牛顿黏性定律。

（4）流体的流动边界层

① 流动边界层。前面已指出，实际流体流过圆管时按表1-1的速度分布，即在垂直于流动方向上存在速度梯度。而且，当实际流体沿固体壁面流动时，只要流体能够润湿壁面，则紧贴固体壁面的一层极薄的流体，将附着在壁面上而不滑脱，所谓不滑脱，即是在壁面上流体的流速为零。还可推知，在与流体流动相垂直的方向上，流体的流速必然会由壁面处的零值迅速加大，而接近一定值。由此可见，壁面附近必然存在一层流体，其中的流体在流向垂直方向上的速度梯度较大，所以在这层流体中，绝对不能忽略黏滞力的作用，因为 $\tau = \mu \dfrac{\mathrm{d}u}{\mathrm{d}y}$。这样一层流体称为边界层。边界层的厚度不是固定不变的，而是与 Re 的大小密切相关，Re 愈大，边界层的厚度愈薄。

在边界层之外的区域中，流体在流向垂直方向上的速度梯度极小，可以认为零。一般规定速度达到主体流速99%之处为两个区域的分界线。这样一来，在此边界层之外的区域中，就完全忽略黏滞力的作用，而将在此区域中流动的流体视为理想流体。

这种将流体流过一个物体壁面的问题分成两部分来处理的办法，已被证明在流体动力学领域中具有十分重要的意义。

② 边界层的分离。在某些情况下，边界层的流体会发生倒流，并引起边界层和固体壁面的分离现象，同时产生漩涡，其结果是造成流体的能量损失，这种现象称为边界层的分离。它是黏性流体流动时，产生能量损失的重要原因，也是边界层的一个重要特点。

3. 流体流动时的阻力

流体在管路中流动时的阻力可分为直管阻力和局部阻力两种。直管阻力是流体流经一定管径的直管时，由于流体的内摩擦而产生的阻力。局部阻力是流体流经管路中的管件、阀门及截面的突然扩大和缩小等局部地方所引起的阻力，如图1-21所示。

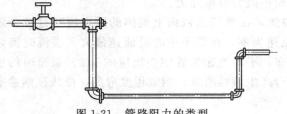

图1-21 管路阻力的类型

柏努利方程式中的 $\sum h_f$ 项是指所研究管路系统的总能量损失或称总阻力损失，它既含有管路系统中各段直管阻力损失 h_f，也包括系统中各局部阻力损失 h_f'，即

$$\sum h_f = h_f + h_f' \tag{1-29}$$

由实验得知，流体只有在流动情况下才产生阻力，流体流动越快，阻力也越大，克服阻力消耗的能量愈多；由此可见，流动阻力与流速有关。又由于动能 $\dfrac{u^2}{2}$ 与 h_f 的单位都是 J/kg，所以常把 1kg 质量流体的能量损失，表示为 1kg 质量流体具有动能的若干倍数关系，即

$$\sum h_f = \xi \dfrac{u^2}{2} \tag{1-30}$$

式中，ξ 为比例系数，称为阻力系数。显然，对不同情况下的阻力，要作具体的分析以确定阻力系数之值。式(1-30)称为阻力计算的一般方程式。

4. 流体在直管中的流动阻力

流体在直管内以一定的速度 u 流动时，受到两个作用力。一个是推动力，它推动流体流动，其方向即流体流动方向；另一个是因流动引起的摩擦阻力，其方向与流体流动方向相反。只有当推动力和阻力达到平衡时，流体的速度才能维持不变，即达到稳定流动状态。流体流经直管的阻力和压力降可分别用下式计算

$$h_f = \lambda \frac{l}{d} \times \frac{u^2}{2} \tag{1-31}$$

$$\Delta p_f = p_1 - p_2 = \lambda \frac{l}{d} \times \frac{\rho u^2}{2} \tag{1-32}$$

式中 λ——为摩擦系数；

l——直管长度，m。

式(1-31) 及式(1-32) 称为范宁公式，是计算流体在直管内流动阻力的通式，或称为直管阻力计算式，对层流、湍流均适用。由该式可见，流体在直管内的流动阻力与流体密度 ρ、流速 u、管长 l、管径 d 及 λ 有关。式中 λ 是一无因次系数，称为摩擦系数（或摩擦因数），其值与流动类型及管壁等因素有关。应用式(1-31) 及式(1-32) 计算直管阻力时，确定摩擦系数 λ 值是个关键。

对于 $Re < 2000$ 的层流直管流动，管壁上凹凸不平的粗糙度被平稳地滑动着的流体层所掩盖，$\lambda = f(Re)$ 由理论推导出

$$\lambda = \frac{64}{Re} \tag{1-33}$$

根据研究表明，湍流时摩擦系数

$$\lambda = f_1 \left(Re, \frac{\varepsilon}{d} \right) \tag{1-34}$$

λ 为 Re 数和 ε/d（相对粗糙度）的函数，其函数关系需由实验确定。在工程计算中，通常将实验数据进行综合整理，即以 ε/d 为参数来标绘 Re 和 λ 的关系，如图 1-22 所示。

【例 1-7】 在一 $\phi 108\text{mm} \times 4\text{mm}$、长 20m 的钢管中输送油品。已知该油品的密度为 900kg/m^3，黏度为 $0.072\text{Pa} \cdot \text{s}$，流量为 32t/h。试计算该油品流经管道的能量损失及压力降。

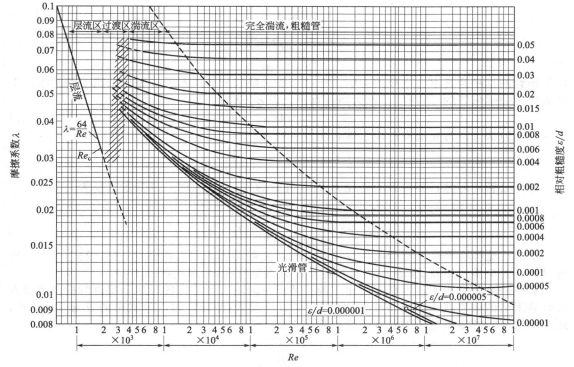

图 1-22 摩擦系数与雷诺准数及相对粗糙度的关系

解：能量损失 h_f

$$h_f = \lambda \frac{l}{d} \times \frac{u^2}{2}$$

$$u = \frac{Q}{A} = \frac{W}{\rho A} = \frac{32 \times 1000}{3600 \times 900 \times 0.785 \times 0.1^2} = 1.26 \ (\text{m/s})$$

$$Re = \frac{du\rho}{\mu} = \frac{0.1 \times 1.26 \times 900}{0.072}$$

$$= 1575 < 2000 \qquad 层流$$

$$\lambda = \frac{64}{Re} = \frac{64}{1575} = 0.0406$$

$$h_f = 0.0406 \times \frac{20}{0.1} \times \frac{1.26^2}{2} = 6.45 \ (\text{J/kg})$$

压力降 Δp_f

$$\Delta p_f = h_f \rho = 6.45 \times 900 = 5805 \ (\text{Pa})$$

答：该油品流经管道的能量损失为 6.45J/kg，压力降为 5.8×10^3 Pa。

5. 流体在非圆形管内的流动阻力

在化工生产中，还会遇到非圆形管道或设备，例如有些气体管道是方形的，有时流体也会在两根成同心圆的套管之间的环形通道内流过。前面计算 Re 数及阻力损失 h_f 或 Δp_f 的式中的 d 是圆管直径，对于非圆形通道如何解决呢？一般来讲，截面形状对速度分布及流动阻力的大小都会有影响。实验证明，在湍流情况下，对非圆形截面的通道可以找到一个与圆形管直径 d 相当的"直径"以代替。为此，引进了水力半径 r_H 的概念。水力半径的定义是流体在流道里的流通截面 A 与润湿周边长 Π 之比，即

$$r_H = \frac{A}{\Pi} \qquad (1-35)$$

对于直径为 d 的圆形管子，流通截面积 $A = \frac{\pi}{4}d^2$，润湿周边长度 $\Pi = \pi d$，故

$$r_H = \frac{\frac{\pi}{4}d^2}{\pi d} = \frac{d}{4}$$

或

$$d = 4r_H$$

即圆形管的直径为其水力半径的 4 倍。把这个概念推广到非圆形管，则也采用 4 倍的水力半径来代替非圆形管的"直径"，称为当量直径，以 d_e 表示，即

$$d_e = 4r_H \qquad (1-36)$$

对于边长分别为 a 和 b 的矩形管，当量直径为

$$d_e = 4 \frac{ab}{2(a+b)} = \frac{2ab}{a+b}$$

对于套管的环隙，当内管的外径为 d_1，外管的内径为 d_2 时，其当量直径为

$$d_e = 4 \frac{\frac{\pi}{4}(d_2^2 - d_1^2)}{\pi(d_2 + d_1)} = d_2 - d_1$$

所以，流体在非圆形直管内作湍流流动时，其阻力损失仍可用式（1-31）及式（1-32）进行计算，但应将式中及 Re 数中的圆管直径 d 以当量直径 d_e 来代替。

有些研究结果表明，当量直径用于湍流情况下的阻力计算比较可靠，层流时应用当量直径计算阻力的误差就很大，当必须采用式（1-31）及式（1-32）时，除式中的 d 换以 d_e 外，还须对层流时摩擦系数 λ 的计算式进行修正，即

$$\lambda = \frac{C}{Re}$$

式中 C 为无因次系数，某些非圆形管的常数 C 值见表 1-2。

表 1-2　某些非圆形管的常数 C 值

非圆形管的截面形状	正方形	等边三角形	环形	长方形 长：宽＝2：1	长方形 长：宽＝4：1
常数 C	57	53	96	62	73

6. 流体在管路局部的流动阻力

生产用输送流体的管路，除直管外，还有阀门、三通、弯头等管件。流体流经这些管件时，受到冲击和干扰，不仅流速大小和方向都发生变化，而且出现漩涡，内摩擦增大，形成局部阻力。流体在湍流流动时，由局部阻力引起的能量损失有两种计算方法：阻力系数法和当量长度法。

（1）阻力系数法　克服局部阻力所消耗的能量，可以表示成动能的倍数，即

$$h'_f = \xi' \frac{u^2}{2} \tag{1-37}$$

或

$$\Delta p' = \xi' \frac{\rho u^2}{2} \tag{1-38}$$

式中 ξ' 称为局部阻力系数，一般由实验测定。局部阻力的种类很多，为明确起见，常对局部阻力系数 ξ' 注上相应的下标，如 $\xi_{三通}$、$\xi_{进口}$ 等。

① 突然扩大。如图 1-23 所示，在流道突然扩大处，流体离开壁面成一射流注入扩大了的截面中，然后才扩张到充满整个截面。射流与壁面之间的空间产生涡流，出现边界层分离现象。高速流体注入低速流体中，其动能的很大部分转变为热量而散失。流体从小管流到大管引起的能量损失称为突然扩大损失。

突然扩大的阻力系数为

$$\xi_e = \left(1 - \frac{A_1}{A_2}\right)^2 \tag{1-39}$$

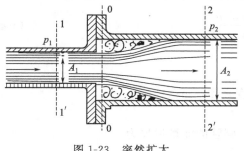

图 1-23　突然扩大

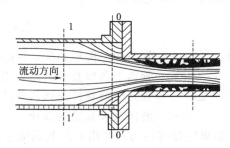

图 1-24　突然缩小

② 突然缩小。如图 1-24 所示，流束在突然缩小以前，基本上并不脱离壁面，通过突然收缩口后，却并不能立刻充满缩小后的截面，而是继续缩小，经过一最小截面（缩脉）之后，才逐渐充满小管整个截面，故亦有一射流注入收缩后的流道中。当流体向最小截面流动时，速度增加，压力能转变为动能，此过程不产生涡流，能量消耗很少。在最小截面以后，流束截面扩大而流速变小，其情况有如突然扩大，在流束与壁面之间出现涡流。流体从大管流到小管引起的能量损失称为突然缩小损失。

突然缩小的阻力系数为：

$$\xi_c = 0.5\left(\frac{A_2}{A_1} - 1\right)^2 \tag{1-40}$$

③ 管出口与入口。流体自管出口进入容器，可看作自很小的截面突然扩大到很大的截面，相当于突然扩大时 $A_1/A_2 \approx 0$ 的情况，按式(1-39)计算，管出口的阻力系数应为

$$\xi_0 = 1$$

流体自容器流进管的入口，是很大的截面突然收到很小的截面，相当于突然缩小时的情况 $A_2/A_1 \approx 0$。管入口的阻力系数应为

$$\xi_1 = 0.5$$

④ 管件与阀门。不同管件与阀门的局部阻力系数可从有关手册中查取。

(2) 当量长度法　流体流经管件、阀门等局部地区所引起的能量损失可仿照式(1-31)及式(1-32)而写成如下形式

$$h'_f = \lambda \frac{l_e}{d} \frac{u^2}{2} \ 或 \ \Delta p'_f = \lambda \frac{l_e}{d} \frac{\rho u^2}{2} \tag{1-41}$$

式中，l_e 称为管件或阀门的当量长度，其单位为 m，表示流体流过某一管件或阀门的局部阻力相当于流过一段与其具有相同直径、长度为 l_e 的直管阻力。实际上是为了便于管路计算，把局部阻力折算成一定长度直管的阻力。

管件或阀门的当量长度数值都是由实验确定的。在湍流情况下某些管件与阀门的当量长度可从有关手册查得。有时用管道直径的倍数来表示局部阻力的当量长度，如对直径为 $9.5 \sim 63.5$mm 的 $90°$ 弯头，l_e/d 的值约为 30，由此对一定直径的弯头，即可求出其相应的当量长度。l_e/d 值由实验测出，各管件的 l_e/d 可以从化工手册中查到。

管件、阀门等构造与加工精度往往差别很大，从手册中查得的 l_e/d 或 ξ 值只是粗略值，即局部阻力的计算也只是一种估算。

7. 流体流动时总能量损失的计算

管路的总阻力为管路上全部直管阻力和各个局部阻力之和。对于流体流经管路直径不变的管路时，如果把局部阻力都按当量长度的概念来表示，则管路的总能量损失为

$$\sum h_f = \lambda \frac{l + \sum l_e}{d} \frac{u^2}{2} \tag{1-42}$$

式中　$\sum h_f$——管路的总能量损失，J/kg；

　　　　l——管路上各段直管的总长度，m；

　　　　$\sum l_e$——管路全部管件与阀门等的当量长度之和，m；

　　　　u——流体流经管路的流速，m/s。

如果把局部阻力都按阻力系数的概念来表示，则管的能量损失为

$$\sum h_f = \left(\lambda \frac{l}{d} + \sum \xi'\right) \frac{u^2}{2} \tag{1-43}$$

式中，$\sum \xi'$ 为管路与阀门等的局部阻力系数之和，其他符号与式(1-42)相同。

当管路由若干直径不同的管段组成时，由于各段的流速不同，此时管路的总能量损失应分段计算，然后再求其和。

【例 1-8】　如图 1-25 所示，比重为 1.1 的水溶液，由贮槽经 20m 长的直管流入一个大水池，设水溶液在管路中的流速为 1m/s，水溶液的黏度为 1cP，管子是 ϕ114mm×4mm 的钢管，试求阻力损失和压力降。

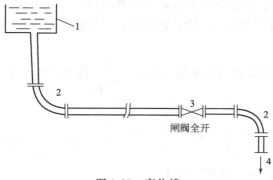

图 1-25　高位槽

1—贮槽；2—90°标准弯头；3—闸阀；4—管口

解：依题意，已知

$$\rho = 1000 \times 1.1 = 1100 \ (\text{kg/m}^3)$$

$$u = 1\text{m/s}; \ d = 114 - 2 \times 4 = 106 \ (\text{mm})$$

$$\mu = \frac{1}{1000} \ (\text{N} \cdot \text{s/m}^2)$$

则

$$Re = \frac{du\rho}{\mu} = \frac{\dfrac{106}{1000} \times 1 \times 1100}{\dfrac{1}{1000}} = 1.166 \times 10^5$$

取 $\varepsilon = 0.5\text{mm}$；$\dfrac{\varepsilon}{d} = \dfrac{0.5}{106} \approx 0.005$；由图 1-22 查得 $\lambda = 0.031$；查有关手册得系统的当量长度值为：

由贮槽 1 处流入管子　$(l_e/d)_1 = 20$

2 个 90°标准弯头　$2(l_e/d)_2 = 2 \times 40 = 80$

一个闸阀全开　$(l_e/d)_3 = 7$

由管口 4 处排入大气（设为流入管口 2 倍）　$(l_e/d)_4 = 2 \times 20 = 40$

此时总压头损失

$$\sum h_f = \lambda \left(\frac{l + \sum l_e}{d} \right) \frac{u^2}{2} = 0.031 \left(\frac{20}{0.106} + 20 + 80 + 7 + 40 \right) \frac{1^2}{2} = 5.20 \ (\text{J/kg})$$

此时总压力降

$$\Delta p_f = \rho \sum h_f = 1100 \times 5.20 = 5.72 \times 10^3 (\text{Pa})$$

答：阻力损失为 5.20J/kg，压力降为 5.72×10^3Pa。

8. 降低流体阻力的途径

在流体输送中，绝大部分能耗是用于克服管路阻力，为了寻找减少阻力损失的途径，可以根据式(1-42)来分析

$$\sum h_f = \lambda \frac{l + \sum l_e}{d} \times \frac{u^2}{2}$$

① 由上式可知，$\sum h_f \propto (l + l_e)$，因此在不影响管路布置的情况下，管路长度应尽量紧

缩。同时，为了降低 $\sum l_\mathrm{e}$，管路中要尽量减少管件与阀门，以尽量降低其阻力。如管道扩大时，尽量以逐步扩大代替突然扩大，管道拐弯时，尽量以弧形弯头（标准弯头）代替直角弯头等。

② 适当放大管径可使阻力显著降低。将 $u=\dfrac{Q}{\dfrac{\pi}{4}d^2}$ 代入式(1-42)，可得

$$\sum h_f=\lambda\left(\frac{l+\sum l_\mathrm{e}}{d}\right)\frac{\left(Q\big/\dfrac{\pi}{4}d^2\right)^2}{2}=\lambda(l+\sum l_\mathrm{e})\frac{Q^2}{2(\pi/4)^2}\times\frac{1}{d^5} \tag{1-44}$$

当流量 Q 和摩擦系数 λ 一定时，可令

$$C=\lambda(l+\sum l_\mathrm{e})\frac{Q^2}{\left(\dfrac{\pi}{4}\right)^2}=常数$$

即

$$\sum h_f=\frac{C}{d^5} \tag{1-45}$$

因此，当 λ 和 Q 一定时，$\sum h_f$ 与管径 d 的五次方成反比，即管径增大一倍，$\sum h_f$ 可降为原来的 1/32。但增大管径会使设备费用增加，所以还需根据经济衡算来确定管径。

③ 根据温度对黏度的影响，适当改变流体温度亦可降低阻力。例如在输送黏性流体时，一般情况下管内流体流动为层流，这时管路摩擦系数为

$$\lambda=\frac{64}{Re}=\frac{64\mu}{du\rho}$$

即

$$\lambda\infty\mu$$

因此可适当提高黏性流体的温度来降低流体的黏度，使摩擦系数 λ 减小，从而达到降低流体流动阻力的目的。

④ 在输送的流体中加入某些适当的"添加剂"。如可溶的高分子聚合物、皂类的溶液等，亦可降低流体阻力损失。

9. 公称直径和公称压力

公称直径就是通称直径或公称通径。它可以等于实际管路的内径，也可以大于或小于实际管路的内径。

公称压力就是通称压力，一般应大于或等于实际工作的最大压力。

采用公称直径和公称压力的目的，是为了减少管路中的管道、管件、阀门等附件的品种、规格，利于设计、制造、安装和检修。公称直径和公称压力已由国家标准详细规定了它们的等级。

公称直径是用字母 DN 表示，其后附加公称直径的尺寸，单位是 mm。例如公称直径为 300mm 的管子，用 $DN300$ 表示。

公称压力是用字母 PN 表示，其后附加压力数值，单位是 MPa。

由于管子的规格大多以外径为标准，所以管子的内径随管壁的厚度不同而略有差异，如外径为 57mm 壁厚为 3.5mm 和外径为 57mm 壁厚为 5mm 的无缝钢管，我们都称它为公称直径为 50mm 的钢管，但它们的内径分别为 50mm 和 47mm。而对于管路的各种附件和阀门的公称直径，一般都等于它们的实际内径。

公称压力的数值，一般是指管内工作介质的温度在 0～120℃ 范围内的最高允许工作压力。管路的最大工作压力应等于或小于公称压力。由于管材的机械强度因温度的升高而下

降，所以最大工作压力亦随介质温度升高而减小。

二、离心泵的装置与操作

（一）离心泵装置与工作原理

离心泵的种类虽然很多，但主要零部件却是相近的。图1-26所示为IS型单级单吸离心泵结构图，它主要由泵体、泵盖、轴、叶轮、轴承、密封部件和支座等构成。有些离心泵还装有导叶、诱导轮和平衡盘等。为防止液体从泵壳等处泄漏，在各密封点上分别装有密封环或轴封。轴承及轴承悬架支持着转轴，整台泵和电机安装在一个底座上。

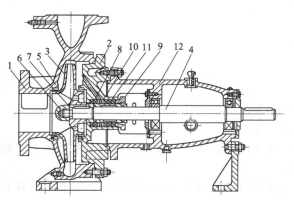

图1-26　IS型单级单吸离心泵结构图

1—泵壳；2—泵盖；3—叶轮；4—泵轴；5—密封环；
6—叶轮螺母；7—止动垫圈；8—轴套；9—填料压盖；
10—水封环；11—填料；12—泵体

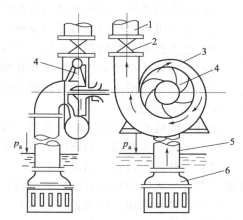

图1-27　离心泵的一般装置示意图

1—排出管路；2—排出阀；3—泵体；4—叶轮；
5—吸入管；6—底阀

为了使离心泵正常工作，离心泵必须配备一定的管路和管件，这种配备有一定管路系统的离心泵称为离心泵装置。图1-27所示是离心泵的一般装置示意图，主要有底阀、吸入管路、排出阀、排出管路等。

离心泵在启动之前，泵及吸入管路内应灌满液体，此过程称为灌泵。启动电机后，驱动机通过泵轴带动叶轮旋转，叶轮中的叶片驱使液体一起旋转，在离心力作用下，叶轮中的液体沿叶片流道被甩向叶轮出口，并流经蜗壳送到排出管。液体从叶轮上获得能量，并依靠此能量被输送到贮池或工作地点。

在叶轮中的液体被甩向叶轮出口的同时，叶轮入口中心处就形成了低压，在吸液池和叶轮中心处的液体之间就产生了压差，吸液池中的液体在该压力差作用下，便不断地经吸入管路及泵的吸入室进入叶轮中。这样，叶轮在旋转过程中，一面不断地吸入液体，一面又不断地给予吸入的液体一定的能量，将液体排出。离心泵便如此连续不断地工作。

离心泵进出管路和管路附件，对泵的正常操作与运行作用很大。底阀是一个止逆阀，启动前此阀关闭，保证泵体及吸入管路内能灌满液体，泵停止运转时此阀自动关闭，防止液体倒灌造成事故，底阀装有滤网，防止杂物进入泵内堵塞流道。

离心泵在运转过程中，常发生"气缚"现象，即泵内进入空气，使泵不能正常工作。这是因为空气密度比液体小得多，在叶轮旋转时产生的离心作用很小，不能将空气压出，使吸液室不能形成足够的真空，离心泵便没有抽吸液体的能力。

对于大功率泵，为减小阻力可采用真空泵抽气，然后启动而不装底阀的办法。

（二）离心泵的操作规程与操作步骤

1. 启动前的检查

为了保证泵的安全运行，在泵启动前，应对整个机组作全面的检查，发现问题，及时处理。检查内容有以下几项。

（1）电动机和水泵固定是否良好，螺钉及螺母有无松动脱落；

（2）检查各轴承的润滑油是否充足，润滑油是否变质；

（3）如果是第一次使用或重新安装的水泵，应检查水泵的转动方向是否正确；

（4）检查吸液池及滤网上是否有杂物；

（5）检查填料箱内的填料是否发硬；

（6）检查排液管上的阀门启闭是否灵活；

（7）检查电动机的电气线路是否正确；

（8）检查机组附近有无妨碍运转的物体。

2. 启动前的准备

经过全面检查，确认一切正常后，才可作启动的准备工作。应有以下几项工作。

（1）关闭排水管路上的阀门，以降低启动电流；

（2）打开放气旋塞，向水泵内灌水，同时用手转动联轴器，使叶轮内残存的空气尽可能排出，直至放气旋塞有水冒出时，再将其关闭；

（3）大型水泵用真空泵抽气灌水时，应关闭放气旋塞及真空表和压力表的旋塞，以保护仪表的准确性。

3. 启动

完成以上准备工作后，便可启动泵。启动后待水泵转速稳定，电流表指针摆动到指定位置，这时再把真空表及压力表的旋塞打开，并慢慢开启出口阀门，水泵进入正常运行。与此同时还应将水封管的阀门打开。

离心泵启动后空转时间不能太长，通常以 2～4min 为限，如果时间过长，水的温度就会升高，可能导致汽蚀现象或其他不良后果。

4. 停车

在停车前应先关闭压力表和真空表阀门，再将排水阀关闭，这样在减少振动同时，可防止液体倒灌。然后停转电动机，关闭吸入阀、冷却水、机械密封冲洗水等。

（1）离心泵装置在停车后，仍然要做好清洁工作；

（2）在寒冷季节，特别是在室外的泵，在停车后应立即放尽泵内液体，以防结冰，冻裂泵体；

（3）备用泵，应定期启动一次。

三、离心泵的性能测定

（一）离心泵的性能

离心泵的基本性能参数就是描述离心泵在一定条件下工作特性的数值，包括：流量、扬程、转速、功率、效率和汽蚀余量。

1. 流量

单位时间内泵所排出的液体量称为泵的流量。

有体积流量和质量流量，体积流量用 Q 表示，单位是 m^3/s（米³/秒）、m^3/h（米³/时）或 L/s（升/秒）。

质量流量用 W 表示,单位是 kg/s(千克/秒)或 t/h(吨/时)。

质量流量与体积流量关系为

$$W = \rho Q \quad (\text{kg/s}) \tag{1-46}$$

式中 ρ——输送温度下液体密度,kg/m^3。

单位时间内流入叶轮内的液体体积量称为理论流量。用 Q_{th} 表示,单位与 Q 一样。

2. 扬程

单位质量的液体,从泵进口到泵出口的能量增值称为泵的扬程。即单位质量的液体通过泵所获得的有效能量。扬程常用符号 h 表示,单位为 J/kg。

目前,在实际生产中,习惯把单位重量的液体,通过泵后所获得的能量称为扬程,用符号 H 表示,其单位为 $\text{J/N} = \text{N} \cdot \text{m/N} = \text{m}$ 即用高度来表示。应该注意,不要把泵的扬程与液体的升扬高度等同起来,因为泵的扬程不仅要用来提高液体的位高,而且还要用来克服液体在输送过程中的流动阻力,以及提高输送液体的静压能和保证液体有一定的流速。

泵的扬程是指全扬程或总扬程,它包括吸上扬程和压出扬程。吸上扬程包括实际吸上扬程和吸上扬程损失,压出扬程包括实际压出扬程和压出扬程损失。

3. 转速

离心泵的转速是指泵轴每分钟的转数,用符号 n 表示,单位为 r/min(转/分)。在国际单位制中转速为泵轴每秒钟的转数,用符号 n_f 表示,单位为 1/s,即 Hz。

4. 功率和效率

(1)功率 功率是指单位时间内所做的功。常见的有以下几种表示法。

① 有效功率。单位时间内泵对输出液体所作的功称为有效功率,用 N_e 表示,单位为 W(瓦),计算公式如下:

$$N_e = QH\rho g \tag{1-47}$$

② 轴功率。单位时间由原动机传递到泵主轴上的功率,用 N 来表示,单位为 W(瓦)。

(2)效率 效率是衡量离心泵工作经济性的指标,用符号 η 来表示。由于离心泵在工作时,泵内存在各种损失,所以泵不可能将驱动机输入的功率全部转变为对液体的有效功率。其定义式为

$$\eta = \frac{N_e}{N} \tag{1-48}$$

η 值越大,则泵的经济性越好。

5. 必需汽蚀余量

必需汽蚀余量 $NPSH_r$ 也是离心泵很重要的性能参数,表示离心泵抗汽蚀性能的指标,单位与扬程相同,具体详见学习任务二。

【例 1-9】 某离心水泵输送清水,流量为 $25\text{m}^3/\text{h}$,扬程为 32m,试计算有效功率为多少?若已知泵的效率为 71%,则泵的轴功率是多少?

解 按式(1-47)计算

$$N_e = \frac{QH\rho g}{1000} \quad (\text{kW})$$

常温清水的密度可近似取 $\rho = 1000\text{kg/m}^3$,$Q = 25\text{m}^3/\text{h} = \dfrac{25}{3600}\text{m}^3/\text{s}$,$H = 32\text{m}$。代入上式得

$$N_e = \frac{25 \times 32 \times 1000 \times 9.81}{3600 \times 1000} = 2.18 \ (\text{kW})$$

$$N = \frac{N_e}{\eta} = \frac{2.18}{0.71} \approx 3.07 \ (\text{kW})$$

答：有效功率为 2.18kW，轴功率为 3.07kW。

（二）离心泵的性能测定

1. 离心泵的性能曲线

离心泵的性能曲线是指在一定的工作转速下，扬程 H、功率 N、效率 η 和必需汽蚀余量 $NPSH_r$ 随泵流量 Q 的变化规律，分别用 $H\text{-}Q$、$N\text{-}Q$、$\eta\text{-}Q$ 和 $NPSH_r\text{-}Q$ 来表示，称为泵的性能曲线。离心泵的性能曲线不仅与泵的型式、转速、几何尺寸有关，同时与液体在泵内流动时的各种能量损失和泄漏损失有关。

熟悉和掌握离心泵的性能曲线就能正确地选用离心泵，使泵在最有利的工况下工作，并能解决操作中所遇到的许多实际问题。离心泵性能曲线可以用理论分析和实验测定两种方法绘制。

理论分析方法就是依据离心泵基本方程式将扬程、流量、功率和效率之间的关系绘制出来并研究讨论性能参数之间变化规律。这样得出来的曲线叫理论性能曲线，它能够定性的得出流量和扬程、功率、效率之间的变化规律。但是由于离心泵内各种损失的影响，使得理论性能曲线和实际情况存在着明显差别。因此，在实际应用时均是用试验的方法绘制离心泵的性能曲线。试验装置如图 1-28 所示，性能曲线如图 1-29 所示。

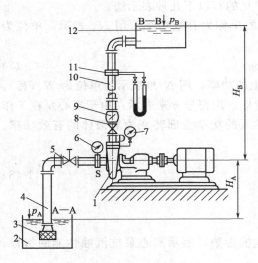

图 1-28　离心泵的试验装置

1—泵；2—吸液池；3—底阀；4—吸入管路；

5—吸入管调节阀；6—真空表；7—压力表；

8—排出管调节阀；9—单向阀；10—排出

管路；11—流量计；12—排液罐

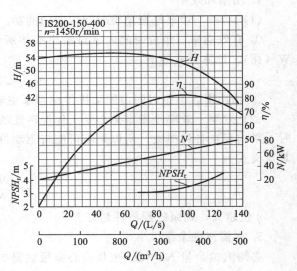

图 1-29　离心泵性能曲线

2. 实际性能曲线分析

泵在一定转速下工作时，对于每一个可能的流量，总有一组与其相对应的 Q、N、H 和 η 值，它们表示离心泵某一特定的工作状况，简称工况。该工况在性能曲线上的位置称为离心泵的工况点。对应于最高效率的工况称为最佳工况点，设计工况点一般应和最佳工况点重合。离心泵应在最佳工况点附近运行，以获得较好的经济性。离心泵性能曲线一般都标出这一范围，称为高效工作区。

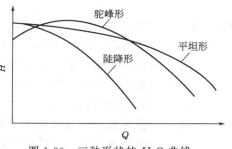

图 1-30　三种形状的 H-Q 曲线

当流量为零时，泵的扬程不等于零，其值称为关死扬程。轴功率也不等于零，此值称为空载轴功率，这时的功率为最小。由于这时无液体的排出，所以泵的效率为零。

离心泵 H-Q 曲线有"平坦"、"陡降"和"驼峰"三种形状，如图 1-30 所示。

平坦形 H-Q 曲线的离心泵，在流量变化较大时，扬程 H 变化不大。它适用于生产中流量变化较大，而管路系统中压力降变化不大的场合。较适合于用排液管路上的阀门来调节流量，因为改变阀门开度调节流量时，随着管路特性曲线变化而泵的工作点的扬程变化不大，即调节的节流损失较少，故调节经济性好。

陡降形 H-Q 曲线的离心泵，当流量稍有变化时，其扬程有较大的变化。因此，它适用于系统中流量变化较小而压力降变化较大或当压力降变化较大时而要求流量较稳定的场合。如在输送纤维浆液的系统中，为了避免当流速减慢时纤维液在管路中堵塞，需要泵供给较大的能头。

驼峰形 H-Q 曲线的离心泵，在一定流量范围（小于最高点 H 下的流量 Q）内，容易产生不稳定工况。离心泵应避免在不稳定情况下运行，一般应在下降曲线部分工作。

3. 实际性能曲线的应用

图 1-29 表示所测得的离心泵性能曲线。H-Q 曲线是选择和操作泵的主要依据。泵在一定转速下工作时，在每一个流量 Q 上，只能给出一个对应的扬程 H。随着流量 Q 的增加，扬程 H 逐渐下降。当流量 Q 为零时，扬程 H 为一固定值。

N-Q 曲线是合理选择原动机功率和正常启动离心泵的依据。通常应按所需流量变化范围中的最大值，再加上适当的安全裕量来确定原动机的功率。应确保泵在功耗最小的条件下启动，以降低启动电流，保护电机。一般当 Q＝0 时，离心泵的功率最小，因此启动泵时，应关闭出口调节阀门，待泵正常运转后，再调节到所需的流量。

η-Q 曲线是检查泵工作经济性的依据，泵应尽可能在高效区工作。在实际工程中将泵最高效率点称为最佳效率点，与该点相对应的工况称为最佳工况点，一般是离心泵的设计工况点。为了扩大泵的使用范围，通常规定对应于最高效率点低 7％ 的工况范围为高效工作区。因而离心泵样本上，所给出的是高效工作区内的各性能曲线。

NPSHr-Q 曲线是检查泵是否发生汽蚀的依据，应全面考虑泵的安装高度、入口阻力损失等，防止泵发生汽蚀。

由于泵制造厂是以清水为介质，在常温下测定泵的性能曲线，所以当泵输送介质的性质、温度与水常温相差较大时，必须进行泵的性能曲线换算。

4. 管路系统特性曲线

当离心泵沿一条管路输送一定流量的液体时，就要求泵提供一定的能量用于提高液体的高度，克服管路两端的压力差和克服液体沿管路流动时的各种流动损失。

从图 1-28 离心泵装置可看出，当液体沿一条吸入管路和一条串联的排出管路输送液体时，管路所需能量 H_C 的大小可由柏努利方程来表示，即

$$H_C = \frac{p_B - p_A}{\rho g} + (z_B - z_A) + \frac{u_B^2 - u_A^2}{2g} + \sum H_{AB} \tag{1-49}$$

式中　H_C——管路所需能量，m；

　　　p_B——B 位置液体的压力，N/m^2；

　　　p_A——A 位置液体的压力，N/m^2；

　　　z_B——排出管路的高度，m；

　　　z_A——吸入管路的高度，m；

　　　u_B——流体流经排出管路的流速，m/s；

　　　u_A——流体流经吸入管路的流速，m/s；

　$\sum H_{AB}$——总流动损失，m。

此式说明：外加能量应为各项能量增量和阻力损失之和。在式（1-49）中，输液高度 $z_B - z_A$ 和吸液池与排液池上静压能差 $\dfrac{p_B - p_A}{\rho g}$ 不变（并忽略动能增量），这两项之和是个常数，且与管路中流量 Q 无关，故称为管路静压能，表示为 $h_p = \dfrac{p_B - p_A}{\rho g} + (z_A - z_B)$，$h_p$ 与输液高度及进、出管路的压力有关。而总流动损失 $\sum H_{AB}$ 与管路中流速平方成正比。由流体力学可知

$$\sum H_{AB} = \left(\lambda \frac{l}{d} + \sum \xi \right) \frac{u^2}{2g} = kQ^2 \tag{1-50}$$

式中　λ——沿程阻力系数；

　　　ξ——局部阻力系数；

　　　l——管路长度，m；

　　　d——管路直径，m；

　　　u——管路内液体流速，$u = \dfrac{Q}{A}$，m/s；

　　　Q——管路内液体体积流量，m^3/s；

　　　k——管路特性系数，$k = \dfrac{1}{2gA^2}\left(\lambda \dfrac{l}{d} + \sum \xi \right)$；

　　　A——管路横截面积，m^2。

式（1-50）表示管路中液体流量与克服液体流经管路时流动损失所需的能量之间的关系，可用一条抛物线表示，如图 1-31 所示。故式（1-49）可写成

$$H_C = h_p + kQ^2 \tag{1-51}$$

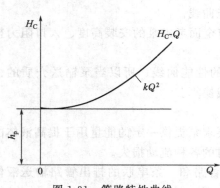

图 1-31　管路特性曲线

式（1-51）便是离心泵在管路上输送液体时的管路特性方程，H_C-Q 曲线称为管路特性曲线（如图 1-31 所示）。在 $Q = 0$ 时，$H_C = H_{AB} + \dfrac{p_B - p_A}{\rho g}$，$H_{AB} = z_B - z_A$ 为输液高度。

5. 离心泵的工作点与流量调节

（1）离心泵的工作点　离心泵在管路中工作时，泵是串联在管路中的，泵所提供的能量 H 与管路装置上所需要的能量 H_C 应相等，泵所排出的流量和管路中输送的流量应相等。离心泵在一定转

速下运转时，某一流量对应一定扬程，即泵的工作点应在该泵的 H-Q 曲线上。从管路来看，当管路一定时，输送一定流量的液体，应需要对应的 H_C，即泵在管路上工作时其工作点必在 H_C-Q 线上。离心泵的工作点既在 H-Q 线上，又在 H_C-Q 线上，因此，工作点一定在 H-Q 线与 H_C-Q 线相交的 M 点上，如图1-32所示。两曲线的交点 M 所对应的 Q 和 H 值就是泵运转时的流量和扬程，故 M 点就是泵的工作点。

在 M 点的流量下，泵所产生的扬程 H 与管路上所必需的外加能量 H_C 正好相等。如果设想泵不是在 M 点工作，而是在 B 点工作，那么在 B 点的流量下，泵所产生的扬程 H_B 就将大于管路需要的扬程 H_{CB}，然而多余的扬程必会使管路中的流量加大，泵的工作点将沿 Q-H 曲线向右移动到 M 点；若泵在 A 点工作，则在 A 点的流量下，泵所提供的扬程 H_A 小于管路在此点所需要的扬程 H_{CA}，管路中流量减少，导致泵的工作点沿 Q-H 曲线向左移向 M 点靠拢。由此可见，当泵的尺寸及转速一定时，则它在一定管路中工作时，只有一个稳定的工作点 M，该点由泵的 H-Q 曲线与该管路系统的 H_C-Q 曲线的交点决定。

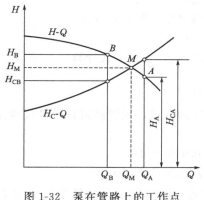

图 1-32　泵在管路上的工作点

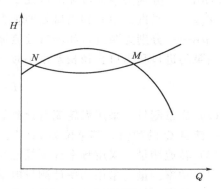

图 1-33　泵的不稳定工况

离心泵的性能曲线为驼峰形时，如图 1-33 所示。这种泵性能曲线有可能和管路性能曲线相交于 N 和 M 两点。M 点是稳定工况点，而 N 点则为不稳定工况点。当泵的工况因振动、转速不稳定等因素而偏离了 N 点，如泵向大流量方向偏离，则泵扬程大于管路扬程，管路中流速加大，流量增加，工况点沿泵性能曲线继续向大流量方向偏离，直到 M 点。当工况点向小流量方向移动，则泵扬程小于管路扬程，管路中流速减小流量变小，直至流量等于零为止，若管路上无底阀或止回阀，液体将倒流。由此可见，工况点在 N 点是暂时平衡，一旦离开 N 点便不能再回到 N 点，故称 N 点为不稳定工况点。

（2）离心泵的性能调节　离心泵运行时其工作参数是由泵的性能曲线与管路的特性曲线所决定的。但是在石油、化工生产过程中，常需要根据操作条件的变化来调节泵的流量。而要改变泵的流量，必须改变其工作点。泵性能曲线和管路特性曲线中的任何一条曲线发生变化，工作点将随之而改变，即改变管路特性曲线和改变泵的性能曲线均可进行流量调节。

①　改变管路特性曲线的流量调节。出口管路节流调节法是使管路特性变化的最简单、最常用的方法，即在排出管路上安装调节阀，当开大或关小调节阀的开度时，就改变了管路的局部阻力，使管路特性曲线的斜率发生了变化，在泵性能曲线不变的情况下，工作点发生变化而达到调节流量的目的。但调节时会增大管路阻力损失，在能量利用方面不够经济。此

种方法只用在小型离心泵的调节上。

② 改变离心泵性能曲线的流量调节。通过改变泵的工作转速或切割叶轮外径等方法可改变泵的性能曲线，实现流量的调节。此类调节方法比较经济，没有节流引起的能量损失。但它要求改变原动机转速或改变叶轮的结构，使它在使用中受到了一定的限制。但是，近年来随着在交流电动机中开始采用变频调速器，使得工作转速可任意调节，并且节能、方便和可靠，因此，通过改变工作转速进行流量调节的方法开始得到了广泛应用。

6. 离心泵的性能测试

(1) 扬程测量　计算某一运转中泵的扬程（如图 1-28 所示），可列出泵进口和出口处流体的柏努利方程，即

$$H = \frac{p_D - p_S}{\rho g} + Z_{DS} + \frac{u_D^2 - u_S^2}{2g} \tag{1-52}$$

式中　H——离心泵的扬程，m；

p_S，p_D——分别为泵进口和出口处压力（由压力表测定），Pa；

Z_{DS}——泵进口中心到出口处的垂直距离（或是两表垂直距离），m；

u_S，u_D——分别为泵进口和出口处流体的平均流速，m/s。

当泵的进口和出口直径相差很小时 $u_S \approx u_D$，则泵的扬程可用下式计算

$$H = \frac{p_D - p_S}{\rho g} + Z_{DS} \tag{1-53}$$

(2) 流量测量　采用涡轮流量计测量流体在管道内的流量，用智能流量积算仪直接显示出流体流量 Q 的数值，其单位为 m³/h。

(3) 转速测量　采用频率计测量电动机的转速，其单位为 Hz。

(4) 功率测量　采用功率计测量电动机的轴功率，其单位为 kW。

(5) 效率　效率 η 数值大小是流体经过离心泵时的水力损失 η_h、容积损失 η_v 和机械损失 η_M 三者共同作用的结果。泵的效率计算公式如下

$$\eta = \eta_v \eta_h \eta_M = \frac{N_e}{N} = \frac{\rho g Q H}{N} \tag{1-54}$$

式中　N——轴功率，W。

图 1-34　弹簧管压力表

【知识与技能拓展】

测量仪表是生产过程自动化的基础，利用测量仪表可以对化工生产过程的主要工艺参数进行测量、变送和显示，及时获取工艺参数的变化信息，对整个化工生产过程实现有效的监控。

一、压力测量

1. 弹簧管压力表

弹簧管压力表的构造如图 1-34 所示，表外观呈圆形，附有带刻度的圆盘，内部有一根截面为椭圆形的金属弹簧管，管一端封闭并连接拨杆和扇形齿轮，扇形齿轮与轴齿轮啮合而带动指针，金属管的另一端固定在底座上并与测压接头相通，测压接头

用罗纹与被测系统连接。测量时，当系统压强大于大气压时，金属弹簧管受压变形而伸长，变形的大小与管内所受的压强成正比，从而带动拨杆拨动齿轮，随之使指针移动，在刻度盘上指出被测量系统的压强，其读数即为表压。

弹簧管压力表测量范围很广。压力表所测量的压强一般不应超过表最大读数的2/3；如测量系统的压强为 0.5～0.6MPa 表压时，应选取 0～1MPa 的压力表，以免金属管发生永久变形而引起误差或损坏。

弹簧管真空表与压力表有相似的结构，测量时弹簧管因负压而弯曲，测得的是系统的真空度。

压力表的金属管一般是用铜制成的，当测量对铜有腐蚀性的流体时，应选用特殊材料金属管的压力表，如氨用压力表的金属管是用不锈钢制成的。

2. 电接点压力表

在生产过程中往往需要把压力控制在规定的范围内，如果超出了这个范围，就会破坏正常的工艺过程，甚至发生事故。在这种情况下可采用电接点压力表。将普通的弹簧管压力表稍作变化，便可成为电接点信号压力表，它能在压力偏离给定范围时，及时发出报警信号，提醒操作人员注意，并可通过中间继电器构成联锁回路实现压力的自动控制。

图 1-35 是电接点压力表的结构和工作原理示意图。压力表指针上带有动触点 1，表盘上另有两根可调节的指针，用来确定上、下限报警值，指针上分别带有静触点。当压力到达上限给定值时，动触点和上限静触点 4 接触，红色信号灯 5 电路接通，实现上限报警；当压力低到下限给定值时，动触点与下限静触点 2 接触，绿色信号灯 3 亮，实现下限报警。

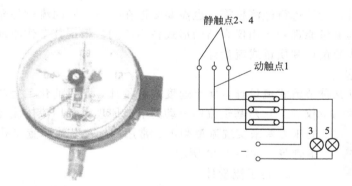

图 1-35　电接点压力表

当电接点压力表的动触点和静触点相碰时，会产生火花或电弧。这在有爆炸介质的场合是十分危险的，为此需要采用防爆的电接点压力表。

3. 电气式压力计

电气式压力计通过转换元件把压力转换成电信号输出，然后对电信号进行测量。这种压力计的测量范围较广，可以远距离传送信号，在工业生产中可以实现压力自动控制和报警，并可与工业控制机联用。常用电气式压力计有扩散硅式压力传感器（如图 1-36 所示）、电容式差压变送器（如图 1-37 所示）和智能型压力变送器（如图 1-38 所示）。

二、流量测量

在化工生产中，经常需要测量生产过程中各种介质的流量，以便为生产操作、管理和控

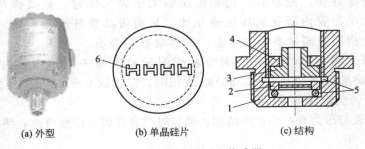

(a) 外型　　　　　　(b) 单晶硅片　　　　　　(c) 结构

图 1-36　扩散硅式压力传感器

1—基座；2—单晶硅片；3—导环；4—螺母；5—密封垫圈；6—等效电阻

引线

电容固定模板

测量膜片

刚性绝缘层

灌充硅油

隔离膜片　　焊接密封

(a) 内部结构图　　　　　　(b) 外形图

图 1-37　电容式差压变送器　　　　图 1-38　智能型压力变送器与通讯器外形

制提供依据。同时，为了进行经济核算，也需要知道在一段时间内流过的介质总量。测量流量的方法很多，其测量原理和所用仪表结构形式各不相同，根据其工作原理不同可分为速度式流量计、容积式流量计和质量式流量计。

1. 差压式流量计

差压式流量计又称节流式流量计，属于速度式流量计。是目前化工生产中测量流量最成熟、最常用的一种测量仪表。它是基于流体流动的节流原理，利用流体流经节流装置时产生的压力差来实现流量测量。常用的标准节流装置有孔板、喷嘴和文丘里管等，如图 1-39 所示。

2. 转子流量计

转子流量计是一种利用改变流通面积的方法来测量流量的。该流量计结构比较简单，在一上粗下细的玻璃锥形管中，垂直地放置一个转子，如图 1-40 所示。当流体自下而上地通过锥形管时，通过转子受到流体冲击而产生的上下移动来测量流量的大小。

若将转子流量计的转子与差动变压器的铁芯连接起来，使转子随流量变化时带动铁芯一起运动，就将流量的大小转换成输出感应电动势的大小，并通过电动机构的指示值显示被测流量的大小，就形成了电远传转子流量计，如图 1-41 所示。

3. 涡轮流量计

涡轮流量计是一种速度式流量计，如图 1-42 所示。它是以动量

图 1-39　标准节流装置

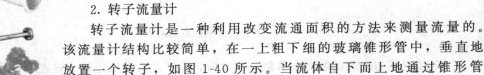

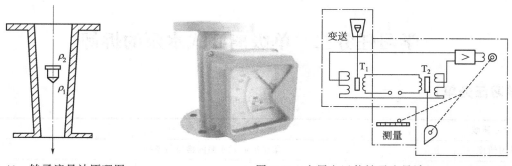

图 1-40　转子流量计原理图　　　　　　　　图 1-41　金属电远传转子流量计

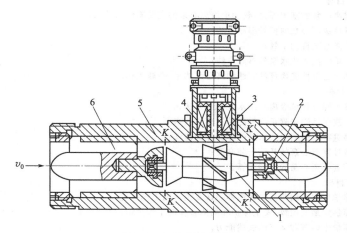

图 1-42　涡轮流量计

1—叶轮；2—止推片；3—感应线圈；4—永久线圈；5—外壳；6—前后导流架

矩守恒原理为基础的，流体冲击涡轮叶片，使涡轮旋转，涡轮的旋转随速度随流量的变化而变化，最后从涡轮的转数求出流量值。

4. 椭圆齿轮流量计

容积式流量计主要用来测量不含固体杂质的高黏度液体，例如油类、冷凝液、树脂和液态食品等黏稠流体的流量，而且测量准确，精度可达±0.2％，而其他流量计很难测量高黏度介质的流量。椭圆齿轮流量计是最常用的一种容积式流量计，如图 1-43所示。

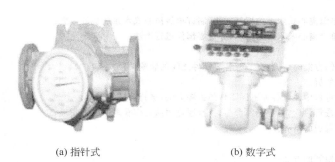

(a) 指针式　　　　　　　　(b) 数字式

图 1-43　椭圆齿轮流量计外形图

学习任务二　单级离心式水泵的拆卸

【学习任务单】

学习领域	化工用泵检修与维护		
学习情境一	单级离心式水泵的检修与维护		
学习任务二	单级离心式水泵的拆卸		课时:6
学习目标	1. 知识目标 (1)掌握离心泵的基本理论,熟悉单级离心泵的主要零件与结构; (2)了解单级离心泵的型号编制方法; (3)熟悉离心泵拆卸工具; (4)掌握单级离心式水泵的拆卸方法; (5)了解离心泵性能换算的方法和离心泵的串、联工作。 2. 能力目标 (1)能够正确选择单级离心式水泵拆卸方法; (2)能够按照拆卸步骤正确拆卸单级离心式水泵; (3)能够进行单级离心式水泵的零部件的清洗; (4)能够计算离心泵的几何安装高度; (5)能够进行离心泵的性能换算。 3. 素质目标 (1)培养学生吃苦耐劳的工作精神和认真负责的工作态度; (2)培养学生踏实细致、安全保护和团队合作的工作意识; (3)培养学生语言和文字的表述能力。		

一、任务描述

　　假设你是一名设备管理员或检修工,在单级离心式水泵的检修过程中,首先需要对单级离心式水泵进行拆卸并对零部件进行清洗,为检修做好准备工作。请针对 IS 型离心泵,选择其拆卸方法,制订拆卸方案,实施离心泵的拆卸,并对零部件进行清洗。

二、相关资料及资源

　　1. 教材;

　　2. IS 型离心泵的技术资料和结构图;

　　3. 相关视频文件;

　　4. 教学课件。

三、任务实施说明

　　1. 学生分组,每小组 4～5 人;

　　2. 小组进行任务分析和资料学习;

　　3. 现场教学;

　　4. 小组讨论,选择单级离心式水泵的拆卸方法,制订单级离心式水泵的拆卸方案;

　　5. 小组合作,实施单级离心式水泵的拆卸,并对零部件进行清洗。

四、任务实施注意点

　　1. 在制订离心泵拆卸方案时,注意离心泵各零部件之间的装配关系;

　　2. 认真分析离心泵的拆卸方案;

　　3. 在离心泵的拆卸过程中注意各种不同零件的拆卸方法,选择合理的工具;

　　4. 遇到问题时小组进行讨论,可让老师参与讨论,通过团队合作获取问题的解决;

　　5. 注意安全与环保意识的培养。

五、拓展任务

　　1. 了解离心泵性能换算的方法;

　　2. 了解离心泵串、联工作。

【知识链接】

一、单级离心泵的基本理论与结构

（一）单级离心泵的基本理论

1. 离心泵的基本方程——欧拉方程

离心泵的基本方程，是从理论上对离心泵中液体质点的运动情况进行分析研究，从而得出离心泵的扬程与流量之间的关系。

液体质点在离心泵中的运动情况，如图1-44所示。由图可以看出，液体质点以 c_1 的绝对速度进入叶轮的叶片间。此时，液体一方面以相对速度 w_1 沿叶轮面移动；另一方面以圆周速度 u_1 随叶轮旋转。液体在从叶轮进口流向出口过程中绝对速度不断增加，当达到叶轮外缘而进入泵壳时，绝对速度为 c_2，此值为液体沿轮叶末端的相对速度 w_2 及圆周速度 u_2 的合速度，由此可见，叶轮的形式会显著影响离心泵的性能。

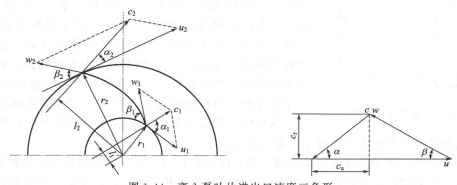

图1-44　离心泵叶片进出口速度三角形

为了进行理论推导，假设离心泵的叶轮具有无穷多的没有厚度的叶片，而且所输送的液体为理想液体，这样液体流过叶轮时，就严格沿着叶片轨道面运动，并且不需克服摩擦阻力。显然，以这种条件导出的扬程是泵最大可能提供的理论扬程。

以下标1、2分别表示泵进口与出口，列出泵的进口与出口的柏努利方程，并整理后得到无穷多叶片的理论扬程为

$$H_{th\infty} = \frac{u_2 c_2 \cos\alpha_2 - u_1 c_1 \cos\alpha_1}{g} \tag{1-55}$$

此式即为离心泵的基本方程——欧拉方程。由此可见，无穷多叶片的理论扬程与被输送液体的性质（如密度、黏度等）无关，而只与叶轮的工作转速、几何尺寸和液体流量等有关。

在离心泵的设计中，一般使 $\alpha_1 = 90°$，则 $\cos\alpha_1 = 0$，则式(1-55)可改为

$$H_{th\infty} = \frac{u_2 c_2 \cos\alpha_2}{g} \tag{1-56}$$

欧拉方程是建立在两个理论假设基础上的，但是实际上离心泵叶轮的叶片是有限的，且有厚度，而输送的液体也不是理想液体，故泵内不可避免地会有流体阻力。因此，离心泵的实际扬程必然小于理论扬程，即从理论扬程中去除摩擦损失、冲击损失和机械损失后可得到实际扬程。

在图1-44中 β 称为叶片的安置角。如 $\beta_2 < 90°$，称为后弯式叶片；$\beta_2 > 90°$，称为前弯

式叶片；$\beta_2 = 90°$，称为径向式叶片。理论上讲，前弯式叶片在流量、几何尺寸和转速相同时，所能提供的理论扬程最大，但由于阻力损失大、效率低，故很少采用；因此，一般均采用后弯式叶片。

2. 离心泵的吸上真空高度与汽蚀现象

（1）汽蚀现象及危害　离心泵是靠贮液池与泵入口处之间的压力差（$p_0 - p_1$）将液体吸入泵内，如图1-45所示。在贮液池面上的压力 p_0 一定时，泵入口处的压力 p_1 越低，吸入压差就越大，液体就吸得越高。这样看来，似乎 p_1 越低越好。但实际上 p_1 值的降低是有限的，当 p_1 降低到与液体温度相应的饱和蒸气压相等时，叶轮进口处的液体中就会出现气泡，也就是液体汽化，这样，由于它的体积突然膨胀，必然扰乱泵入口处的流动，同时汽化所产生的大量蒸气泡随即被液流带入叶轮内压力较高处而被压缩，于是气泡突然凝结消失，出现局部真空空间，这时周围压力较高的液体以极大速度冲向真空空间。因此，在这些局部地方的冲击点上会产生很高的局部压力，不断打击着叶轮的表面，同时冲击频率也很高，致使叶轮表面逐渐疲劳而破坏，这种破坏称为机械剥蚀。同时，溶于液体中的一些活泼气体（如氧气）也会使金属产生腐蚀。由于化学腐蚀与机械剥蚀共同作用，加快了金属的损坏速度，从而使叶轮受到破坏，这就是汽蚀破坏。这种由于液体的汽化和凝结而产生的冲击现象称为汽蚀现象。

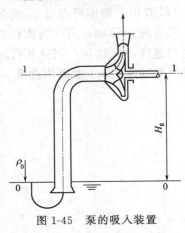

图1-45　泵的吸入装置

汽蚀发生时，因冲击而使泵体振动，并发出噪音，同时还会使泵的流量、扬程和效率都明显下降，泵的使用寿命缩短，严重时使泵不能正常工作。因此，应尽量避免泵在汽蚀工况下工作，并采取一些有效的抗汽蚀的措施。

（2）离心泵的必需汽蚀余量　汽蚀余量是指在泵的入口处液体所具有的超过输送温度下该液体的饱和蒸气压的富余能量，以 $NPSH$ 表示。它与离心泵的吸入管路无关，与泵的吸液室结构、叶轮的吸入口形状、结构、液体在叶轮进口处的流速等因素有关，泵的汽蚀余量越小，说明泵的抗汽蚀性能越好。汽蚀余量 $NPSH$ 为

$$NPSH = \frac{p_0}{\rho g} - \frac{p_t}{\rho g} - H_g - \sum h_s$$

若用泵样本中的推荐的必需汽蚀余量 $NPSH_r$ 代入上式，则可得到离心泵的允许几何安装高度为

$$[H_g] = \frac{p_0}{\rho g} - \frac{p_t}{\rho g} - NPSH_r - \sum h_s \tag{1-57}$$

式中　　$[H_g]$——允许几何安装高度，m；

$\quad\quad\quad p_0$——液面的绝对压力，Pa；

$\quad\quad\quad p_t$——输送温度下液体的饱和蒸汽压，Pa；

$\quad\quad NPSH_r$——必需汽蚀余量，m；

$\quad\quad\quad \sum h_s$——吸入管路的压力损失，m。

从式（1-57）中可以看出，若 p_0 与 p_t 比较接近或相等时，则 $[H_g]$ 就是负值，这表明离心泵的吸入口必须在液面以下，即在灌注压头下工作。这种情况在化工厂、石油化工厂、炼油厂中最为常见，如输送高温液体、沸腾液体及沸点较低液体。

泵样本中的必需汽蚀余量 $NPSH_r$ 值，也是以 293K 的清水为介质测定的临界汽蚀余量 $NPSH_c$ 并取 0.3（mH$_2$O）安全量得到的，即

$$NPSH_r = NPSH_c + 0.3$$

如果输送的液体是石油或类似石油的产品，操作温度又较高，则 $NPSH_r$ 应按被输送液体的密度及蒸气压来进行校正。

【例 1-10】 用离心泵输送一种石油产品，该石油产品在输送温度下的饱和蒸气压为 0.267bar（200mmHg），密度为 900kg/m^3，泵吸入管路的全部阻力损失为 1m，泵的必需汽蚀余量为 2.6m。试决定泵的几何安装高度。

解： 由式(1-57) 可得

$$[H_g] = \frac{p_0}{\rho g} - \frac{p_t}{\rho g} - NPSH_r - \sum h_s = \frac{9.81 \times 10^4}{900 \times 9.81} - \frac{0.267 \times 10^5}{900 \times 9.81} - 2.6 - 1 = 4.5 \text{（m）}$$

答： 为安全起见，泵的实际安装高度还应比计算值再低一些，可以取 3.5～4m。

（3）提高离心泵抗汽蚀性能的措施　提高离心泵的抗汽蚀性能，有利于提高离心泵的转速，增加离心泵的扬程、缩小体积、减小质量，从而提高离心泵的技术经济指标；有利于稳定离心泵的性能，减小离心泵在工作时的振动和噪音，增加离心泵的寿命。因此，改善离心泵的抗汽蚀性能有着极为重要的意义。

① 减少吸入管路的阻力损失。如减少不必要的弯头、阀门等局部阻力损失，增大吸入管直径等。

② 降低离心泵的必需汽蚀余量，提高离心泵的抗汽蚀性能。如采用双吸叶轮、增大叶轮入口直径、增加叶片入口处宽度等，均可以降低叶轮入口处的液体流速，而减小 $NPSH_r$。缺点是会增加泄漏量降低容积效率。

③ 采用螺旋诱导轮。试验证明，在离心泵叶轮前装螺旋诱导轮可以改善泵的抗汽蚀性能，而且效果显著。虽然目前带有诱导轮的离心泵存在性能不稳定等缺点，但随着设计、制造和使用经验的不断积累，诱导轮可能作为提高离心泵抗汽蚀能力的有力措施而被广泛应用。

④ 采用抗汽蚀材料。当由于使用条件的限制，不可能完全避免发生汽蚀时，应采用抗汽蚀材料制造叶轮，以延长叶轮的使用寿命。一般来说，零件表面越光，材料强度和韧性越高，硬度和化学稳定性越高，则材料的抗汽蚀性能也越好。实践证明，铝铁青铜 9-4、2Cr13、稀土合金铸铁和高镍铬合金等材料比普通铸铁和碳钢的抗汽蚀性能要好得多。

（二）离心泵的主要零部件与结构

1. 离心泵的型号编制

我国泵类产品型号编制通常由三个单元组成。离心泵的型号中第一单元通常是以 mm 表示泵的吸入口直径。但大部分老产品用"英寸"表示，即以 mm 表示的吸入口直径被 25 除后的整数值。第二单元是以汉语拼音的字首表示的泵的基本结构、特征、用途及材料等。如 B 表示单级悬臂式离心清水泵；D 表示分段式多级离心水泵；F 表示耐腐蚀泵等。第三单元表示泵的扬程。有时泵的型号尾部后会带有 A 或 B，这是泵的变型产品标志，表示在泵中装的叶轮是经过切割的。

现将单级泵的型号表示方法举例如下：

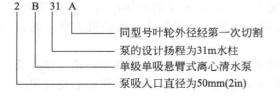

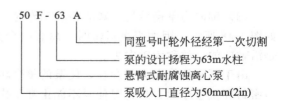

目前我国泵行业采用国际标准 ISO2858—1975（E）的有关标记及额定性能参数和尺寸设计制造了新型号泵。其型号意义如下：

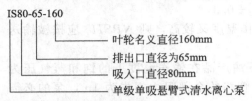

IS80-65-160
叶轮名义直径160mm
排出口直径为65mm
吸入口直径80mm
单级单吸悬臂式清水离心泵

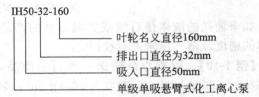

IH50-32-160
叶轮名义直径160mm
排出口直径为32mm
吸入口直径50mm
单级单吸悬臂式化工离心泵

2. 离心泵的主要零部件

（1）叶轮　离心泵输送液体是依靠泵体内高速旋转的叶轮对液体做功。因此，叶轮的尺寸、形状和制造精度对泵的性能有很大影响，按其结构型式可分为：闭式叶轮、半开式叶轮和开式叶轮，如图 1-46 所示。闭式叶轮效率高，应用最多，适用于输送清净液体；半开式叶轮适用于输送具有黏性或含有固体颗粒的液体；开式叶轮效率低，适用于输送污水、含泥沙及含纤维的液体。

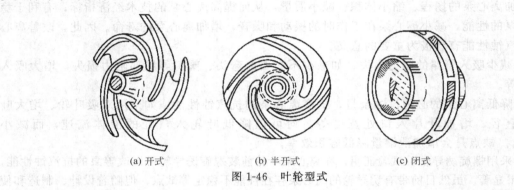

(a) 开式　　　　　(b) 半开式　　　　　(c) 闭式
图 1-46　叶轮型式

（2）蜗壳　蜗壳是在单级泵中采用的蜗形外壳，由铸铁铸成，如图 1-47 所示。蜗壳呈螺旋线形，其内流道逐渐扩大，出口为扩散管状。液体从叶轮流出后其流速可以缓慢地降低，使很大部分动能转变为静压能。蜗壳的优点是制造比较方便，泵性能曲线的高效区域比较宽，叶轮切削后泵的效率变化较小；缺点是蜗壳形状不对称，易使泵轴弯曲。

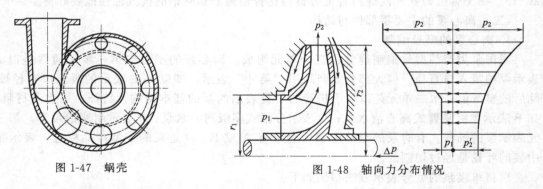

图 1-47　蜗壳　　　　　　　　　　图 1-48　轴向力分布情况

（3）轴向力平衡装置　离心泵在工作时，叶轮正面和背面所受的液体压力是不相同的，如图 1-48 所示。因而当泵运转时，总有一个力作用在叶轮上，并指向叶轮的吸入口，此力是沿轴向的，故称为轴向力。

由于不平衡轴向力的存在，使泵的整个转子向吸入口窜动，造成振动并使叶轮入口外缘与密封环发生摩擦，严重时使泵不能正常工作。因此，必须平衡轴向力。单级离心泵常用的平衡措施有以下几种。

叶轮上开平衡孔：它是在叶轮后盖板上靠近轴处开几个平衡孔，此种方法只能降低轴向力，而不能完全平衡。

采用双吸叶轮：双吸叶轮由于是对称结构，所以它不存在轴向力。此叶轮流量大。

（4）轴封装置　旋转的泵轴与固定的泵体之间的密封称为轴封。轴封的作用是防止高压液体从泵体内沿轴漏出，或者外界空气沿轴漏入。离心泵中常用的轴封结构有填料密封和机械密封。

填料密封是常见的密封形式，其结构如图1-49所示，主要由填料函、填料、液封环、压盖等组成。填料一般采用浸油或涂石墨的石棉绳或包有抗磨金属的石棉填料等。填料密封主要靠压盖把填料压紧，并迫使它产生变形，来达到密封的目的，故密封的严密程度可由压盖的松紧加以调节。过紧虽能制止泄漏，但机械损失增加，功率消耗过大，严重时会造成发热、冒烟，甚至烧坏零件；当然过松起不到密封作用。合理的松紧程度大约是液体从填料中呈滴状渗出，每分钟10～20滴为度。液封环的作用是可以由泵内或直接引入水，在这里形成水封，阻止空气漏入，同时起到润滑和冷却作用。填料密封的优点是结构简单，缺点是泄漏量大，使用寿命短，功率损失大，不宜用于易燃、易爆、有毒或贵重的液体。

3. 离心泵的结构

离心泵的品种很多，各种类型泵的结构虽然不同，但主要部件基本相同。主要零部件有泵盖、泵体（又称泵壳）、叶轮、填料函、泵轴、联轴器、轴承及托架等，如图1-50所示。

（1）B型泵　如图1-50所示，泵的一端在托架内用轴承支承，装有叶轮的一端悬臂伸出托架之外。按泵体与泵盖的剖分位置不同，又分为前开式（如图1-50所示）和后开式（如图1-51所示）。后开式的优点在于检修时，只要将托架止口螺母松开即可将托架连同叶轮一起取出，不必拆卸泵的进、排液管路。

B型离心泵叶轮产生的轴向力大部分由平衡孔平衡，剩余轴向力由轴承承受。泵体内部有逐

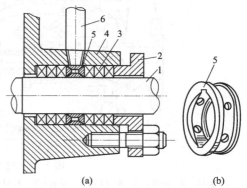

图 1-49　带有液封环的填料密封

1—轴；2—压盖；3—填料；4—填料函；5—液封环；6—引液管

渐扩大的蜗形流道，其最高点处开有供灌泵时用的排气螺孔。在泵盖内壁与叶轮接触易磨损处装有密封环，以防止高压水漏回到进水段，影响泵的效率。轴封装置采用填料密封，泵内的压力水可直接由开在后盖上的孔送到水封环，起水封作用。这种泵一般可与电动机通过联轴器直联。它的优点是结构简单，工作可靠，易加工制造和维修保养，适应性强，因而得到广泛应用。

（2）IS型泵　图1-52所示为IS型泵的结构图。目前，B型离心泵已逐渐被IS型泵所取代。这是一种能耗较低的单级单吸式离心泵。与B型泵相比，IS型泵叶轮吸液口直径较大，泵壳体吸入口、排出口作了改进，泵体直接支在基架上。与同性能B型泵相比，IS型泵的配用功率较小。IS型泵的泵体和泵盖为后开式结构型式，优点是检修方便，即不用拆卸泵体、管路和电机，只需拆下加长联轴器的中间连接，就可退出转动部件进行检修。

IS型泵适用于工业和城市给水、排水，也可用于农业。供输送清水或物理及化学性质类似清水的其他液体，温度不高于80℃。

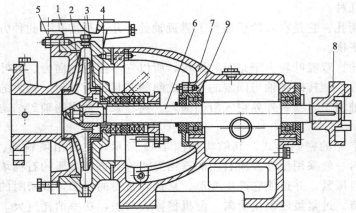

图 1-50　前开式单级悬臂式离心泵

1—泵体；2—叶轮；3—密封环；4—轴套；5—泵盖；6—泵轴；7—托架；8—联轴器；9—轴承

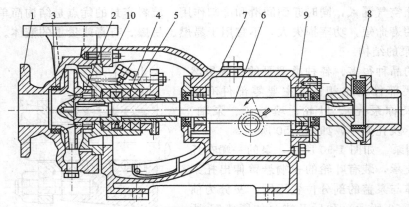

图 1-51　后开式单级悬臂式离心泵

1—泵体；2—叶轮；3—密封环；4—轴套；5—后盖；6—泵轴；7—托架；8—联轴器；9—轴承；10—托架止口螺母

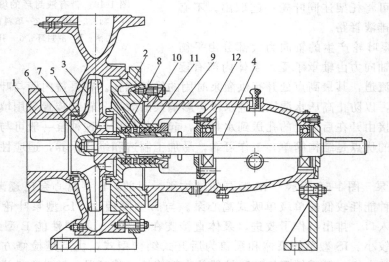

图 1-52　IS 型单级单吸离心泵结构图

1—泵壳；2—泵盖；3—叶轮；4—泵轴；5—密封环；6—叶轮螺母；7—止动垫圈；
8—轴套；9—填料压盖；10—水封环；11—填料；12—泵体

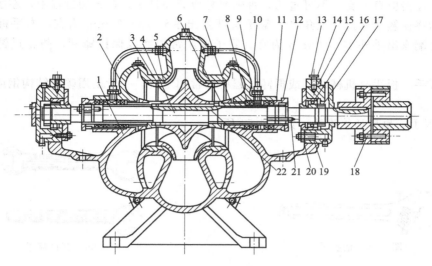

图 1-53　S 型双吸泵结构图

1—泵体；2—泵盖；3—叶轮；4—泵轴；5—密封环；6—轴套；7—填料挡套；8—填料；9—填料环；
10—水封管；11—填料压盖；12—轴套螺母；13—固定螺栓；14—轴承架；15—轴承体；16—轴承；
17—圆螺母；18—联轴器；19—轴承挡套；20—轴承盖；21—双头螺栓；22—键

（3）单级双吸式离心水泵　图 1-53 所示为 S 型单级双吸式离心水泵。这种泵实际上相当于两个 B 型泵叶轮组合而成，水从叶轮左、右两侧进入叶轮，流量大。转子为两端支承，泵壳为水平剖分的蜗壳形。两个呈半螺旋形的吸液室与泵壳一起为中开式结构，共用一根吸液管，吸、排液管均布在下半个泵壳的两侧，检修泵时，不必拆卸与泵相连接的管路。由于泵壳和吸液室均为蜗壳形，为了在灌泵时能将泵内气体排出，在泵壳和吸液室的最高点处分别开有螺孔，灌泵完毕用螺栓封住。泵的轴封装置多采用填料密封，填料函中设置水封环，用细管将压液室内的液体引入其中以冷却并润滑填料。轴向力自身平衡，不必设置轴向力平衡装置。在相同流量下双吸泵比单吸泵的抗汽蚀性能要好。

二、单级离心式水泵的拆卸

1．拆卸工具

（1）手锤　手锤是机械拆卸与装配工作中的重要工具，由锤头和木柄两部分组成，手锤的规格按锤头重量大小来划分。一般用途锤头用碳钢（T7）制成，并经淬火处理。木柄选用比较坚固的木材做成，常用手锤的柄长为 350mm 左右。

木柄安装在锤头孔中必须稳固可靠，要防止脱落造成事故。为此，木柄敲紧在锤头孔中后，应在木柄插入端再打入楔子，以撑开木柄端部，将锤头锁紧。锤头孔做成椭圆形是为了防止锤头在木柄上转动。

（2）錾子　錾子是錾削工具，一般用碳素工具钢锻成。常用的錾子有扁錾、尖錾和油槽錾。

扁錾的切削部分扁平，用来去除凸缘、毛刺和分割材料等，应用最广泛；尖錾的切削刃比较短，主要用来錾槽和分割曲线形板料，油槽錾用来錾削润滑油槽，它的切削刃很短，并呈圆弧形，为了能在对开式的滑动轴承孔壁錾削油槽，切削部分做成弯曲形状。各种錾子的头部都有一定的锥度；顶部略带球形，这样可使锤击时的作用力容易通过錾子的中心线，錾子容易掌握和保持平稳。

錾切时锤击应有节奏，不可过急，否则容易疲劳和打手。在錾切过程中，左手应将錾子握稳，并始终使錾子保持一定角度，錾子头部露出手外 15～20mm 为宜，右手握锤进行锤击，锤柄尾端露出手外 10～30mm 为宜。錾子要经常刃磨以保持锋利，防止过钝在錾削时打滑而伤手。

（3）扳手　扳手是机械装配或拆卸过程中的常用工具，一般是用碳素结构钢或合金结构钢制成。

① 活扳手：也称活络扳手，如图 1-54 所示。

图 1-54　活扳手

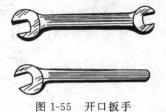

图 1-55　开口扳手

使用活扳手应让固定钳口受主要作用力，否则容易损坏扳手。扳手手柄的长度不得任意接长，以免拧紧力矩太大而损坏扳手或螺栓。

② 专用扳手：专用扳手是只能扳拧一种规格螺栓和螺母的扳手。它分为以下几种。

开口扳手　开口扳手也称呆扳手，它分为单头和双头两种，如图 1-55 所示。选用时它们的开口尺寸应与拧动的螺栓或螺母尺寸相适应。

整体扳手：整体扳手有正方形、六角形、十二角形（梅花扳手）等几种，如图 1-56 所示。其中以梅花扳手应用最广泛，能在较狭窄的地方拧紧或松开螺栓（螺母）。

套筒扳手：套筒扳手由梅花套筒和弓形手柄构成。成套的套筒扳手是由一套尺寸不等的梅花套筒和手柄组成，如图 1-57 所示。套筒扳手使用时，弓形的手柄可以连续转动，工作效率较高。

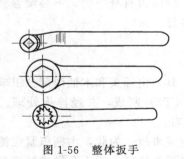

图 1-56　整体扳手

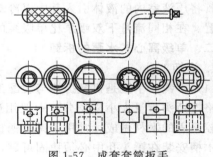

图 1-57　成套套筒扳手

锁紧扳手：用来装拆圆螺母，有多种形式，如图 1-58 所示，应根据圆螺母的结构选用。

内六角扳手：内六角扳手如图 1-59 所示，用于装拆内六角螺钉。这种扳手也是成套的。

（4）管子钳　如图 1-60 所示，是用来夹持或旋转管子及配件的工具。钳口上有齿，以便上紧调节螺母时咬牢管子，防止打滑。

（5）撬杠　撬杠是用 45 号或 50 号钢制成的杠子，用于撬动物体，以便对其搬运或调整位置。使用时，撬杠的支承点应稳固，对有些物体的撬动，也应防止被撬杠损伤。

（6）螺丝刀　螺丝刀又叫螺丝起子、改锥、螺钉旋具，是拧紧或旋松带槽螺栓或螺钉的工具。通常可分为普通螺丝刀和通芯螺丝刀。

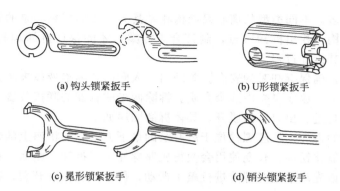

(a) 钩头锁紧扳手

(b) U形锁紧扳手

(c) 冕形锁紧扳手

(d) 销头锁紧扳手

图 1-58　锁紧扳手

图 1-59　内六角扳手　　　　　　　　　　　图 1-60　管子钳

通芯螺丝刀是旋杆与旋柄装配时，旋杆非工作端一直装到旋柄尾部的一种螺丝刀。它的旋杆部分是用 45 号钢或采用具有同等以上机械性能的钢材制成，并经淬火硬化。通芯螺丝刀主要是用于装上或拆下螺钉，有时也用它来检查机械设备是否有故障，即把它的工作端顶在机械设备要检查的部位上，然后在旋柄端进行测听，依据听到的情况判定机械设备是否有故障。

（7）扒轮器　扒轮器有多种形式，如图 1-61 所示。用于滚动轴承、皮带轮、齿轮、联轴器等轴上零件的拆卸。扒轮器也称拉马。

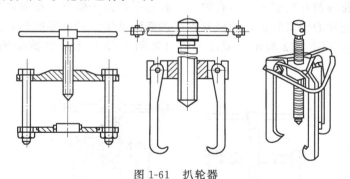

图 1-61　扒轮器

在有爆炸性气体环境中，为防止操作中产生机械火花而引起爆炸，应采用防爆工具。防爆用錾子、圆头锤、八角锤、呆扳手、梅花扳手等是用铍青铜或铝青铜等铜合金制造的，且铜合金的防爆性能必须合格。铍青铜工具的硬度不低于 35HRC，铝青铜工具硬度不低于 25HRC。

2. 单级离心式水泵的拆卸

化工用泵是化工生产中数量最大、种类最多的运转机器。做好化工用泵的维护与修理工作是化工生产的需要，也是节约原材料、降低化工生产成本、保护环境的重要措施。要搞好化工用泵的检修工作，首先必须能够正确地拆卸泵，并进行零件的清洗。

离心泵种类繁多，不同类型的离心泵结构相差甚大，要搞好离心泵的修理工作，首先必须认真了解泵的结构，找出拆卸难点，制订合理方案，才能保证拆卸顺利进行。下面以 IS 型离心泵为例介绍其拆卸过程。

首先切断电源，确保拆卸时的安全。关闭出、入阀门，隔绝液体来源。开启放液阀，消除泵壳内的残余压力，放净泵壳内残余介质。拆除两半联轴器的联接装置。拆除进、出口法兰的螺栓，使泵壳与进、出口管路脱开。具体拆卸顺序如下。

(1) 机座螺栓的拆卸　机座螺栓位于离心泵的最下方，它与机座上的螺孔连接。最易承受酸、碱的腐蚀或氧化锈蚀。长期使用会使得机座螺栓难以拆卸。因而，在拆卸时，除选用合适的扳手外，应该先用手锤对螺栓进行敲击振动，使锈蚀层松脱开裂，以便于机座螺栓的拆卸。

机座螺栓拆卸完之后，应将整台离心泵移到平整宽敞的地方，以便于进行解体。

(2) 泵壳的拆卸　拆卸泵壳时，首先将泵盖与泵壳的连接螺栓松开拆除，将泵盖拆下。在拆卸时，泵盖与泵壳之间的密封垫，有时会出现黏结现象，这时可用手锤敲击通芯螺丝刀或扁錾，使螺丝刀的刀口或錾口部分进入密封垫，将泵盖与泵壳分离开来。

然后，用专用扳手卡住前端的叶轮螺母（也叫叶轮背帽），沿离心泵叶轮的旋转方向拆除螺母，并用双手将叶轮从轴上拉出。

最后，拆除泵壳与泵体的连接螺栓，将泵壳沿轴向与泵体分离。泵壳在拆除进程中，应将其后端的填料压盖松开，拆出填料，以免拆下泵壳时，增加滑动阻力。

(3) 泵轴的拆卸　要把泵轴拆卸下来，必须先将轴组（包括泵轴、滚动轴承及其防松装置）从泵体中拆卸下来。为此，须按下面的程序来进行：

① 拆下泵轴后端的大螺帽，用扒轮器将离心泵的半联轴器拉下来，并且用通芯螺丝刀或錾子将平键冲下来；

② 拆卸轴承压盖螺栓，并把轴承压盖拆除；

③ 用手将叶轮端的叶轮螺母拧紧在轴上，并用手锤敲击螺母，使轴向后端退出泵体；

④ 拆除防松垫片的锁紧装置，用锁紧扳手拆卸滚动轴承的圆形螺母，并取下防松垫片；

⑤ 用扒轮器（如图 1-62 所示）或压力机（如图 1-63 所示）将滚动轴承从泵轴上拆卸下来。

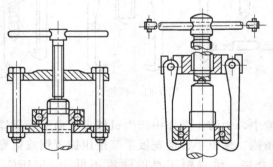

图 1-62　用扒轮器拆卸滚动轴承

有时滚动轴承的内环与泵轴配合时，由于过盈量太大，出现难以拆卸的情况。这时，可以采用热拆法进行拆卸，如图 1-64 所示。拆卸时，先将滚动轴承附近的轴颈用隔热的石棉板包好，装上扒轮器，再将热机油浇在轴承内环的跑道上，使内环受热膨胀，借助于扒轮器，即可把轴承从轴颈上拆卸下来。

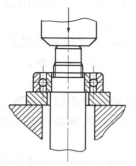

图 1-63　用压力机拆卸滚动轴承

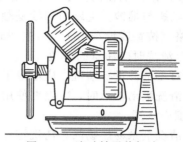

图 1-64　滚动轴承热卸法

拆卸时的一般注意事项如下：

① 按泵的拆卸程序进行，有些组合件可不拆的尽量不拆；

② 留下原始数据，如泵的驱动机转子的对中数据，主要部位的螺栓拆卸前后的长度、轴瓦间隙等；

③ 各零部件的相对位置和方向要做标记，放置要有秩序，以免修后组装时互相搞错。尽管有些零件（如叶轮、轴瓦、轴套等）有互换性，组装时也不应该随意调换位置。否则，转子的平衡就要受到影响，原来跑合过了的配合件又要重新跑合，或出现其他问题；

④ 装配间隙很小的零件，拆卸时要防止左右摆动，碰坏零件，有条件的泵，拆卸前可装上导杆，避免零件摆动磕碰；

⑤ 对于大型水平剖分泵的揭盖，首先应松掉壳体中部的连接螺栓，然后再按一定对称顺序松开周边连接螺栓，这样，可防止泵的上壳体周边有可能产生向上的翘曲变形；

⑥ 在分离两相连零件时，若钻有顶丝孔，应借助顶丝拆卸，两相连零件因锈蚀或其他原因拆不开时，可用煤油浸泡一段时间再拆；若仍拆不开时，可将包容零件加热，当包容零件受热膨胀，被包容零件还未膨胀时，迅速将两零件分开；

⑦ 拆卸机座螺栓处垫片时，应将同一个机座螺栓处的垫片放在一起，回装时仍装在原处。这样可以减少回装过程中调整电动机与泵轴同轴度的工作量；

⑧ 拆卸过程中，若泵壳内仍有残留介质（特别是酸、碱、盐溶液），可用清水冲洗干净，以免对皮肤造成化学烧伤；

⑨ 拆卸时尽量使用专用工具。

3. 单级离心泵零部件的清洗

对零部件进行清洗是拆卸工作后必须进行的一项工序，经过清洗的零部件，才能进行仔细检查与测量。清洗工作的质量，将直接影响检查与测量工作的精度。因此，认真地做好清洗工作，是十分重要的。

（1）清洗用具

① 清洗剂。清洗剂应具有去污力强、易挥发、不腐蚀、不溶解被清洗件等性质。常用的清洗剂有汽油、煤油、柴油和水溶性清洗剂等。汽油的去污力强，挥发性也强，被清洗的零部件不需要擦干，即会很快地自行干燥，是一种很理想的清洗剂。煤油和柴油的去污力也很强，但挥发性不如汽油好，被清洗的零部件需要用棉纱或抹布擦干。煤油和柴油的成本很低，是修理工作中广泛应用的清洗剂。目前，水溶性清洗剂由于其成本较低，并且具有较强的去污性能，同时也可以节约大量的能源，所以，在修理工作中也得到了广泛的应用。

② 油盒。油盒是盛放清洗剂的容器。它是用 0.5～1mm 厚的镀锌铁皮制成，一般做成长方形或圆形。油盒的大小可以根据被清洗的零部件大小来选择。

③ 毛刷与棉纱。毛刷与棉纱是蘸取清洗剂，对零部件进行清洗或擦拭的用具。毛刷的常用规格（按宽度计/mm）有 19、25、38、50、63、75、80 和 100 等多种。

（2）清洗时应注意的事项

① 对零部件进行清洗，应尽量干净，特别应注意对尖角或窄槽内部的清洗工作。

② 清洗滚动轴承时，一定要使用新的清洗剂，对滚动体以及内环和外环上跑道的清洗，应特别细心认真。

③ 清洗剂系易燃物品，清洗零件部件的过程中应注意通风与防火，以免发生火灾。

④ 拆下来的零件应当按次序放好，并做好标记。

【知识与技能拓展】

一、离心泵性能曲线的换算

泵样本或说明书给出的离心泵性能曲线都是用输送温度为 20℃ 的清水进行试验得到的。生产过程中离心泵输送的液体，其性质（如黏度）往往与水相差很大，生产中还可能根据工艺条件的变化需要将泵的某些工作参数加以改变，泵的制造厂为了扩大泵的使用范围，有时给离心泵备用不同直径的叶轮，这些情况均会引起泵的实际性能曲线变化。因此，必须找出不同使用情况下泵的性能曲线换算关系。

（一）比例定律

离心泵的比例定律就是对于同一台泵（$D=D'$），当工作转速由 n 变为 n' 时（输送介质不变），有

$$\frac{Q'}{Q}=\frac{n'}{n} \tag{1-58}$$

$$\frac{H'}{H}=\left(\frac{n'}{n}\right)^2 \tag{1-59}$$

$$\frac{N'}{N}=\left(\frac{n'}{n}\right)^3 \tag{1-60}$$

式中　$n，n'$——泵的原工作转速和改变后的工作转速，r/s；

　　$Q，H，N$——转速为 n 时的流量、扬程和功率；

$Q'，H'，N'$——转速为 n' 时的流量、扬程和功率。

注意，上述比例定律对于水和油类能成立，但当转速和黏度相差太大时，计算的值是不准确的，因此它的应用是有一定的局限性的。

【例 1-11】　有一台离心泵，当流量 $Q=35m^3/h$ 时的扬程为 62m，其转速为 1450r/min 的电动机，功率 $N=7.6kW$。当流量增加到 $Q'=70m^3/h$ 时，问电机的转速为多少时才能满足要求？此时扬程和轴功率各为多少？

解： 由比例定律得

$$n'=n\frac{Q'}{Q}=1450\times\frac{70}{35}=2900（\text{r/min}）$$

$$H'=H\left(\frac{n'}{n}\right)^2=62\times\left(\frac{2900}{1450}\right)^2=248（\text{m}）$$

$$N'=N\left(\frac{n'}{n}\right)^3=7.6\times\left(\frac{2900}{1450}\right)^3=60.8（\text{kW}）$$

答：转速改变为 2900r/min 可满足要求，转速改变后时的扬程为 248m、功率为 60.8kW。

应用比例定律时假设效率 η 是不变的，实际上，当转速改变较大时，效率 η 也将发生变化。它的变化需要用实验测出不同转速下泵的性能，绘出不同转速下的性能曲线。若将一台泵在各种转速下的性能曲线绘在同一张图上，并将 $Q\text{-}H$ 曲线上效率相同各点连接成曲线，可得到泵的通用性能曲线，如图 1-65 所示。在通用性能曲线图上泵的流量与效率的关系不用 $Q\text{-}\eta$ 曲线表示，而用等效率曲线表示。

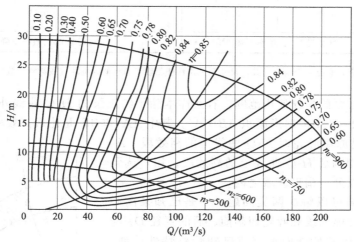

图 1-65　离心泵的通用性能曲线

离心泵的通用性能曲线可以说明泵的运转性能，并可根据工作条件选择泵的转速。选择的方法是将该工作条件下的 Q 及 H 值标到通用性能曲线上得出工况点，由工况点的位置便可估计出应采用的转速，如果已知泵的转速和流量，可以在通用性能曲线上查出扬程。从横坐标上已知 Q 值引垂线，与已知转速的 $H\text{-}Q$ 曲线交点的纵坐标值即为所求的扬程。

（二）切割定律

泵的制造厂或用户为了扩大离心泵的使用范围，除配有原型号的叶轮外，常常备有外直径小的叶轮，称为离心泵叶轮的切割。叶轮的外径切割后，泵的流量、扬程和轴功率都将减小。所以叶轮直径切割后，应对原型号泵的 $H\text{-}Q$、$N\text{-}Q$、ηQ 性能曲线进行换算。

离心泵叶轮外径车小后，在转速和效率不变的情况下，其性能可按下式换算

$$\frac{Q'}{Q}=\frac{D_2'}{D_2} \tag{1-61}$$

$$\frac{H'}{H}=\left(\frac{D_2'}{D_2}\right)^2 \tag{1-62}$$

$$\frac{N'}{N}=\left(\frac{D_2'}{D_2}\right)^3 \tag{1-63}$$

式中　D_2，D_2'——切割前、后叶轮的外径，m；

　　Q，H，N——叶轮切割前泵的流量、扬程和功率；

　　Q'，H'，N'——叶轮切割后泵的流量、扬程和功率。

式(1-61)～式(1-63) 即为切割定律。离心泵叶轮外径 D_2 的切割量不宜过大，否则泵的最高效率将降低太多。通常规定叶轮的极限切割量 $\dfrac{D_2-D_2'}{D_2}$ 不超过 0.1～0.2，大值适用于小流量、高扬程的泵，小值适用于大流量、低扬程的泵。叶轮直径的允许车削量与比转数有关，见表 1-3。

表 1-3　叶轮直径最大的允许切割量

n_s	80	120	200	300	350
$\dfrac{D_2-D_2'}{D_2}$	0.2	0.15	0.15	0.09	0.07
效率下降值	每切割10%,效率下降1%			每切割4%,效率下降1%	

注：$n_s=3.65\dfrac{n\sqrt{Q}}{H^{3/4}}$，它是一个与泵的几何尺寸和工作性能相联系的相似判别数（或称特征数）。

为了标明离心泵的最佳使用范围，有些样本除了给出泵的 $H\text{-}Q$ 曲线外，还标出泵的高效工作区，如图 1-66 中的扇形面积 $ABB'A'$。其中 AA' 和 BB' 是比最高效率约低 7% 的两段等效率线，AB 是原型叶轮时 $H\text{-}Q$ 曲线上的高效段，$A'B'$ 是叶轮作极限切割后 $H\text{-}Q$ 曲线上的高效段。用户选泵时应使运行工作点处于扇形区域之内。

利用切割定律可以解决两类问题：一是已知某离心泵原型叶轮下的性能曲线和叶轮切割前、后的直径 D_2 与 D_2'，求叶轮切割后的性能曲线（或已知管路特性曲线，求切割后的流量与扬程等）；二是已知离心泵的原型叶轮直径 D_2 和性能曲线，求泵流量或扬程减少某一数值时，叶轮的切割量。

（三）黏度改变时性能曲线的换算

在石油化工生产中，有大量的介质黏度与清水不同，要用离心泵输送。而黏度的变化，直接影响泵的性能，为此应该考虑不同黏度下泵的性能换算方法。

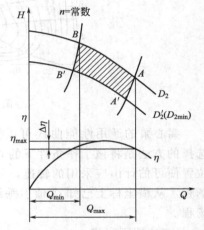

图 1-66　离心泵的最佳工作范围

随着液体黏度增加，泵的 $H\text{-}Q$ 和 $\eta\text{-}Q$ 性能曲线均下移，而 $N\text{-}Q$ 性能曲线上移。总之，介质的黏度越大，泵的特性就和输送清水时差别越大。当介质的运动黏度 ν 比 20℃清水的黏度大 20 倍时，其性能曲线变化不大，可忽略；当运动黏度比 20℃清水的黏度 ν 大 30～50 倍时，$H\text{-}Q$ 性能曲线仍变化不大，但 $N\text{-}Q$ 曲线已上移；当运动黏度比 20℃清水的黏度大 50 倍时，$H\text{-}Q$ 和 $N\text{-}Q$ 曲线变化都较大。因此，当输送液体运动黏度 $\nu > 20\text{mm}^2/\text{s}$ 时，泵的性能曲线就需要换算。

若已知离心泵输送清水时的性能，可按以下公式进行换算

$$Q'=K_Q Q \tag{1-64}$$
$$H'=K_H H \tag{1-65}$$
$$\eta'=K_\eta \eta \tag{1-66}$$

式中　Q，H，η——泵输送清水时的流量、扬程、效率；

Q'，H'，η'——泵输送其他黏性液体时的流量、扬程、效率；

K_Q，K_H，K_η——流量、扬程、效率换算系数。

换算系数可由图 1-67、图 1-68 查取。查取方法如下：根据泵的流量在横坐标上查取相

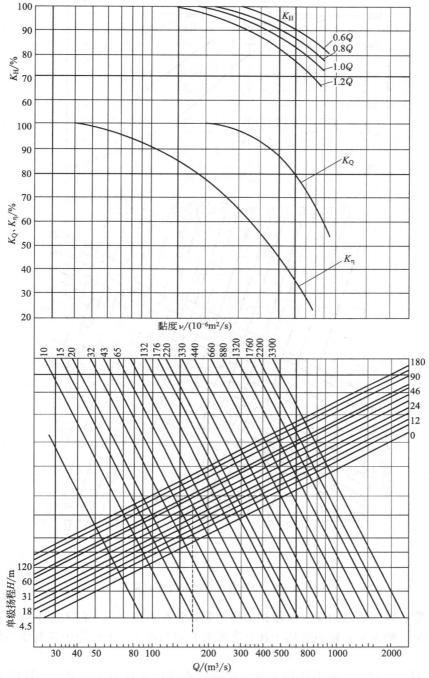

图 1-67 大流量离心泵黏度换算系数

应值，过此点作垂线与泵的单级扬程斜线交于一点，过此点作水平线与液体黏度斜线相交得一点。从此点作一垂线分别与流量修正曲线、扬程修正曲线、效率修正曲线相交，所得交点的纵坐标值便是要查取的 K_Q、K_H 和 K_η。图 1-67 中 K_H 有四条线，分别表示最高效率点流量的 0.6、0.8、1.0 及 1.2 倍时的扬程换算系数。如为双吸泵，流量应按 $\dfrac{Q}{2}$ 查取。

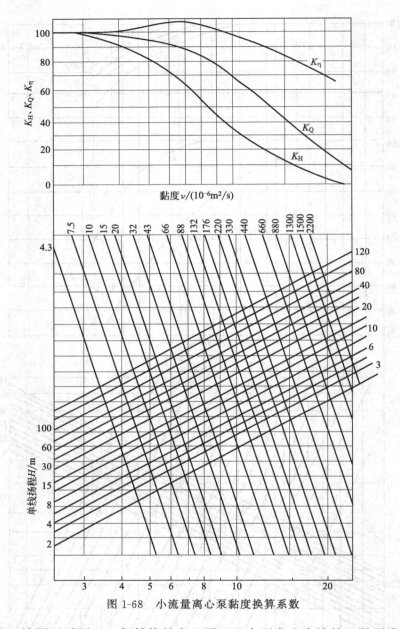

图 1-68 小流量离心泵黏度换算系数

应当注意，该图只适用于一般结构的离心泵，且在不发生汽蚀的工况下进行换算。它不适用于混流泵、轴流泵，也不适用于含有杂质的非均相液体，此处图中各曲线不能用外推法延伸使用。

【例 1-12】已知离心泵输送清水时，最高效率点的流量为 $170 \mathrm{m}^3/\mathrm{h}$，扬程为 $30\mathrm{m}$，其最高效率为 82%。试换算输送黏度为 $220 \times 10^{-6}\,\mathrm{m}^2/\mathrm{s}$，密度为 $990 \mathrm{kg/m}^3$ 时的性能。

解：输送水时，已知 $Q = 170 \mathrm{m}^3/\mathrm{h}$，$H = 30\mathrm{m}$，$\eta = 82\%$，$\rho = 1000 \mathrm{kg/m}^3$。

$$N = \frac{\rho Q H g}{3600 \times 1000 \times \eta} = \frac{1000 \times 170 \times 30 \times 9.81}{3600 \times 1000 \times 0.82} = 16.9 \text{（kW）}$$

按公式(1-64)~式(1-66)换算输送油时泵的性能：

$$Q' = K_Q Q, \quad H' = K_H H, \quad \eta' = K_\eta \eta$$

由图 1-67 查得 $K_Q=95\%$，$K_H=92\%$，$K_\eta=64\%$

$$Q'=0.95\times170=161.5 \text{ (m}^3/\text{h)}$$
$$H'=0.92\times30=27.6 \text{ (m)}$$
$$\eta'=0.64\times0.82=52.5\%$$

已知油的密度 $\rho=990\text{kg/m}^3$

$$N'=\frac{\rho Q'H'g}{3600\times1000\times\eta}=\frac{900\times161.5\times27.6\times9.81}{3600\times1000\times0.525}=21 \text{ (kW)}$$

答：输送油品时泵的流量、扬程和功率分别为 $161.5\text{m}^3/\text{h}$、27.6m、21kW。

二、离心泵的串、并联工作

（一）串联工作

离心泵的串联工作常用于提高泵的扬程、增加输送距离等情况。图 1-69 表示两台具有相同性能的泵在管路中工作的情况。两台泵串联后的总扬程等于两泵在同一流量时的扬程之和，即 $Q_{\text{I}}=Q_{\text{II}}$ 时，$H_{\text{I+II}}=H_{\text{I}}+H_{\text{II}}$。两泵串联后的总性能曲线等于两泵性能曲线在同一流量下扬程逐点叠加而成，如图 1-69 中的 $(H\text{-}Q)_{\text{I+II}}$ 曲线。可见串联后性能曲线向上移动，使同一流量下的扬程提高了。

离心泵串联使用时，因后面一台泵承受的压力较高，故应注意泵体的强度和密封等问题。启动和停泵时也要按顺序操作，启动前将各串联泵出口阀都关闭，第一台泵启动后再打开第一台泵的出口调节阀，然后启动第二台泵，再打开第二台泵的出口阀。

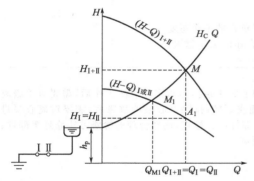

图 1-69　两台具有相同性能泵的串联工作

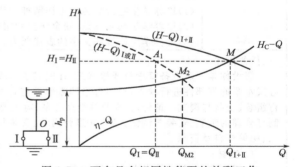

图 1-70　两台具有相同性能泵的并联工作

（二）并联工作

当使用一台泵流量不能满足要求，或要求输送流量变化范围大，又要求在高效范围内工作时，常采用两台或数台并联工作，以满足流量的变化要求。

如图 1-70 所示，设两台具有同样性能的泵自同一吸液池内吸入液体，由液面到泵汇合点的阻力损失可忽略不计。两台泵并联后的总流量等于两台泵在同一扬程下的流量相加，即 $Q_{\text{I+II}}=Q_{\text{I}}+Q_{\text{II}}$，$H_{\text{I}}=H_{\text{II}}=H_{\text{I+II}}$。两泵并联后总性能曲线等于两泵性能曲线在同一扬程下的对应流量叠加而成，见图 1-70 中 $(H\text{-}Q)_{\text{I+II}}$ 曲线。

若两台泵没有并联，而是其中之一单独在此管路系统中工作时，单泵的工作点为 M_2，流量为 Q_{M2}，扬程为 H_{M2}。并联后 $H_{\text{I+II}}>H_{\text{M2}}$，$Q_{\text{I+II}}<2Q_{\text{M2}}$。这是因为并联后流量增大而使管路阻力损失增加，这就要求每台泵都提高它的扬程来克服这个增加的阻力损失，相应的流量就减小。

学习任务三　单级离心泵的组装与安装

【学习任务单】

学习领域	化工用泵检修与维护	
学习情境一	单级离心式水泵的检修与维护	
学习任务三	单级离心泵的组装与安装	课时：6
学习目标	1. 知识目标 (1)掌握单级离心泵的检修工艺； (2)了解检修方案的编制方法； (3)掌握单级离心式水泵的组装方法,熟悉其装配的技术要求和步骤； (4)掌握单级离心式水泵的安装方法,熟悉其调试步骤； (5)了解离心泵的选择方法。 2. 能力目标 (1)能够对单级离心式水泵的主要零部件进行检查与修理； (2)能够按组装方法正确装配单级离心式水泵； (3)能够进行单级离心式水泵的安装与调试； (4)学会正确选用离心泵。 3. 素质目标 (1)培养学生吃苦耐劳的工作精神和认真负责的工作态度； (2)培养学生踏实细致、安全保护和团队合作的工作意识； (3)培养学生语言和文字的表述能力。	

一、任务描述

假设你是一名设备管理员或检修工,在完成了单级离心式水泵拆卸和零件清洗工作后,需要对单级离心式水泵的零部件进行检查,对不合格的零部件进行修理或更换;排除离心泵的故障后,需要对离心泵进行组装、安装与调试。请针对 IS 型单级离心泵,对主要零部件进行检查,选择合理的检修方法修理零部件;制订合理的组装、安装与调试方案,并进行组装、安装与调试。

二、相关资料及资源

1. 教材；
2. IS 型离心泵的技术文件与结构图；
3. 相关视频文件；
4. 教学课件。

三、任务实施说明

1. 学生分组,每小组 4～5 人；
2. 小组进行任务分析和资料学习；
3. 现场教学；
4. 小组讨论,选择单级离心式水泵的检修方法,制订单级离心式水泵的检修步骤；
5. 小组合作,进行单级离心式水泵的检修;完成单级离心式水泵的组装、安装与调试工作。

四、任务实施注意点

1. 在制订单级离心式水泵检修方案时,注意对其故障原因的分析；
2. 认真分析单级离心式水泵的检修方案,注意检修方案实施的可能性；
3. 在单级离心式水泵的检修过程中注意各类技术要求;严格执行检修步骤与操作规程；
4. 遇到问题时小组进行讨论,可让老师参与讨论,通过团队合作获取问题的解决；
5. 注意安全与环保意识的培养。

五、拓展任务

了解离心泵选择的方法与步骤。

【知识链接】

一、单级离心泵的常见故障与处理

（一）单级离心泵的常见故障与排除方法

经过一段时间的运转后，离心泵可能会产生各种故障。对于离心泵在运转中出现的故障，应立即查找原因，必要时应立即停车，采取措施予以消除。离心泵的常见故障与排除方法见附录1的表9。

（二）单级离心泵的检修工艺与检修方案制订

1. 检修周期

离心泵的检修周期见表1-4。

表1-4　离心泵的检修周期

类别	小修		中修	
	清水泵	耐腐蚀泵	清水泵	耐腐蚀泵
检修周期/月	3～4	1～2	6～12	4～6

注：检修周期按连续运转的累计时间计算。

2. 检修内容与工艺

（1）转子的检查与测量　离心泵的转子包括叶轮、轴套、泵轴及平键等几个部分。

① 叶轮腐蚀与磨损情况的检查。对于叶轮的检查，主要是检查叶轮被介质腐蚀，以及运转过程中的磨损情况。长期运转的叶轮，可能受酸、碱介质的腐蚀或杂质的冲刷，而出现壁厚减薄，降低了叶轮的强度。同时，叶轮也可能与泵壳、泵盖或密封环相互产生摩擦，而出现局部的磨损，表面呈现出圆弧形磨损的划痕。另外，铸铁材质的叶轮，可能存在气孔或夹渣等缺陷。上述的缺陷和局部磨损是不均匀的，极容易破坏转子的平衡，使离心泵产生振动，导致离心泵的使用寿命缩短，因而应该对叶轮进行检查。

② 叶轮径向跳动的测量。叶轮径向跳动量的大小标志着叶轮的旋转精度，如果叶轮的径向跳动量超过了规定范围，在旋转时就会产生振动，严重的还会影响离心泵的使用寿命。叶轮径向跳动量的测量方法如下：首先把叶轮、滚动轴承与泵轴组装在一起，并穿入其原来的泵体内，使叶轮与泵轴能自由转动；然后，放置两块千分表，使千分表的触头分别接触叶轮进口端的外圆周与叶轮出口端的外圆周，如图1-71所示。把叶轮的圆周分成六等份，分别做上标记，即1、2、3、4、5、6六个等分点，用手缓慢转动叶轮，每转到一个等分点，记录一次千分表的读数。转过一周后，将六个等分点上千分表的读数记录在表1-5中。同一测点上的最大值减去最小值，即为叶轮上该位置的径向跳动量。一般情况下，叶轮进口端和叶轮出口端外圆处的径向跳动量要求不超过0.05mm。

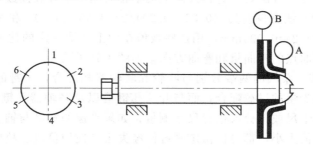

图1-71　叶轮径向跳动量的测量

表 1-5　离心泵叶轮的径向跳动量测量记录实例　　　　　　　　　　　　　mm

测点	转动角度						径向跳动量
	1(0°)	2(60°)	3(120°)	4(180°)	5(240°)	6(300°)	
A	0.30	0.28	0.29	0.33	0.35	0.32	0.07
B	0.21	0.23	0.24	0.24	0.20	0.19	0.05

③ 轴套磨损情况的检查。轴套的外圆与填料函中的填料直接相接触，两者之间产生摩擦。离心泵的长期运转，使得轴套外圆上出现深浅不同的若干条圆环磨痕。这些磨痕的产生，将会影响装配后轴向密封的严密性，导致离心泵在运转时出口压力的降低。对轴套磨损情况进行检查时，可用千分尺或游标卡尺测量其外径尺寸，将测得的尺寸与标准外径相比较。一般情况下，轴套外圆周上圆环形磨痕的深度，要求不超过 0.5mm。

④ 泵轴的检查与测量。离心泵在运转中，如果出现振动、撞击或扭矩突然加大，将会使泵轴造成弯曲或断裂现象。对泵轴上的某些尺寸（如与叶轮、滚动轴承、联轴器配合处的轴颈尺寸），应该用千分尺进行尺寸精度的测量。

对离心泵的泵轴还要进行直线度偏差的测量，以便掌握泵轴直线度偏差的正确数据。对泵轴直线度的测量方法如图 1-72 所示。首先，将泵轴放置在车床的两顶尖之间，在泵轴上的适当地方设置两块千分表，将轴颈的外圆周分成四等分，并分别作上标记，即 1、2、3、4 四个分点。用手缓慢盘转泵轴，将千分表在四个分点处的读数分别记录在表格中，然后计算出泵轴的直线度偏差。离心泵泵轴直线度偏差测量记录如表 1-6 所示。

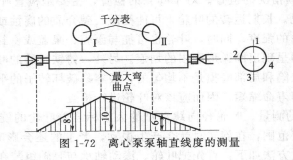

图 1-72　离心泵泵轴直线度的测量

表 1-6　离心泵泵轴直线度偏差测量记录　　　　　　　　　　　　　　mm

测点	转动位置				弯曲量和弯曲方向
	1 (0°)	2 (90°)	3 (180°)	4 (270°)	
Ⅰ	0.36	0.27	0.20	0.28	0.08(0°);0.005(270°)
Ⅱ	0.30	0.23	0.18	0.25	0.06(0°);0.01(270°)

直线度偏差值的计算方法是：直径方向上两个相对测点千分表读数差的一半。如Ⅰ测点的 0°和 180°方向上的直线度偏差为 $(0.36-0.20)/2=0.08$mm。90°和 270°方向上的直线偏差度为 $(0.28-0.27)/2=0.005$mm。用这些数值在图上选取一定的比例，可用图解法近似地看出泵轴上最大弯曲点的弯曲量和弯曲方向，如图 1-72 所示。

⑤ 键连接的检查。泵轴的两端分别与叶轮和联轴器相配合，平键的两个侧面应该与泵轴上键槽的侧面实现少量的过盈配合，而与叶轮孔键槽以及联轴器孔键槽两侧为过渡配合。检查时，可使用游标卡尺或千分尺进行尺寸测量，如果平键的宽度与轴上键槽的宽度之间存在间隙，无论其间隙值大小，都可以认定平键已经失去了使用价值。故应根据键槽的实际宽度，按照配合公差重新锉配平键。

键槽的两个侧面应该与键槽的底面相垂直。如果有倾斜或不平的现象，应及时进行修理。

(2) 滚动轴承的检查　滚动轴承检查时，应从以下几个方面着手。

① 滚动轴承构件的检查。滚动轴承清洗后，应对各构件进行仔细的检查，如裂纹、缺损、变形以及转动是否轻快自如等。在检查中，如果发现有缺陷应更换新的滚动轴承。

② 轴向间隙的检查。滚动轴承的轴向间隙是在制造的过程中形成的，这就是滚动轴承的原始间隙。但是经过一段时间的使用之后，这一间隙会有所增大，会破坏轴承的旋转精度。所以对滚动轴承的轴向间隙应该进行检查。对滚动轴承轴向间隙进行检查主要有以下两种方法。

手感法：用一只手握持滚动轴承的内环，用另一只手握持滚动轴承的外环，两手以相反方向推动，利用手的感觉来判断滚动轴承内、外环之间轴向间隙的大小，如果双手感觉到轴承内外环的相对位置有较大的变化，则说明该滚动轴承的轴向间隙过大；或用手握持滚动轴承的外环，并沿轴向做猛烈的摇动，如果听到较大的响声，同样可以说明该滚动轴承的轴向间隙过大。

压铅丝法：此法可以比较精确地检查出滚动轴承的间隙。检查时，用直径为 0.5mm 左右的软铅丝（即电器上使用的保险丝）插入滚动轴承内环或外环的滚道上，然后盘转轴承，使滚动体对铅丝产生滚压，最后，用千分尺测量被压扁铅丝的厚度，就是滚动轴承的间隙。对于轴向间隙大的轴承，通常要进行更换。

③ 径向间隙的检查。滚动轴承径向间隙的检查与轴向间隙的检查方法相似。同时，滚动轴承径向间隙的大小，基本上可以从它的轴向间隙大小来判断。

(3) 泵体的检查与测量　泵体是整台离心泵的支承部分。离心泵的自重和其他附加载荷都由它来承受。泵体的底部用螺栓和机座连接起来，泵体大多由铸铁铸造。对泵体进行检查和测量时，应从以下两个方面着手。

① 轴承孔的检查与测量。泵体的轴承孔与滚动轴承的外环形成过渡配合，它们之间的配合公差为 0～0.02mm。可采用游标卡尺或内径千分尺对轴承孔的内径进行测量，然后与原始尺寸相比较，以便确定磨损量的大小。除此之外，还要检查轴承孔内表面有没有出现沟纹等缺陷，如果有缺陷，泵体轴承孔就需要进行修复，才能继续使用。

② 泵体损伤的检查。由于振动或碰撞等原因，可能造成铸铁泵体上会出现裂纹。对泵体的裂纹进行检查时，可采用手锤敲击的方法。即用手锤轻轻敲击泵体的各个部位，如果发出的响声比较清脆，则说明泵体上没有裂纹；如果发出的响声比较混浊，则说明泵体上可能存在裂纹。对泵体上的穿透裂纹，也可以使用煤油浸润法来检查。即将泵体灌满煤油，停留30min，然后观察泵体的外表有没有煤油浸出，如果有煤油浸出的痕迹，则说明泵体上有穿透的裂纹。

3. 离心泵的主要件修理

(1) 叶轮的修理　对于叶轮与其他零件相摩擦所产生的偏磨损，可采用堆焊的方法来修理。对于不同材质的叶轮，其堆焊方法是不同的。堆焊后，应在车床上将堆焊层车到原来的尺寸。

对于叶轮受酸、碱的腐蚀或介质的冲刷所形成的层厚减薄、铸铁叶轮的气孔或夹渣以及由于振动或碰撞所出现的裂缝，一般情况下是不进行修理的，可以用新的备品配件来更换。但是，如果必须进行修理时，可用"补焊法"来进行修复。补焊时，根据叶轮的材质不同，采用不同的补焊方法。

叶轮进口端和出口端的外圆，其径向跳动量一般不应超过 0.05mm。如果超过得不多（在 0.1mm 以内），可以在车床上车去 0.06~0.1mm，使其符合要求。如果超过很多，应该检查泵轴的直线度偏差是否太大，可以用矫直泵轴的方法进行修理，来消除叶轮的径向跳动。

（2）轴套的修理　轴套是离心泵的易磨损件。如果磨损量很小，只是出现一些很浅的磨痕时，可以采用堆焊的方法进行修复，堆焊后再车削到原来的尺寸，仍然可以继续使用。如果磨损比较严重，磨痕较深，就应该更换新的轴套。

（3）泵轴的修理　泵轴的弯曲方向和弯曲量被测量出来后，如果弯曲量超过允许范围时，则可利用矫直的方法，对泵轴进行矫直。受到局部磨损的泵轴，如果磨损深度不太大时，可将磨损的部位用堆焊法进行修理。堆焊后应在车床上车削到原来的尺寸。如果磨损深度较大时，可用"镶加零件法"进行修理。

对于磨损很严重或出现裂纹的泵轴，一般不进行修理，而用备品配件进行更换。

泵轴上键槽的侧面，如果损坏较轻微，可使用锉刀进行修光。如果出现歪斜较严重的现象，应该用堆焊的方法来进行修理。修理时，先用电弧堆焊出键槽的雏形，然后用铣削、刨削或手工锉削的方法，恢复键槽原来的尺寸和形状。

除此之外，还可用改换键槽位置的方法进行修理。即先将原来键槽的位置进行满堆焊，再用曲面锉削的方法，使其表面的曲率半径与轴颈的相同，并形成圆滑连接。最后，将轴件转过 180°，在原键槽位置背后的对应位置上，按照原来键槽的尺寸和形状，加工出新的键槽。

（4）泵体的修理　滚动轴承的外环在泵体轴承孔中产生相对转动时，便会将轴承孔的内圆尺寸磨大或出现台阶、沟纹等缺陷。对于这些缺陷进行修理时，应首先将泵体固定在镗床上，把轴承孔尺寸镗大，然后按镗后轴承孔的尺寸镶套。

对于铸铁泵体，出现夹渣或气孔等缺陷时，可先将缺陷清理干净，然后进行补焊。

泵体因受振动、碰撞或敲击而出现裂缝时，可以采用氧-乙炔气焊或电弧焊的方法进行补焊。

4. 检修方案的编制

化工机械的检修方案，是一种较简单的单位施工组织设计，是安排检修施工的技术经济性文件，是指导检修施工的主要依据之一。制定检修施工方案，是在一定的条件下，有计划地对劳动力、材料、机具进行综合安排。

（1）检修施工方案的主要内容

① 检修施工方案。检修施工方案是根据施工图纸和有关说明编制的，其内容一般应包括以下几方面。

根据检修内容、安装要求和工程量，选择最佳的施工方法及组织技术措施，进行施工方案的技术经济比较，确定最佳方案。

根据工期要求，确定施工延续时间和开工与竣工日期；确定合理的施工顺序；安排施工进度计划。

进行检修施工任务量计算，确定检修施工所需的劳动力、材料、成品或半成品的数量、施工机械、施工工具的数量、规格及需用日期、来源，材料和机具的运输及施工现场的保管方法。

确定施工现场的平面布置。确定材料堆放、机具的安装及施工人员的休息地点。

② 施工方案文件。施工方案一般应包括下列文件：工程概述，施工单位的施工力量及

技术资源拥有情况分析，工程一览表，施工顺序、施工进度计划和施工方法，劳动力需要计划，材料、成品、半成品的需要计划，施工机械、设备、工具（含测量工具）需要计划，施工用水、电、气和其他能源的需要计划，施工平面图等。有的还需包括施工准备工作计划、安全技术保证措施、质量保证措施及检查计划、降低成本计划、节约能源计划。对于工程规模较大的项目，根据施工需要，还应包括施工现场领导机构的组成及组织形式，劳动组织的分工原则与组织形式等内容。

对于工程内容较简单的项目，且承担施工的部门工作经验比较丰富，施工力量比较强，或工程规模较小，只需就工程的重点施工部位进行计划组织，编制施工方案或技术措施。

（2）施工方案的编制方法　编写施工方案时应注意以下几个主要问题。

① 合理安排施工顺序。施工顺序的安排必须考虑施工的工艺性、可行性和安全性。同时，还必须考虑施工机械的要求，兼顾施工组织的状况，以及工程质量和进度等。

② 合理制订施工进度。施工进度定得过松，容易造成窝工；施工进度定得过紧，容易造成不顾质量和安全的不良后果。

③ 精密计算人力物力。编写施工方案需要对人力物力在时间、空间上科学组织，精密计算，防止浪费。

④ 科学布置施工总平面图。布置施工总平面图时，一定要在保证工程顺利施工的前提下，尽量做到布局合理、少占地；尽量减少材料、设备的二次倒运；同时还需符合施工安全操作要求及文明施工、现场防火防盗等有关规定。

（3）施工顺序的确定　化工检修工程施工顺序的安排，应根据工艺要求以及检修安装规程来确定，并根据技术、经济因素以及工程本身的特点等来全面考虑。

检修工程施工顺序的确定，应该建立在工程技术和工种技术要求的基础上。例如泵的安装，应先进行基础施工，后进行泵的吊装，找正稳固，最后才能进行配套，即按工程的技术要求编排施工顺序。而泵的吊装，则必须在泵解体清洗、检查、消除缺陷、更换严重磨损及严重腐蚀零部件、充分润滑、试压无问题的前提下才能进行，即按工种技术要求编排施工顺序。

施工顺序直接确定了施工进度计划的编排，并影响施工方法的选择。在一般情况下，施工顺序和施工方法相互影响，应统筹考虑。

（4）施工方法的选择　施工方法的选择应该满足合理性、可行性、先进性和经济性的要求。

① 合理性。施工方法的合理性与机器设备的技术要求有关。例如，高压机器在低于＋5℃的环境温度下进行水压试验，必须采取相应的保温防冻措施。

② 可行性。施工可行性经常取决于施工现场的条件。例如，大型化工机器、设备的组件不能进入厂房大门；室内工程中，外形尺寸较大的零部件，不能用吊车或电葫芦吊装就位等，必须采取相应措施解决。

③ 先进性和经济性。施工的先进性和经济性表现在以下几方面：简化了施工工艺或施工过程；减轻了工人的劳动强度，改善了工作条件；提高了工作效率；减少了劳动力和机械台班的用量；减少了材料用量；提高了工程质量；加快了工程的施工进度，减少了工期。

（5）检修施工进度计划的编写　检修工程施工进度计划的编写，应在满足工期要求的前提下，对选定的施工方法和方案、材料、附件、成品、半成品的供应情况、能够投入的劳动力、机械数量及其效率，协作单位配合施工的能力和时间、施工季节等各种相关因素作综合研究，并按下列步骤编制进度计划图表，检查与调整施工计划。

① 确定施工顺序。根据工程的特点和施工条件，做到尽量争取时间，充分利用空间，处理好各工序的施工顺序，加速施工进度。

② 划分施工项目。按照工程的特点、已定的施工方法和计划进度，确定拟建工程项目或工序名称。

工程项目应按施工工作过程划分，主要工序不能漏项。影响下一道工序的工程项目和交叉配合施工的项目要分细、不漏项。与其他工序关系不大的项目可划分粗一些。

③ 划分流水施工工段。合理划分流水施工作业段，有利于系统的整体性。如化工机器检修工程应按机器本身或机器各系统的特点，以各组件进行分段；在划分施工段时，应尽量使各工段的工程量大致相等，减少停歇和窝工现象；同时应根据作业面的大小安排劳动力，以便于操作，提高劳动效率。

④ 计算工程量。计算工程量一般可采用施工图预算的数据，有些工程量还应按施工方法选取，并按照施工流水段的划分列出分段工程量。

⑤ 计算劳动量和机械台班量。劳动量和机械台班量计算应精确、合理。

⑥ 确定各施工项目（或工序）的作业时间。根据劳动力和机械需要量、各工序每天可能出勤的人数与机械量，并考虑工作面的大小，确定各工序的作业时间。

⑦ 编制检修施工计划进度图表。检修施工计划进度图表的编制与施工的组织方法有关，常用的有平行流水作业组织施工和统筹法（网络计划技术）组织施工的方法。

（6）机械检修工程的预算　机械检修工程的预算是决定产品价格的依据，是工程价款的标底。一般工业产品大多数是标准件并大量生产，而检修工程项目，一般由设计和施工部门根据建设单位的委托，按特定的要求进行设计和施工，其规模、内容、构造等各不相同；即使同一类型的工程，按标准设计来施工，其产品价格也必须通过工程预算来确定。机械检修工程预算由直接预算费、管理费、独立费、其他费用等组成。

检修工程预算（指施工图预算）的编制依据有施工图纸和说明书，单位估价表和补充单位估价表（如《化工建设概算定额》或地方政府颁发的现行机械安装工程预算定额，以及专业部门颁发的现行专业预算定额），材料预算价格，成品半成品的产品出厂价格，施工方案，管理费用和法定利润的取费规定，合同或协议等。

编制检修工程预算的步骤如下。

① 熟悉施工图纸和现场情况。如现场障碍物、清理量、是否需要搭建脚手架，有无超重设备，吊车停靠位置及地下土质、地下管道及电缆等状况和防护措施等，以便确定有关部分的工程量和工程造价。

② 确定工程量的计算方法。计算工程量直接影响着单位工程预算造价的高低。有关工程量计算的方法，详见有关资料。

③ 工程量汇总。注意计算工程量所采用的单位要与定额的计量单位相对应。

④ 套预算定额。根据汇总的单位工程预算工程量，选用与施工图纸（或合同）要求相适应的预算单价套用。

⑤ 计算各项费用。按分项计算各部分的预算价格，再把各分项预算价格相加得到直接费。直接费乘以规定的取费率得到各项间接费和法定利润，然后把直接费、间接费和法定利润相加即该单位工程的预算总造价。

⑥ 工料分析。根据施工图预算中的分项工程，逐步从预算定额中查出各种材料、机械和各工种的数量，再分别乘以该分项工程的工作量；然后按分项的顺序，将各分项工程所需

的材料、机械和工种数量分别进行汇总,就得出完成该单位工程所需各种材料、机械和各工种的总数量。在进行工料分析时,要对加工单位的分项工程单独进行分析,以便进行成本核算和材料结算。

⑦ 写编制说明。在编制说明中,应包括预算编制依据,即所用的图纸名称及图号,预算定额和单位估价表,间接费和独立费用定额;施工组织设计或施工方案;设计修改及会审记录中提及问题的处理;遗留项目或暂时估算的项目的说明;预算编制中涉及的问题及处理办法等。

二、单级离心泵的组装

(一)主要零部件的技术要求

离心泵是由许多零件组成的,零件的质量直接影响到泵的质量。无论是更换的新零件或是泵上原有的零件,在它们组装成泵整体之前,均需要逐个检查其质量。

离心泵过流部分的零部件,多数是整体铸造成型的,铸件的尺寸精度和表面粗糙度直接影响泵的性能。同时,铸件的尺寸准确也是泵安全运行的必要条件。例如,铸件尺寸偏差太大,可能造成铸件壁厚不均,太薄处容易损坏。

离心泵主要零部件质量要求如下:

① 泵体、叶轮、托架等铸件,应无夹渣、气孔、砂眼、飞边、毛刺等铸造缺陷;

② 泵体、叶轮等流道必须光滑;

③ 叶轮必须进行静平衡试验,必要时进行动平衡试验,试验结果应符合有关标准;

④ 对于大型泵的泵体、叶轮、泵轴等,必要时进行无损探伤;

⑤ 对于高压泵的壳体必要时做水压试验,水压试验的压力见表1-7;

表1-7 泵壳体水压试验的压力

泵入口压力/MPa	试验压力/MPa	持续时间/min	液体
≤1	1.5倍工作压力,但不小于0.2	5	水
≤2	2倍工作压力	10	水
≤3	1.5倍工作压力	10	水

注:工作压力=设计压力+泵允许入口压力。

⑥ 叶轮键槽、轴套键槽等中心线对相应的轴孔中心线偏斜不应超过0.03mm/100mm;

⑦ 轴颈表面不得有伤痕,如果拉毛或碰伤,可用油石打磨;损伤较重时,可用等离子喷镀或涂镀后加工修复,表面粗糙度要达到技术要求;

⑧ 轴的直线度及圆度不得大于直径的公差之半;

⑨ 键槽中心线对轴中心线的偏斜不应超过0.03mm/100mm;

⑩ 滚动轴承、滑动轴承的质量应符合有关标准;

⑪ 轴、叶轮密封环及轮毂、轴套、平衡盘轮毂的径向跳动和轴向跳动允差见表1-8和表1-9;

表1-8 离心泵轴跳动允差 mm

轴的公称直径	轴的径向跳动	轴肩端面的轴向跳动	轴的公称直径	轴的径向跳动	轴肩端面的轴向跳动
≤6	0.02	0.006	>50~120	0.04	0.025
>6~18	0.025	0.01	>120~260	0.05	0.04
>18~50	0.03	0.016			

表 1-9　离心泵叶轮、轴套、平衡盘跳动允差　　　　　　mm

叶轮、轴套、平衡盘孔径	叶轮密封环、轮毂、轴套外圆、平衡盘轮毂的径向跳动	叶轮密封环、轮毂、轴套端面、平衡盘轮毂的轴向跳动	叶轮、轴套、平衡盘孔径	叶轮密封环、轮毂、轴套外圆、平衡盘轮毂的径向跳动	叶轮密封环、轮毂、轴套端面、平衡盘轮毂的轴向跳动
≤6	0.03	0.016	>50～120	0.06	0.06
>6～18	0.04	0.025	>120～260	0.08	0.10
>18～50	0.05	0.04			

⑫ 泵体止口外圆的径向跳动量见表 1-10。

表 1-10　泵体止口外圆和孔的径向跳动量　　　　　　mm

止口直径	跳动量	止口直径	跳动量
<360	<0.07	<630	<0.09
<500	<0.08	>630	<0.10

限定零部件径向、轴向跳动误差，目的在于避免总装时零部件误差积累过大，使转子在泵体中不能正常运转。

（二）离心泵的装配技术要求

离心泵的各个零部件在完成修理、更换，经检查无误，确认其符合技术要求之后，应进行整机装配。离心泵的装配是一项很重要的工作，是恢复离心泵工作性能的重要步骤。装配质量的好坏，直接关系到离心泵的性能和离心泵的使用寿命。一台离心泵，即使它的零部件质量完全合格，如果装配质量达不到技术要求，同样不能正常工作，甚至会出现事故。离心泵装配技术要求如下：

① 装配合格的离心泵，应盘转轻快，无机械摩擦现象；
② 泵轴不应产生轴向窜动；
③ 离心泵的半联轴器与电动机半联轴器，装配的同轴度偏差符合技术要求；
④ 添加的润滑油、润滑脂应适量，并且牌号符合使用说明书的要求；
⑤ 设备清洁，外表无尘灰、油垢；
⑥ 基础及底座清洁，表面及周围无积水、废液，环境整齐、清洁。

（三）离心泵的装配方法与步骤

1. 装配前的准备工作

① 仔细阅读泵的有关技术资料，如总图、零件图和使用说明书等；
② 熟悉泵的组装质量标准；
③ 检查泵的零件是否齐全，质量是否合格；
④ 备齐所使用的工具、量具等；
⑤ 准备好泵所需的消耗性物品，如润滑油、石棉盘根等。

2. 装配顺序

各种型号的离心泵，由于其结构不同，装配顺序自然不会一致。以 IS 型泵为例，装配应按下列顺序进行：

① 装配轴组，即把轴承装配在泵轴上；
② 将轴组装入泵体；
③ 将泵壳安装在机座上；

④ 将泵盖套装在泵轴上，并安装叶轮；

⑤ 将泵盖安装在泵壳上，把泵体安装在机座上；

⑥ 装填料；

⑦ 联轴器找正。

3. 装配方法与步骤

（1）轴组的装配　离心泵轴组的装配包括泵轴与滚动轴承内环的装配，泵体轴承孔与滚动轴承外环的装配等。

① 轴承的装配。滚动轴承装配在泵轴上时，它的内环与轴颈之间以少量的过盈相配合。通常过盈值为 0.01～0.05mm，轴颈的直径较小者，过盈量取较小值；轴径较大者，过盈量取较大值。将滚动轴承装配到泵轴上时，应该加力于内环，使内环沿轴颈推进到轴肩或轴套处为止。滚动轴承与轴颈的装配方法有以下几种。

方法一：使用手锤和铜棒来安装滚动轴承。滚动轴承内环与轴颈之间过盈量较小时，可利用铜棒做衬垫，使铜棒的一端置于滚动轴承的内环上，用手锤敲打铜棒的另一端，使滚动轴承的内环对称均匀地受力，促使轴承平稳地沿轴颈推进，如图 1-73（a）所示。

方法二：使用专门的套筒安装滚动轴承。使用套筒装配滚动轴承时，先将泵轴竖直放在木板上或软金属衬垫上，把滚动轴承套在轴上，并摆放平正，然后放上套筒，使套筒的开口端顶在滚动轴承的内环上，用手锤敲打套筒带盖板的一端，推动滚动轴承内环沿轴颈向下移动，直至轴肩处为止，如图 1-73（b）所示。

套筒可用薄壁钢管制成。钢管的内径应比滚动轴承的内径大 2～4mm，它的长度应比轴头到轴肩的长度稍长一些。钢管的两端面应在车床上车平，并在其一端焊上一块盖板，其结构形状如图 1-74 所示。

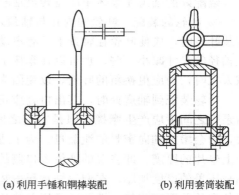

(a)利用手锤和铜棒装配　　(b)利用套筒装配

图 1-73　滚动轴承的装配

方法三：借助于套筒，用螺旋压力机装配滚动轴承。滚动轴承内环与轴颈之间的过盈值稍大时，可以用压力机将滚动轴承装配在轴颈上。

图 1-74　套筒

方法四：用热装法或冷装法装配滚动轴承。滚动轴承内环与轴颈之间的过盈值较大时，可以采用热装法或冷装法来装配。所谓热装法就是将滚动轴承放入机油中，并对机油进行加热，使滚动轴承内环遇热膨胀，就可以顺利地将滚动轴承套在轴颈上，然后令其自然冷却至常温，如图 1-75 所示。对机油进行加热时，温度应控制在 100～200℃，温度过高时，易使滚动轴承退火，温度过低时，轴承内环的膨胀量太小，不便于安装。为了防止机油的温度过高，可将机油盒放在水槽中，用火焰对水进行加热。滚动轴承在机油中放置时，应将轴承用筛网托起，以便使其受热比较均匀，避免滚动轴承局部产生过热现象。

所谓冷装法就是将轴颈放在冷冻装置中，冷冻至 −80～−60℃，然后将轴立即取出来，插入滚动轴承的内环中，待轴颈的温度上升至常温时即可。冷冻装置中常用的冷冻剂有干冰或液态氮等，由于它们的成本较高，所以很少使用。

使用热装法或冷装法装配滚动轴承时，不采取任何机械强制措施，所以，对原有的过盈值不会破坏，进行装配时既省时又省力，并且易于达到装配质量要求。

滚动轴承装配好以后，应加上防松垫片，然后用锁紧扳手将圆形螺母拧紧，并把防松垫片的外翅扳入圆形螺母的槽内，防止圆形螺母回松。

最后，将装配好的轴组装入泵体内。为此，应先将叶轮背帽用手拧紧在轴头螺丝上，把联轴器端的轴头穿过泵体的前轴承孔，使滚动轴承的外环与轴承孔对正，并用手锤敲击叶轮背帽，迫使泵轴与滚动轴承一起进入泵体。然后，用垫片调整法调整轴承压盖凸台的高度，使之与滚动轴承外端面到泵体轴承孔端面的深度相同，这种方法，比较易于将轴安装到其正常工作位置。最后，将轴承压盖盖在泵体的轴承孔上，并将压盖螺栓拧紧。

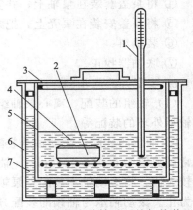

图 1-75　热装流动轴承用的加热装置
1—温度计；2—轴承；3—盖；4—机油；
5—机油槽；6—加热水槽；7—水

装配好的轴组在泵体中应盘转灵活轻便，不产生轴向窜动和径向跳动。

② 叶轮的装配。叶轮的内孔与轴颈之间为间隙配合，其配合间隙值为 $0.1\sim0.15mm$。试装叶轮时，应使叶轮在轴颈上只有滑动而不产生摆动。间隙太小时，可以采用锉削的方法使轴径的尺寸减小一些，也可以在车床上将叶轮的内孔车大一些，以便保证应有的间隙。间隙太大时，则应更换新的叶轮，以免因为间隙太大，影响叶轮的旋转精度。

叶轮装配到轴肩处时，其出口处应正对着泵壳的出口管，不应产生轴向位移。叶轮背面与泵壳之间不应产生摩擦，但是它们之间的轴向间隙又不能太大。如果此处的轴向间隙过大，则会增加轴向密封的泄漏量。为了适当减小此处的轴向间隙，可重新调整前后两轴承压盖上垫片的厚度，即将泵的液体入口侧的前轴承压盖的垫片厚度减薄，将靠近联轴器处的后轴承压盖的厚度加厚。在调整轴承压盖垫片厚度的过程中，应使前后轴承压盖的总厚度与原来装配的总厚度相等，即前轴承压盖垫片减去的厚度与后轴承压盖垫片增加的厚度相等。在调整垫片的同时，将泵轴稍向后敲打，使之窜动一个很小的距离，然后压紧轴承压盖，这样，就减小了叶轮背面与泵壳之间的轴向间隙。如果叶轮背面与泵壳之间因间隙太小而发生摩擦，则调整垫片的方法同上，只是将后轴承压盖的垫片减薄，前轴承压盖的垫片加厚，并且使泵轴向前窜动一个很小的距离即可。

(2) 泵壳及泵盖的装配

① 后开式泵壳及泵盖的装配。这项工作可以分两步进行，第一步就是把泵壳安装在机座上；第二步就是把转子、泵盖、泵体等组成的组合件装入泵壳，然后将整机安装在机座上。这项装配的关键是要保证叶轮处于正常的工作位置。依靠泵盖与泵体的配合面来保证叶轮入口与泵壳上的密封环的同轴度，泵体与泵盖之间的垫片有密封和调整叶轮轴向位置的双重作用。安装时，应先装上垫片，然后沿轴向将叶轮连同泵盖推入泵体，拧紧泵盖螺栓，边拧边盘动泵轴，注意叶轮与密封环有无擦碰，若有，应及时调整。密封垫可使用橡胶板或橡胶石棉板等材料制作。各部间隙调整好以后，即可用螺栓将泵盖与泵壳紧固在一起。

② 前开式泵体及泵盖的装配。为了将泵壳装配在泵体上，应该先将轴向密封的各个零件从前端套在泵轴上，然后将泵壳中心孔穿过叶轮背帽，使泵壳的后面与泵体的支承面相接触，并旋转泵壳，使泵的出口朝向适当的方向。最后，穿入泵壳与泵体的连接螺栓，并拧紧这些螺栓，完成泵壳的装配。泵盖位于泵壳与叶轮的前面，在它的中心孔处镶配有密封环，

密封环位于叶轮进口端的外侧。因为密封环与叶轮进口端之间的径向间隙很小，所以，在装配泵盖时，应仔细调整密封环与叶轮进口端之间的径向间隙，确保它们之间不产生丝毫的摩擦。同时，在安装泵盖时，泵盖与泵壳的接触面之间应该加密封垫，这样，既可避免泵壳内液体由这里向外泄漏，又可借助于密封垫厚度的调整，来改变叶轮与密封环之间的轴向间隙。

最后，将泵整体就位于机座上，上紧机座螺栓，将整台泵与机座紧固在一起。

（3）填料密封的装配　为了加强填料函中填料的密封性能，减少产生泄漏的机会，装填料时，应遵循以下几个要点。

① 填料应逐圈加入填料函中，每圈的长度为围绕泵轴一周的长度。两端切口应互相平行，并且呈 45°斜切；

② 相邻两圈填料的切口，应错开 120°～180°；

③ 每加一圈填料，应加润滑油少许，以利于减小填料与轴套的摩擦；

④ 有水封环的填料函，在水封环的两侧都要加入填料，并且把水封环先装得靠外一些，当拧紧压盖螺栓时，水封环便向里移动，对准水管入口；

⑤ 拧紧填料压盖螺栓时，要对称均匀，不能将压盖压得过紧或出现歪斜现象。

三、离心泵的安装与调试

离心泵在安装前应按要求做好准备工作，安装后应达到如下要求。

① 离心泵安装后，泵轴的中心线应水平，其位置和标高必须符合设计要求。

② 离心泵轴的中心线与电动机轴的中心线应同轴。

③ 离心泵各连接部分，必须具备较好的严密性。

④ 离心泵与机座、机座与基础之间，必须连接牢固。

离心泵的安装工作包括机座的安装、离心泵的安装、电动机的安装、二次灌浆和试车。

（一）机座的安装

机座（又称底盘、台板、基础板等）的安装在离心泵安装中占有重要的地位。因为离心泵和电动机都是直接安装在机座上的（一般小型泵为同一个机座，大型泵可分为两个机座），如果机座的安装质量不好会直接影响泵的正常运转。

机座安装的步骤如下：

（1）基础的质量检查和验收。

（2）铲麻面和放垫板。

（3）安装机座。安装机座时，先将机座吊放到垫板上，然后进行找正和找平。

① 机座的找正。机座找正时，可在基础上标出纵横中心线或在基础上用钢丝线架拉好纵横两条中心线钢丝，然后以此线为准找好机座的中心线，使机座的中心线与基础的中心线相重合。

② 机座的找平。机座找平时，一般采用下面的方法：首先在机座的一端垫好需要高度的垫板（如图 1-76 中的 a 点），同样在机座的另一端地脚螺栓 1 和 2 的两旁放置需要高度的垫板，如图中的 $b_1 \sim b_4$。

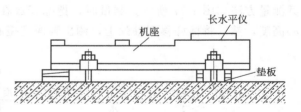

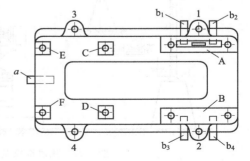

图 1-76　用三点找平法安装机座

然后用长水平仪在机座的上表面上找平，当机座在纵横两个方向均成水平后，拧紧地脚螺栓1和2。最后在地脚螺栓3和4的两旁加入垫板，并同样进行找平，找平后再拧紧地脚螺栓3和4，这样机座就算安装完毕。这种方法在施工现场称为三点找平安装法。

在机座表面上测水平时，水平仪应放在机座的已加工表面上进行，即在图中的A～F处，在互相垂直的两个方向上用水平仪进行测量，须将水平仪正反测量两次，取两次的平均读数作为真正的水平度的读数。

（二）离心泵的安装

机座安装好后，一般是先安装泵体，然后以泵体为基准安装电动机。因为一般的泵体比电动机重，而且它要与其他设备用管路相互联接，当其他设备安装好后，泵体的位置也就确定了，而电动机的位置则可根据泵体的位置来作适当的调整。

离心泵泵体的安装步骤如下。

（1）离心泵泵体的吊装　对于小型泵，可用2～4人抬起放到基座上。对于中型泵，可利用拖运架和滚杠在斜面上滚动的方法来运输和安装。对于大中型泵，可利用人字木起重架进行吊装，有时也利用单木起重杆和其他滑轮组配合起来进行吊装。此外，还可利用厂房内或基础上空原有的起重机械（如桥式起重机、电动葫芦等），将泵直接吊装到基础上。吊装时，应将吊索捆绑在泵体的下部，不得捆绑在轴或轴承上。

（2）离心泵泵体的测量和调整　离心泵泵体的测量与调整包括找正、找平及找标高三个方面。

① 找正。就是找正泵体的纵、横中心线。泵体的纵向中心线是以泵轴中心线为准；横向中心线以出口管的中心线为准。在找正时，要按照已装好的设备中心线（或基础和墙柱的中心线）来进行测量和调整，使泵体的纵、横中心线符合图纸的要求，并与其他设备很好地联接。泵体的纵、横中心线允许偏差按图纸尺寸允许偏差在±5mm范围之内。

② 找平。泵体的中心线位置找好后，便开始调整泵体的水平，首先用精度为0.05mm/m的框式水平仪，在泵体前后两端的轴颈上进行测量。调整水平时，可在泵体支脚与机座之间加减薄铁皮来达到。泵体的水平允许偏差一般为0.3～0.5mm/m。

③ 找标高。泵的标高是以泵轴的中心线为准。找标高时一般都用水准仪来进行测量，其测量方法如图1-77所示。测量时，把标杆放在厂房内设置的基准点上，测出水准仪的镜心高度，然后将标杆移到轴颈上，测出轴面到镜心的距离，然后便可按下式计算出泵轴中心

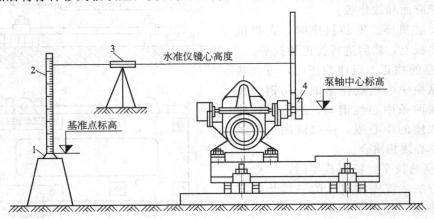

图1-77　用水准仪测量泵轴中心的标高
1—基准点；2—标杆；3—水准仪；4—泵轴

线的标高。

$$泵轴中心的标高＝镜心的高度－轴面到镜心的距离－泵轴的直径/2$$

调整标高时，也是用增减泵体的支脚与机座之间的垫片来达到的。泵轴中心标高的允许偏差为±10mm。

泵体的中心线位置、水平度和标高找好后，便可把泵体与机座的连接螺栓拧紧，然后再用水平仪检查其水平是否有变动，如果没有变动，便可进行电动机的安装。

（三）电动机的安装

安装电动机的主要工作就是把电动机轴的中心线调整到与离心泵轴的中心线在一条直线上。离心泵与电动机的轴是用各种联轴器连接在一起的，所以电动机的安装工作主要的就是联轴器的找正，具体的找正方法详见学习情境二。

离心泵和电动机两半联轴器之间必须有轴向间隙，其作用是防止离心泵的窜动作用传到电动机的轴上去，或电动机轴的窜动作用传到离心泵的轴上。因此，这个间隙必须有一定的大小，一般要大于离心泵轴和电动机轴的窜动量之和。通常图纸上对此间隙都有规定，如图纸上无此规定，则可参照下列数字进行调整。

小型离心泵：2～4mm

中型离心泵：4～5mm

大型离心泵：4～8mm

（四）二次灌浆

离心泵和电动机完全装好后，就可进行二次灌浆。待二次灌浆时的水泥砂浆硬化后，必须再校正一次联轴器的中心，看是否有变动，并作记录。

（五）离心泵的试车

离心泵安装或修理完毕后，必须经过试车，检查及消除在安装修理中没有发现的毛病，使离心泵的各配合部分运转协调。

1．试车前的检查及准备

离心泵在试车前必须进行检查，以保证试车时的安全，检查按下列项目依次进行。

① 检查机座的地脚螺栓及机座与离心泵、电动机之间的连接螺栓的紧固情况；

② 检查离心泵与电动机两半联轴器的连接情况；

③ 检查轴承内润滑油量是否足够及轴承螺钉的紧固情况；

④ 检查轴向密封填料（盘根）是否压紧，检查通往轴封中水封环内的管路是否已连接好；

⑤ 检查轴承水冷却夹套的水管是否连接好，是否畅通无阻；

⑥ 均匀盘车，无摩擦或时紧时松现象、不滴不漏；

⑦ 电源接线是否正确。

在正式试车前，除了进行上述项目的检查外，还需准备必要的修理工具及备品等，如扳手、填料、垫料及管路法兰间的垫圈等。

2．试车的步骤

（1）试车

① 盘车，注意轻重均匀，泵内没有杂音、擦碰。

② 关闭排出管路上的出口阀门。

③ 灌泵，用水（或其他被输送的液体）注满泵内，以排出叶轮及蜗壳内的空气。

④ 将进口阀门开至最大流量，启动电动机，运转平稳后再缓慢打开出口阀门，直到阀

门开至最大流量位置。

⑤ 用出口阀调节离心泵的流量，测量泵的性能，观察其流量、压力是否符合要求。

⑥ 停车时，应先关闭出口阀门，以防止液体倒流，然后再切断电源。

（2）试车应达到的要求

① 流量、压力达到要求，并且运转平稳。

② 密封漏损符合要求。

③ 电流不超过额定值。

④ 温升正常，运转平稳，用便携式测振仪测量轴承振动应小于表1-11中规定的值。

表 1-11　单级离心泵轴承振幅最高允许值　　　　　　　　　　　　　　mm

转速/(r/min)	<750	1500	3000
振幅	0.24	0.12	0.06

⑤ 连续运转 4h。

3. 在试车中可能出现的故障及其消除方法

在试车过程中，要随时注意轴承温度及进口真空度和出口压力的变化情况。试车中可能出现的故障及其消除方法如下。

（1）轴承温度过高　这可能是由于轴承间隙不合适、研配不好或润滑不良等所引起的，应针对产生故障的原因予以消除。

（2）进口真空度下降　这可能是由于经过管路法兰及轴封等连接不严密处吸入了空气之故。在确切地检查出不严密的连接处后，可用拧紧螺栓的方法来消除，或者将垫圈换新。

（3）出口压力下降　这可能是由于叶轮与密封环之间的径向间隙增加之故。必要时可以拆开泵体进行检查，一般可以用更换密封环的方法来进行修理。

4. 验收

（1）检修质量符合要求，检修记录齐全、准确。当试车时，若轴承温度、进口真空度和出口压力都符合要求，且泵在运转时振动很小，则可认为整个泵的安装质量符合要求。

（2）泵在试车及性能试验合格后，按规定办理验收，交付生产使用。离心泵试车后，便可把所有的安装记录文件及图纸移交生产单位，该泵可以正式投入生产。

【知识与技能拓展】

离心泵的选择

离心泵的性能曲线是选择离心泵的重要依据，每一种型号的泵都具有相应的性能图，泵的种类、型号越来越多，性能曲线图的数量也随之增加。要从众多的图表中查找所需的泵，工作量是极大的。用户并非要了解泵的整张性能曲线，而是从需要出发，最关心的是每种泵在高效工作区的性能如何。因此人们便按泵的类型，把同一类型泵中每种型号泵的高效工作区综合地绘制在同一张坐标图上，成为同类型泵高效工作区的综合图，称之为离心泵性能曲线型谱图。图 1-78 所示为 IS 型和 IH 型泵的型谱图。

离心泵的选择，是指按所需的液体流量、扬程及液体性质等条件，从现有各种泵中选择经济适用的泵。

（一）选择泵的原则

① 满足生产工艺提出的流量、扬程及输送流体性质的要求；

② 离心泵应有良好的吸入性能，轴封严密可靠，润滑冷却良好，零部件有足够的强度，

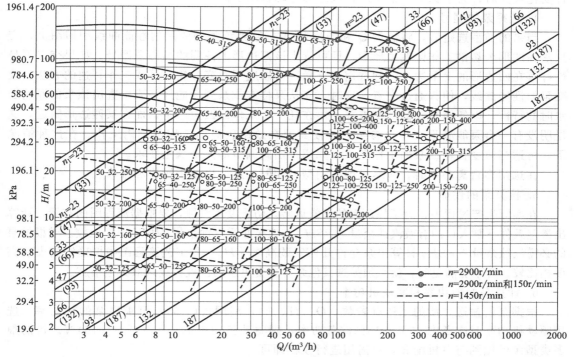

图 1-78　IS 型和 IH 型泵型谱图

便于操作和维修；

③ 泵的工作范围广，即工况变化时仍能在高效区工作；

④ 泵的尺寸小，重量轻，结构简单，成本低；

⑤ 满足其他特殊要求，如防爆、耐腐蚀等。

（二）选择泵的步骤与方法

1. 列出基础数据

根据工艺条件，详细列出数据，包括介质物理性质（密度、黏度、饱和蒸汽压、腐蚀性等），操作条件（操作温度、泵进出口两侧设备内的压力、处理量等）以及泵所在位置情况，如环境温度、海拔高度、装置要求、进排出设备内液面至泵中心线距离和一定的管路等。

2. 估算泵的流量和扬程

当工艺设计中给出正常流量、最小流量和最大流量时，选泵时可直接采用最大流量；若只给出装置的正常流量，则应采用适当的安全系数估算泵的流量。当工艺设计中给出所需扬程值时，可直接采用；若没有给出扬程值而需要估算时，一般先作出泵装置的立面流程图，标明离心泵在流程中的位置、标高、距离、管线长度及管件数等，计算流动损失。必要时再留出余量，最后确定泵需提供的扬程。

3. 选择泵的类型

根据被输送介质的性质，确定选用泵的类型，如当被输送介质腐蚀性较强时，则应从耐腐蚀泵的系列产品中选取；当被输送介质为石油产品，则应选用油泵。

在选择泵的类型时，应当与台数同时考虑。在正常操作时，一般只用一台泵，在某些特殊情况下，也可采用两台同时操作，但在任何情况下，装置内物料输送不宜采用三台以上的泵，总之，台数不能过多，否则不仅管线复杂，使用不便，成本也高。连续性生产和工作条件变化较大时，为了保证正常生产，应适当考虑备用泵。

4. 选择泵的型号

当泵的类型选定后，将流量 Q 和扬程 H 值标绘到该类型的系列性能曲线型谱图上，交点落在的那个切割工作区四边形中，即可读出该四边形上注明的离心泵型号。如果交点不是恰好落在四边形的上下边上，则选用该泵后，可以应用改变叶轮直径或工作转速的方法，改变泵的性能曲线，使其通过交点。这时，应从泵样本或系列性能规格表中查出该泵的原输送水时的特性，以便换算。假如交点并不落在任一个工作区四边形中，而在某四边形附近，这说明没有一台泵能满足工作点参数，并使其处在效率较高的工作范围内工作。在这种情况下，可适当改变台数或泵的工作条件（如用排出阀调节等）来满足要求。

在选用多台离心泵时，应尽可能采用型号相同的泵，以便于操作和维修。

5. 核算泵的性能

在实际生产过程中，为了保证泵的正常运转，防止发生汽蚀，要根据流程图的布置，计算出最差条件下泵入口的有效汽蚀余量 $NPSH_a$ 与该泵必需汽蚀余量 $NPSH_r$ 相比较。或根据泵的必需汽蚀余量 $NPSH_r$ 计算出泵允许几何安装高度 $[H_g]$ 与工艺流程图中拟确定的安装高度相比较。若不能满足时，就必须另选其他泵，或变更泵的位置，或采取其他措施。

6. 计算泵的轴功率和驱动机功率

根据泵所输送介质的工作点参数（Q、H、η），利用式(1-54)可求出泵的轴功率，选用驱动机功率时应考虑 $10\%\sim15\%$ 储备功率，则驱动机功率 $N_D=(1.1\sim1.15)N$。目前很多类型泵已做到与电机配套，只需用进行校核即可。

选配驱动机时，应先考虑现场可供利用的动力来源，在条件许可的情况下，尽可能采用电动机。

思 考 题

1. 什么是密度、相对密度和比容？
2. 何谓绝对压力、表压和真空度？表压与绝对压力、大气压力之间有何关系？真空度与绝对压力、大气压力又有何关系？
3. 流体静力学方程式有几种表达形式？他们能说明什么问题？应用静力学方程分析问题时如何确定等压面？
4. 如题图1-1所示，在 A、B 两截面处的流速是否相等？体积流量是否相等？质量流量是否相等？

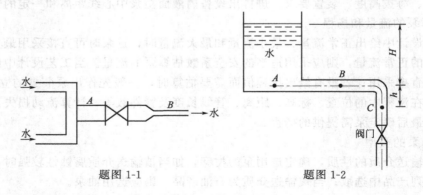

题图 1-1 　　　　　　　　　　　　　　题图 1-2

5. 如题图1-2所示，很大的水槽中水面保持恒定，试问：
　(1) 当阀门关闭时，A、B、C 三点处的压力是否相同？
　(2) 将阀门开启，使水流出时，各点的压力与阀门关闭时是否相同？

6. 什么是液柱压差计？U形管压差计中的指示液应满足什么条件？

7. 什么是体积流量、质量流量？相互之间有什么关系？

8. 什么是平均流速、质量流速？相互之间有什么关系？

9. 管道直径和管道中的介质平均流速有什么关系？如何理解流体的适宜流速？

10. 什么叫稳定流动、不稳定流动？

11. 流体在稳定流动中具有哪几种能量？它们之间有什么规律？

12. 何谓理想流体？实际流体与理想流体有何区别？如何体现在伯努利方程中？

13. 何谓牛顿黏性定律？流体黏性的本质是什么？

14. 何谓流体的层流流动与湍流流动？如何判断流体的流动是层流还是湍流？

15. 一定质量流量的水在一定内径的圆管中稳定流动，当水温升高时 Re 将如何变化？

16. 在流体质点运动方面以及圆管中的速度分布方面，层流与湍流有什么不同？

17. 如何降低流体流动的阻力？

18. 什么是公称压力、公称直径？

19. 什么是泵？化工用泵有何作用？

20. 化工生产对泵有何特殊要求？

21. 按工作原理的不同，泵可以分成哪几类？

22. 离心泵的装置由哪几部分组成？离心泵是如何工作的？为何启动前要进行灌泵？

23. 离心泵如何进行安全操作？

24. 离心泵的基本性能参数有哪些？有何意义？

25. 为什么不能将泵实际扬程理解为泵的提液高度？

26. 什么是离心泵的性能曲线？有何含义？

27. 离心泵性能测试装置由哪几部分组成？如何进行离心泵的性能测试？

28. 离心泵扬程与流量曲线有几种形状？各种形状的特点及应用如何？

29. 什么是离心泵的管路特性曲线？

30. 什么是离心泵的工作点？

31. 什么是离心泵的稳定工况点和不稳定工况点？

32. 离心泵的性能如何调节？

33. 液体在叶轮内流动时有几种速度？

34. 有限叶片与无限叶片理论扬程的区别？

35. 叶轮叶片有几种形式？离心泵一般采用何种形式叶片的叶轮？为什么？

36. 什么是离心泵的汽蚀？有何危害？

37. 什么是离心泵的汽蚀余量？为何要计算离心泵的几何安装高度？

38. 提高离心泵的抗汽蚀性能措施有哪些？

39. 离心泵的型号是如何表示的？

40. 离心泵叶轮的型式有几种？各适用于什么介质？

41. 蜗壳有何作用？

42. 离心泵的轴向力是如何产生的？在单级离心泵中如何平衡？

43. 单级离心式水泵有哪些型式？由哪些主要零部件组成？

44. 离心泵在拆卸过程中主要使用的工具有哪些？

45. 离心泵拆卸前要做哪些准备工作？

46. 离心泵的拆卸步骤是什么？

47. 离心泵拆卸后，零部件为何要进行清洗？清洗用具有哪些？清洗时有哪些注意事项？

48. 什么是比例定律与切割定律？适用于何种场合？

49. 离心泵输送高黏度液体时，性能将如何变化？

50. 离心泵串、并联工作后性能将如何变化？

51. 离心泵转子检查时主要检查哪些指标？怎样测量？

52. 叶轮、轴套和泵轴等零件如果检查不合格如何进行修理？

53. 滚动轴承如何进行检查？

54. 泵体如何进行检查？如何修理？

55. 检修施工方案主要包括哪些内容？

56. 检修施工方案如何进行编制？

57. 离心泵主要零部件质量要求有哪些？

58. 离心泵装配技术要求有哪些？

59. 离心泵组装前要做哪些准备工作？

60. 离心泵的组装步骤？

61. 离心泵的轴组如何进行装配？

62. 离心泵泵壳与泵盖在装配时需要注意哪些事项？

63. 离心泵的安装要求有哪些？

64. 离心泵机座如何找正与找平？

65. 离心泵在安装过程中泵体的找正、找平和找标高有何要求？

66. 离心泵如何进行试车？

67. 离心泵在试车过程中出现问题如何消除？

68. 离心泵在运行过程中出现故障如何排除？

69. 如何选择一台离心泵？

70. 离心泵的日常维护与保养的内容主要有哪些？如何进行？

习　题

1. 正庚烷和正辛烷混合液中，正庚烷的摩尔分数为 0.4，试求该混合液在 20℃下的密度。已知正庚烷和正辛烷在 20℃的密度分别为 626kg/m³ 和 703kg/m³。

2. 容器 A 中的气体表压为 60kPa，容器 B 中的气体真空度为 $1.2×10^4$kPa，试分别求出 A、B 二容器中气体的绝对压力。该处环境的大气压力等于标准大气压力。

3. 某设备进、出口的表压分别为 −12kPa 和 157kPa，当地大气压力 101.3kPa。试求此设备进、出口的绝对压力及进、出口的压力差各为多少。

4. 在 20℃条件下，在试管中先装 12cm 高的水银，再在其上面装入 5cm 高的水；水银的密度为 13550kg/m³，当地大气压力为 101kPa，试求试管底部的绝对压力为多少。

5. 如题图 1-3 所示的测压管分别与 3 个设备 A、B、C 相连通。连通管的下部是水银，上部是水，3 个设备内水面在同一水平面上。问：

   (1) 1、2、3 处压强是否相等？

   (2) 4、5、6 处压强是否相等？

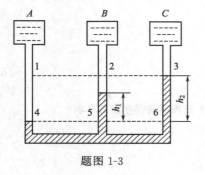

题图 1-3

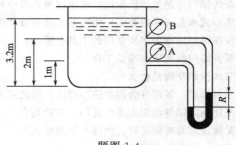

题图 1-4

（3）若 $h_1 = 100mm$，$h_2 = 200mm$，且已知设备 A 直接通大气（大气压强为 760mmHg），求 B、C 两设备内水面上方的压强。

6. 如题图 1-4 所示的容器内贮有密度为 1250kg/m³ 的液体，液面高度为 3.2m。容器侧壁上有两根测压管线，距容器底的高度分别为 2m 和 1m，容器上部空间的压力（表压）为 29.4kPa。试求：

（1）压差计读数（指示液密度为 1400kg/m³）。

（2）A、B 两个弹簧压力表的读数。

7. 已知管子内直径为 100mm，当 277K 的水流速为 2m/s 时，试求水的体积流量和质量流量。

8. 硫酸流经由大小管组成的串联管路，硫酸的比重为 1.83，体积流量为 150L/min，大小管尺寸分别为 $\phi76mm \times 4mm$ 和 $\phi57mm \times 3.5mm$。试分别求：

（1）硫酸在小管和大管中的质量流量；

（2）硫酸在小管和大管中的平均流速；

（3）硫酸在小管和大管中的质量流速。

9. 有一输水管道，要求水的流速约为 1.0m/s，流量为 30m³/h。试选择合适的管径，并计算出管道内的水的流速。

10. 某车间用压缩空气压送 98% 的浓硫酸（密度为 1840 kg/m³），如题图 1-5 所示，流量为 2m³/h。管道采用 $\phi37mm \times 3.5mm$ 的无缝钢管，总的能量损失为 1m 硫酸柱，两槽中液位恒定。试求压缩空气的压力。

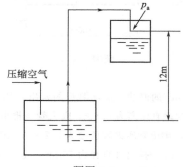

题图 1-5

11. 如题图 1-6 所示，用泵 1 将常压贮槽 2 中密度为 1100 kg/m³ 的某溶液送到蒸发器 3 中进行浓缩。贮槽液位保持恒定。蒸发器内蒸发压力保持在 $1.47 \times 10^4 Pa$（表压）。泵的进口管为 $\phi89mm \times 3.5mm$，出口管为 $\phi76mm \times 3mm$。溶液处理量为 28m³/h。贮槽中液面距蒸发器入口处的垂直距离为 10m。溶液流经全部管道的能量损失为 100J/kg，试求泵的有效功率。

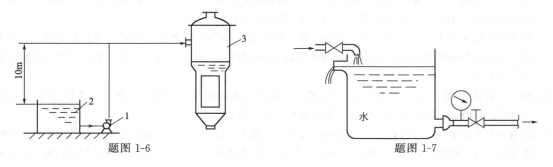

题图 1-6　　　　　　　　　　　　　　　　　题图 1-7

12. 如题图 1-7 所示的常温下操作的水槽，下面的出水管直径为 $\phi57mm \times 3.5mm$，当出水阀全关闭时，压力表读数为 30.4kPa，而阀门开启后，压力表读数降至 20.3kPa。设压力表之前管路中的压力损失为 0.5m 水柱，试求水的流量为多少？

13. 283K 的水在内径为 25mm 的钢管中流动，流速 1m/s。试计算其 Re 数值并判定其流动型态。

14. 石油输送管为 $\phi159mm \times 4.5mm$ 的无缝钢管。石油的比重为 0.86，运动黏度为 $0.2m^2/s$。当石油流量为 15.5t/h 时，试求管路总长度为 1000m 的直管摩擦阻力。

15. 从水塔引水至车间，采用 $\phi114mm \times 4mm$ 的无缝钢管，其计算长度（包括直管、管件和阀件以及管道进出口的当量长度）为 150m。设水塔内水面保持恒定，且高于排水管口 12m，试求水温为 285K 时管道的流量（取管子绝对粗糙度 $\varepsilon = 0.3mm$）。

16. 如题图 1-8 所示，有黏度为 $1.7 \times 10^{-3}Pa \cdot s$，密度为 $765kg/m^3$ 的液体，从高位槽经 $\phi114mm \times 4mm$ 的钢管流入表压为 0.16MPa 的密闭低位槽中。液体在钢管中的流速为 1m/s，钢管的相对粗糙度为 0.002，管路上的阀门当量长度为 $50d$、$90°$弯头当量长度为 $40d$，两液槽的液面保持不变。试求两槽液面的垂直距离。

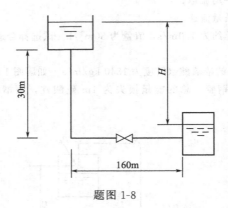

题图 1-8

17. 用一台离心泵输送密度为 $750kg/m^3$ 的汽油，实际测得的泵出口压力表读数为 $1.47 \times 10^2 kPa$，入口处真空表读数为 40kPa，两表测点的垂直距离为 0.5m，吸入管与排出管直径相同。试求泵的扬程。

18. 设某离心水泵流量为 $0.025m^3/s$，排出管压力表读数为 $3.2 \times 10^2 kPa$，吸入管真空表读数为 39kPa，表位差为 0.8m。吸入管直径为 100mm，排出管直径为 75mm。电动机功率表读数为 12.5kW，电动机效率为 0.93，泵与电机采用直联。试计算离心泵的轴功率、有效功率和泵的总效率各为多少。

19. 用泵将硫酸自常压贮槽送到压力为 $2 \times 10^2 kPa$（表压）的设备，要求流量为 $14m^3/h$，实际扬程为 7m，管路的全部能量损失为 5m，硫酸的密度为 $1831kg/m^3$。试求该泵的扬程。

20. 某台离心水泵，从样本上查得其必需汽蚀余量为 2m，现用此泵输送敞口水槽中 40℃清水，若泵吸入口距水面以上 4m 高度处，吸入管路的阻力损失为 1m，当地环境大气压力为 0.1MPa。试问该泵的安装高度是否合适。如果输送 80℃清水，则泵的安装高度为多少。（40℃水的饱和蒸气压 7.37kPa，密度为 $992.2kg/m^3$；80℃水的饱和蒸气压 47.4kPa，密度为 $971.8kg/m^3$）

21. 用离心泵输送 80℃水，今提出如下两种方案（如题图 1-9 所示）。若两方案的管路长度和阻力损失相同，离心泵的必需汽蚀余量为 2m，环境大气压力为 101kPa，试问这两种流程方案是否能完成输送任务，为什么？

22. 有一台转速为 1450r/min 的离心泵，当流量为 $35m^3/h$，轴功率为 7.6kW 时，现若流量增加到 $52.2m^3/h$，问原电动机的转速应提高到多少？此时泵的功率为多少。

23. 原有一台离心水泵，叶轮直径为 143mm，设计点参数为流量 $90\ m^3/h$，扬程 20m，功率为 6.36kW，效率为 0.8，现将此泵叶轮车削成 130mm，若认为泵的效率不变，求车削后泵的设计点的流量、扬程和功率各为多少。

24. 原有一台离心水泵，设计点参数为流量 $24m^3/h$，扬程 49.5m，效率为 0.77，试求输送黏度为 $150 \times 10^{-6}m^2/s$，密度为 $900kg/m^3$ 油时相应点的性能参数。

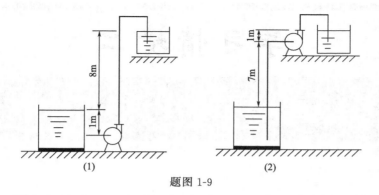

(1)   (2)

题图 1-9

25. 某车间排出冷却水的温度为 66℃，以 40m³/h 的流量注入一贮水池中，同时用一台水泵连续地将此冷却水送到一凉水池上方的喷头中，冷却水从喷头喷出，然后落到凉水池中，以达到冷却目的。已知水在进入喷头前要保持 0.5×10^2 kPa（表压）的压力，喷头入口比贮水池水面高 2.5m，吸入管路和压出管路的损失分别为 0.5m 和 1m，试选择一台合适的离心泵。

学习情境二

多级离心泵的检修与维护

学习任务四　分段式多级离心泵的拆卸

【学习任务单】

学习领域	化工用泵检修与维护	
学习情境二	多级离心泵的检修与维护	
学习任务四	分段式多级离心泵的拆卸	课时:6
学习目标	1．知识目标 (1)掌握多级离心泵的工作原理和结构; (2)熟悉多级离心泵的主要零部件结构,掌握多级离心泵轴向力平衡方法; (3)了解多级离心泵的型号编制方法; (4)熟悉常用多级离心泵的安全操作规程; (5)了解多级离心泵拆卸前准备,掌握多级离心泵的正确拆卸方法。 2．能力目标 (1)能够安全操作多级离心泵; (2)能够正确制定多级离心泵拆卸方案; (3)能够安全正确地拆卸多级离心泵,完成零部件的清洗工作,并做好有关记录。 3．素质目标 (1)培养学生吃苦耐劳的工作精神和认真负责的工作态度; (2)培养学生踏实细致、安全保护和团队合作的工作意识; (3)培养学生语言和文字的表述能力。	

一、任务描述

　　假设你是一名设备管理员或检修工,在多级离心泵的检修过程中,首先需要对多级离心泵进行拆卸。请针对D型多级离心泵,选择其拆卸方法,制订拆卸方案,完成分段式多级离心泵的拆卸任务,并测量组装多级离心泵时所需要的相关数据。

二、相关资料及资源

　　1．教材;

　　2．D型离心泵技术资料和结构图;

　　3．相关视频文件;

　　4．教学课件。

三、任务实施说明

　　1．学生分组,每小组4～5人;

　　2．小组进行任务分析和资料学习;

　　3．现场教学;

　　4．小组讨论拆卸多级离心泵的准备工作内容,选择多级离心泵的拆卸方法,制订多级离心泵的拆卸方案,进行人员分工;

　　5．小组合作,实施多级离心泵的安全操作与拆卸任务,并填写有关记录。

四、任务实施注意点

　　1．在制订离心泵拆卸方案时,应熟悉离心泵的检修规程、总装配图和各零部件之间的装配关系;

　　2．认真分析多级离心泵的拆卸方案;

　　3．在离心泵的拆卸过程中注意各种不同零件的拆卸方法,选择合理的工器具;

　　4．在任务实施过程中,遇到问题时小组进行讨论,可邀请指导老师参与讨论,通过团队合作获取问题的解决;

　　5．注意安全与环保意识的培养。

五、拓展任务

　　了解中开式多级离心泵的结构特点和维护检修方法。

【知识链接】

一、多级离心泵的工作原理与结构

具有两个或两个以上叶轮的离心泵称为多级离心泵。人们把若干个叶轮安装在同一个泵轴上，每个叶轮与其外周的液体导流装置形成一个独立的工作室，这个工作室与叶轮组成的系统可以认为是一个单级离心泵，每个工作室前后串联，就构成了多级离心泵。与多个单级离心泵串联相比，多级离心泵具有效率高、占地面积小、操作维修费用低等优点。

（一）多级离心泵的工作原理与结构

1. 多级离心泵的用途

多级离心泵除具有单级离心泵的优点外，它最大的特点就是扬程高。多级离心泵的用途十分广泛，例如：化肥生产中，用多级离心泵将氨水打入碳化塔，由氨水吸收加压氮氢混合气中的二氧化碳，生产出碳酸氢铵；锅炉的给水等。

2. 多级离心泵的工作原理与结构

从总体上看，多级离心泵是若干个叶轮安装在同一个泵轴上，下面以分段式为例介绍多级离心泵的工作原理与结构。

如图 2-1 所示为分段式三级离心泵，其主要零部件有：进水段、中段、出水段、叶轮、轴、轴套、密封环及以轴封装置、轴向力平衡装置和轴承等。它的吸入口位于进水段的水平方向，排出口位于出水段的垂直方向。

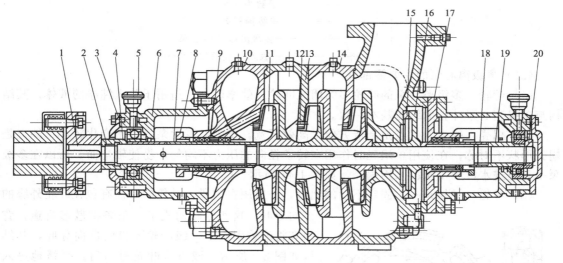

图 2-1　分段式三级离心式水泵

1—泵轴；2—轴套螺母；3—轴承盖；4—轴承衬套甲；5—单列向心球轴承；6—轴承体；7—轴套甲；
8—填料压盖；9—填料环；10—进水段；11—叶轮；12—密封环；13—中段；14—出水段；
15—平衡环；16—平衡盘；17—尾盖；18—轴套乙；19—轴承衬套乙；20—圆螺母

当电机带动轴上的叶轮高速旋转时，充满在叶轮内的液体在离心力的作用下，从叶轮中心沿着叶片间的流道甩向叶轮的四周，由于液体受到叶片的作用，使压力和速度同时增加，经过导轮的流道而被引向下一级的叶轮，并逐次地流过所有的叶轮和导轮，进一步使液体的压力能增加，获得较高的扬程。由此可见，扬程随着级数的增加而增加，级数越多，扬程越高。

各级叶轮依次安装在同一根泵轴上串联工作，每个叶轮的外缘都装有与其相对应的导轮，分别用螺钉固定在中段和出水段上，各级泵壳都是垂直剖分。

叶轮为闭式叶轮，多只叶轮用键、叶轮挡套、轴套和轴套螺母串接固定在轴上组成泵的转子。泵轴两端有单列向心轴承支撑并置于轴承体上，轴的两端均有轴封装置。

密封环分别固定在进水段、中段和出水段上，与叶轮口环形成很小的环状间隙，防止叶轮出口的压力水回流到叶轮进口。密封环磨损后应及时更换，否则将因漏损大而使泵的容积效率下降。

由于叶轮朝一个方向排列于轴上，每级叶轮均有一个轴向力，因此逐级相加后总的轴向力很大，必须用自动平衡盘装置来平衡轴向力。各级泵壳依靠四根长螺栓紧固成一个整体，其接合面上均垫有一层密封垫，以防漏水。

在泵的每段上、下方均有排气和放水螺塞，在吸入口和排出口法兰上设置有安装真空表和压力表的螺孔。

分段式多级离心泵各段泵壳可分别加工，制造比较方便，但结构较复杂，装拆较困难。由于分段式多级离心泵的工作性能好，流量和扬程范围较大，在石油化工生产及其他行业得到了广泛应用。

3. 多级离心泵的型号

多级离心泵型号表示方法如下：

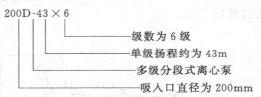

$$200D\text{-}43\times6$$

级数为 6 级
单级扬程约为 43m
多级分段式离心泵
吸入口直径为 200mm

（二）多级离心泵的主要零部件

（1）叶轮　多级离心泵的叶轮多为闭式叶轮，效率较高，适用于输送纯净的液体。其结构与单级离心泵叶轮的结构基本一致。

（2）蜗壳　蜗壳的优点是制造方便，高效区宽，车削叶轮后泵的效率变化较小。缺点是蜗壳形状不对称，在使用单蜗壳时作用在转子径向的压力不均匀，易使轴弯曲，所以在多级泵中只是进水段和出水段采用蜗壳，如图 1-47 所示。

（3）导轮　导轮是一个固定不动的圆盘，一般用在中段。导轮的正面有包在叶轮外缘的正向导叶，这些导叶构成了一条条扩散形流道，背面有将液体引向下一级叶轮入口的反向导叶，其结构如图 2-2 所示。液体从叶轮甩出后，平缓地进入导轮，沿着正向导叶继续向外流动，速度逐渐降低，大部分动能转变为静压能。液体经导轮背面的反向导叶被引入下一级叶轮。

导轮上的导叶数一般为 4～8 片，导叶的入口角一般为 8°～16°，叶轮与导叶间的径向单侧间隙约为 1mm。若间隙过大，效率会降低；间隙过小，则会引起振动和噪声。

与蜗壳相比，采用导轮的分段式多级离心泵的

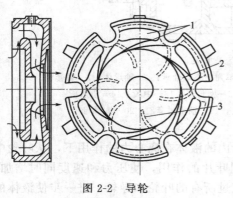

图 2-2　导轮
1—流道；2—导叶；3—反向导叶

泵壳易于制造，能量转换的效率也较高，但安装检修较蜗壳困难。另外，当工况偏离设计工况时，液体流出叶轮时的运动轨迹与导叶形状不一致，使其产生较大的冲击损失。

（4）密封环　由于离心泵的叶轮做高速转动，所以它与固定的泵壳之间必有间隙存在，从而造成叶轮出口处的液体通过叶轮进口与泵盖之间的间隙漏回到泵的吸液口，以及从叶轮背面与泵壳间的间隙漏出，然后经轴封装置漏向泵外。为减少这种泄漏，必须尽可能地减小叶轮和泵壳之间的间隙。但是间隙过小容易发生叶轮和泵壳的摩擦，这就要求在此部位的泵壳和叶轮前盖入口处安装一个密封环，以保持叶轮与泵壳之间具有较小的间隙，减少泄漏。当泵运行一段时间后，密封环被磨损造成该处间隙过大时，应更换新的密封环。

密封环按其轴截面的形状可分为平环式、直角式和迷宫式等，如图 2-3 所示。平环式和直角式由于结构简单、便于加工和拆装，在一般离心泵中得到了广泛应用。一般单侧径向间隙 s 约在 $0.1 \sim 0.2 \mathrm{mm}$ 之间。直角式密封环的轴向间隙 s_1 较径向间隙大得多，一般在 $3 \sim 7 \mathrm{mm}$ 之间，由于漏损的液体在转 $90°$ 之后其速度降低，因此造成的涡流与冲击损失小，密封效果也较平环式好。在高压离心泵中，由于单级扬程较大，为了减少泄漏，可采用密封效果较好的迷宫式密封环。密封环应选用耐磨材料（如优质灰铸铁、青铜或碳钢）制造。

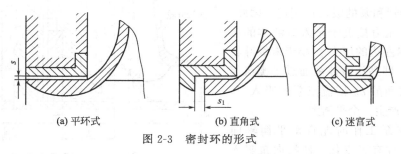

(a) 平环式　　　　　(b) 直角式　　　　(c) 迷宫式

图 2-3　密封环的形式

（5）轴封装置　轴与泵壳处由于存在间隙会产生泵内液体泄漏或外界空气漏入泵内，轴与泵壳处设置轴封装置便能阻止该情况的发生，提高泵的容积效率。大多数多级离心泵常用的结构形式是机械密封装置，其结构详见学习任务五。

（6）轴向力平衡装置　分段式多级离心泵的轴向力是各级叶轮轴向力的叠加，其数值很大，不可能完全由轴承来承受，必须采取有效的平衡措施。

① 叶轮对称布置。将离心泵的每两个叶轮以相反方向对称地安装在同一泵轴上，使每两个叶轮所产生的轴向力互相抵消，如图 2-4 所示。

这种方案流道复杂，造价较高。当级数较多时，由于各级泄漏情况不同和各级叶轮轮毂直径不相同，轴向力也不能完全平衡，往往还需采用辅助平衡装置。

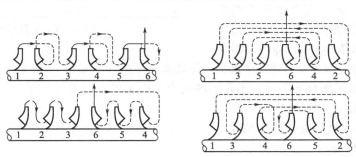

图 2-4　叶轮对称布置

② 采用平衡鼓。如图 2-5 所示，为多级泵叶轮后边装一圆柱形平衡鼓（又称为卸荷盘），平衡鼓右边为平衡室，通过平衡管将平衡室与第一级叶轮前的吸入室连通。因此，平衡室内的压力 p_0 很小，而平衡鼓左边则为最后一级叶轮的背面泵腔，腔内压力 p_2 比较高。平衡鼓外圆表面与泵体上的平衡套之间有很小的间隙，使平衡鼓的两侧可以保持较大的压力差，以此来平衡轴向力。当轴向力变化时，平衡鼓不能自动调整轴向力的平衡，仍需装止推轴承来承受残余轴向力。

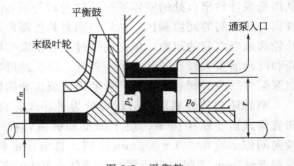

图 2-5　平衡鼓

③ 平衡盘装置。对级数较多的离心泵，更多的是采用平衡盘来平衡轴向力，平衡盘装置由平衡盘（铸铁制）和平衡环（铸铜制）组成，平衡盘装在末级叶轮后面轴上，和叶轮一起转动。平衡环固定在出水段泵体上，如图 2-6 所示。

平衡盘左边和末级叶轮出口相通，右边则通过一接管和泵的吸入口相连。因此，平衡盘右边的压力接近于泵入口液体的压力 p_0，平衡盘左边的压力 p' 小于末级叶轮出口压力 p_2。即高压液体能通过平衡盘与平衡环之间的间隙 b_0 回流至泵的吸入口，在平衡盘两侧产生一个平衡力。

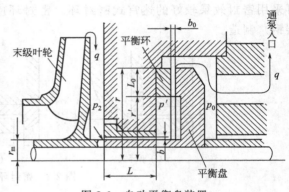

图 2-6　自动平衡盘装置

平衡盘在泵工作时能自动平衡轴向力。如操作条件有了变化，使指向泵吸入口的轴向力稍有增大，则轴连同平衡盘将一起向左边吸入端移动，使平衡盘与平衡环之间间隙 b_0 减小，液体流经此间隙时的阻力增大，引起平衡盘左边压力升高。p' 的升高，使平衡盘两边的压差增大，这就推动平衡盘及整个转子向右移动，达到新的平衡，反之亦然。在实际工作中，泵的转子不会停止在某一位置，而是在某一平衡位置作左右脉动，当泵的工作点改变时，转子会自动从平衡位置移到另一平衡位置作轴向脉动。由于平衡盘有自动平衡轴向力的特性，因而

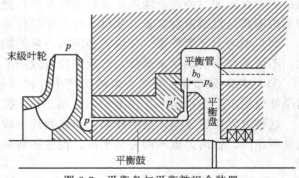

图 2-7　平衡盘与平衡鼓组合装置

得到广泛应用。为了减少泵启动时的磨损，平衡盘与平衡环间隙 b_0 一般为 0.1～0.2mm。

另外还有采用平衡盘与平衡鼓组合的轴向力平衡装置，如图 2-7 所示。用于大容量高参数的分段式多级泵中，效果良好。

（三）多级离心泵的安全操作规程

1. 启动前的准备

① 检查机组附近有无妨碍运转的物体，拿掉机器上的杂物，将现场清理干净；

② 检查各轴承的润滑油是否充足与变质，润滑油不足应加入适量的润滑油；润滑油变质应更换润滑油；

③ 电动机和水泵固定是否良好，各地脚螺栓、紧固件、安全防护罩是否牢固可靠；

④ 电气开关及电机接地线是否完好、可靠；检查电机的转向是否正确；

⑤ 检查轴封是否完好，人工盘车2～3圈，检查转动部件是否正常，泵能够轻便地盘车；

⑥ 管道及阀门是否完好，各阀门开关是否正确，压力表是否灵敏可靠；启动泵前，应用输送的液体灌泵，排除泵内的空气，并关闭出口管路上的阀门。

2. 启动泵

① 检查各项准备工作是否完善，完成后便可启动泵；

② 待泵转速稳定，打开各种仪表的开关；

③ 启动后电流表指针摇动到指定位置，慢慢开启出口阀门，泵进入正常运行。如有旁通管路应关闭旁路阀门；离心泵启动后关闭出口管路上的阀门的时间，不得超过3min。如果时间过长，会引起平衡盘装置的磨损和机械密封摩擦副的损坏；

④ 启动泵时要注意泵的电流等读数及泵的振动情况，振动位移的幅值不得超过0.06mm；

⑤ 轴封的泄漏情况是泵的工作情况好坏的重要标志，泄漏量应符合检修规程要求。

3. 停泵

① 在停车前应先关闭压力表和真空表阀门，再将排水阀关闭；

② 切断电源；

③ 待泵冷却后，关闭吸入阀、冷却水、机械密封冲洗水等；

④ 放净泵内液体，以防在寒冷季节结冰，冻裂泵体；

⑤ 做好清洁工作。

4. 调泵操作

① 按启动要求启动备用泵；

② 等备用泵运行正常后，进行切换，关闭故障泵出口阀门，故障泵停车，关闭故障泵进口阀门。

5. 日常维护工作内容

① 操作人员必须熟悉所用离心泵的结构、性能、工作原理及操作规程；

② 泵在运转过程中，定期补加或者更换润滑油，注意检查电机、轴承是否超温，各紧固件是否松动，有无异常响声等，如发现异常应立即处理；

③ 应定期进行维修保养，压力表每半年校验一次；

④ 保持泵及周围场地整洁，及时处理跑、冒、滴、漏；泵在运转过程中严禁触及或擦拭转动部件。检修时，如果泵体及管道内存有有毒或腐蚀性化学物料，检修人员应佩戴必要的防护用品，设法放净泵内物料并进行冲洗达到安全检修条件后，方可进行修理；

⑤ 遇有下列情况之一，应作紧急停车处理：泵内发出异常的声响；泵突然发生剧烈振动；电动机电流超过额定值持续不变，经处理无效；泵突然不排液。

二、多级离心泵的拆卸

拆卸分段式多级离心泵的目的是查找故障原因，检查、修理或更换已经损坏或达到使用期限的零件。因此，多级离心泵的拆卸是检修的必要手段。

（一）多级离心式水泵的拆卸

1. 分段式多级离心泵拆卸前的准备

① 查阅有关技术资料及上一次的大修或中修记录，向操作工询问泵的运转情况，并备

齐必要的图纸和资料。

② 备齐检修工具、量具、起重机具、配件及材料。

③ 切断电源及设备与系统的联系，放净泵内介质，达到设备安全检修的条件。

2. 分段式多级离心泵的拆卸顺序与方法

分段式多级离心泵的拆卸，在做好准备工作的基础上，应按以下步骤及要求进行。

① 将泵与系统分离。卸下介质管路上泵的出口阀以前、进口阀以后法兰的连接螺栓，将泵从介质管路中分离。卸下冷却水管。断开泵与电动机之间的联轴器。

② 拆卸机座螺栓。拧开泵的机座螺栓，同时，将各机座螺栓处的垫片按顺序编号，回装时仍放在原处，以减少找正工作量。

③ 拆卸轴承。先拧下前后侧轴承座与泵体的连接螺栓，拆掉轴承座，然后将轴承沿轴向抽出。

④ 拆卸轴封。拧下压盖与泵体的连接螺母，并沿轴向抽出压盖，取出填料或抽出机械密封。

⑤ 拆卸平衡盘。拧下尾盖与尾段之间的连接螺母，取下尾盖，然后将平衡盘沿轴向取出。松开平衡环与泵体的连接螺钉，即可卸下平衡环。

⑥ 长杆螺栓的拆卸。分段式多级泵的前段、中段、尾段，由若干个长螺栓穿起来固定在一起，形成一个完整的泵体，这些螺栓又叫长杆螺栓。拧紧长杆螺栓时，使各段之间轴向密封面紧密贴合，阻止了泵腔内的压力介质向外泄漏。长杆螺栓的拧紧力过大，会造成零件损坏；拧紧力过小，则密封面泄漏。有的制造厂家，在说明书上给出长杆螺栓预紧力值，修后组装时，按规定值上紧螺栓就行；多数制造厂家没有给出长杆螺栓的预紧力值，这就要求现场检修时，根据拆装前后拧紧长度的对比，保证拧紧力适中。简便的做法是，拆卸之前将各个长杆螺栓及其相配螺母按顺序编号，例如，按顺时针方向编号 1、2、3、…，另一端则按逆时针方向对应编号，并将螺栓相对应的螺栓孔也作相应的编号，以保证螺栓及螺母仍回装到原来的地方。用砂布打磨干净螺栓端面和螺母端面，对同一根螺栓，测量其两端露出螺母的长度 x_i 和 y_i，并计算出 $z_i = x_i + y_i$，见图 2-8。

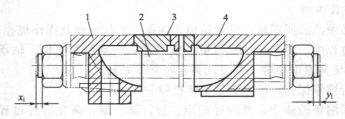

图 2-8　分段式多级离心泵长杆螺栓
1—前段；2—长杆螺栓；3—中段；4—尾段

组装时，用同样方法测量出 x_i' 和 y_i' 并计算出 z_i' 值，使 z_i' 值等于拆卸前 z_i 的值就可以，表 2-1 为分段式多级离心泵长杆螺栓伸出量记录实例。

表 2-1　分段式多级离心泵长杆螺栓伸出量记录实例　　mm

编号	1	2	3	…
x_i	3.08	3.13	2.58	…
y_i	3.25	4.01	3.40	…
$z_i = x_i + y_i$	6.33	7.14	5.98	…

测量、记录完毕，开始拆长杆螺栓。抽去长杆螺栓时，务必在相隔 180°的位置上保留两根，以免前段、中段、尾段突然散架，碰坏转子或其他零件。

为避免中段下坠压弯泵轴，在抽去长杆螺栓时，应在中段下侧加上临时支承。

⑦ 拆卸尾段蜗壳。用手锤轻轻敲击尾段的凸缘，使其松动，即可拆下。

⑧ 拆卸尾段叶轮。叶轮与泵轴的配合为间隙配合，但由于介质作用，可能锈蚀在一起。拆卸时，用木锤沿叶轮四周轻轻敲击，使其松动后，沿轴向抽出。

⑨ 拆卸中段。用撬棒沿中段四周撬动，即可拆下中段。再拆下叶轮之间泵轴上的挡套。然后，可由中段导轮上拆下入口密封环。

⑩ 拆卸中段和首段。用同样的方法，拆去余下的叶轮、中段，直至吸入盖。

拆卸完毕，应把轴承、轴、机械密封等用煤油清洗，检查有无损伤、磨损过量或变形，决定是否修理或更换。去掉各段之间垫片，除去锈迹。

（二）多级离心式水泵拆卸的注意事项

① 在开始拆卸以前，应将泵内介质排放彻底。若是腐蚀性介质，排放后应再用清水清洗。

② 在拆卸时，应将拆下的各段外壳、叶轮、键等零件按顺序排好、编号，不能弄乱，在回装时一般按原顺序回装。有些组合件可不拆的尽量不拆。

③ 零件应轻拿轻放，不能磕碰，不能摔伤，不能落地。

④ 在检修期间，为避免有人擅自合上电源开关或打开物料阀门而造成事故，可将电源开关上锁，并将物料管加上盲板。

⑤ 不得松动电动机地脚螺栓，以免影响安装时泵的找正。

【知识与技能拓展】

中开式多级离心泵

中开式多级离心泵的泵壳一般都是螺旋线形的蜗壳，泵壳在通过主轴中心线的平面上分开，如图 2-9 所示。每个叶轮都有相应的蜗壳，相当于将几个单级蜗壳泵装在同一根轴上串联工作，所以又称为蜗壳式多级泵。由于泵体是水平中开式，吸入口和排出口都直接铸在泵体上，检修时很方便，只要把泵盖取下即可取出整个转子，不需拆卸连接管路。叶轮通常为偶数对称布置，能平衡轴向力，所以不需设置平衡盘。缺点是体积大、铸造加工技术要求较高。中开式多级离心泵的流量范围为 $450\sim1500\mathrm{m}^3/\mathrm{h}$，最高扬程可达 $1800\mathrm{mH_2O}$。

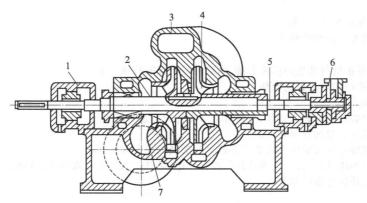

图 2-9 水平中开式多级离心泵

1—轴承体；2—轴套；3—泵盖；4—叶轮；5—泵轴；6—轴头油泵；7—泵体

学习任务五　轴封装置的检修

【学习任务单】

学习领域	化工用泵检修与维护	
学习情境二	多级离心泵的检修与维护	
学习任务五	轴封装置的检修	课时：6
学习目标	1. 知识目标 (1) 了解轴封装置的作用； (2) 掌握填料密封与机械密封的密封原理； (3) 熟悉填料密封与机械密封的性能和结构； (4) 熟悉轴封装置的技术标准，掌握轴封装置的检修方法； (5) 熟悉轴封装置的运转维护的基本要求，了解机械密封的失效形式。 2. 能力目标 (1) 能够正确选择轴封装置的检修方法； (2) 能够按照步骤正确拆卸与安装轴封装置； (3) 能够对轴封装置的主要零件进行检修； (4) 能够对轴封装置的常见故障进行分析与排除； (5) 能够对轴封装置进行日常维护。 3. 素质目标 (1) 培养学生吃苦耐劳的工作精神和认真负责的工作态度； (2) 培养学生踏实细致、安全保护和团队合作的工作意识； (3) 培养学生语言和文字的表述能力。	

一、任务描述

　　假设你是一名设备管理员或检修工，在多级离心泵的检修过程中，需要对分段式多级离心泵的轴封进行检修。请针对 D 型多级离心泵，选择轴封装置的拆装方法，制订检修方案，对轴封装置进行检修，并进行日常维护。

二、相关资料及资源

　　1. 教材；

　　2. 填料密封与机械密封的技术资料与结构图；

　　3. 相关视频文件；

　　4. 教学课件。

三、任务实施说明

　　1. 学生分组，每小组 4～5 人；

　　2. 小组进行任务分析和资料学习；

　　3. 现场教学；

　　4. 小组讨论，分析轴封装置的拆装方法，制订轴封装置的检修方案；

　　5. 小组合作，进行轴封装置的检修。

四、任务实施注意点

　　1. 在制订轴封装置的检修方案时，注意对密封元件的检查与修理；

　　2. 认真分析轴封装置的检修方案；

　　3. 在轴封装置的检修过程中注意各零部件之间的装配关系与要求；

　　4. 遇到问题时小组进行讨论，可邀请老师参与讨论，通过团队合作获取问题的解决；

　　5. 注意安全与环保意识的培养。

五、拓展任务

　　1. 机械密封的失效分析；

　　2. 机械密封的故障分析。

轴与泵壳处由于间隙会产生液体泄漏，所以在此必须有轴封装置。如果泵轴在泵吸入口一边穿过泵壳，由于泵吸入口是在真空状态下，密封装置便可阻止外界空气漏入泵内，保证泵的正常工作。如果泵轴是在排出口一边穿过泵壳，由于排出液体压力较高，轴封装置便能阻止液体向外泄漏，提高泵的容积效率。

轴封装置的密封性能是评价泵质量的一个重要指标，泵中的液体泄漏会造成介质浪费和环境污染。易燃、易爆、剧毒、腐蚀性、放射性物质泄漏会危及人身及设备安全。在化工企业中，轴封装置的密封故障是造成非计划停车的主要原因。经统计，离心泵的维修费用大约有70％是用于处理密封故障。对轴封装置的要求是泄漏少、寿命长、运转可靠、结构紧凑、系统简单、成本低廉。在轴封装置中大多数密封件均是易损件，所以要保证互换性好，标准化程度高，并实现系列化。离心泵常用的轴封装置有填料密封装置和机械密封装置。

一、填料密封

填料密封又叫压盖填料密封，俗称盘根。它是一种填塞环缝的压紧式密封，具有结构简单、成本低廉、拆装方便等特点。

（一）填料密封的工作原理与结构

1. 填料密封的工作原理与结构

图2-10为一填料密封的典型结构。填料4装在填料函5内，压盖2通过压盖螺栓1轴向预紧力的作用使填料产生轴向压缩变形，同时引起填料产生径向膨胀的趋势，而填料的膨胀又受到填料函内壁与轴表面的阻碍作用，使其与两表面之间产生紧贴，间隙被填塞而达到密封。即填料是在变形时依靠合适的径向力紧贴轴和填料函内壁表面，以保证可靠的密封。

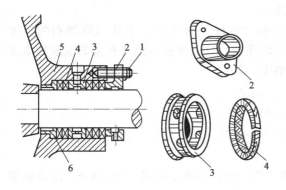

图2-10　软填料密封

1—压盖螺栓；2—压盖；3—封液环；
4—软填料；5—填料函；6—底衬套

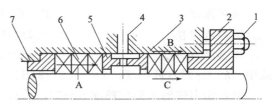

图2-11　填料密封泄漏途径

1—压盖螺栓；2—压盖；3—填料函；4—封液入口；
5—封液环；6—软填料；7—底衬套

A—填料渗漏；B—靠箱壁侧泄漏；C—靠轴侧泄漏

为了使沿轴向的径向力分布均匀，采用中间封液环3将填料函分成两段。为了使填料有足够的润滑和冷却，往封液环入口注入润滑性液体（封液）。为了防止填料被挤出，采用具有一定间隙的底衬套6。

在填料密封中，液体可泄漏的途径有三条，如图2-11所示。

① 流体穿透纤维材料编织的填料本身的缝隙而出现渗漏（如图2-11中A所示）。一般情况下，只要填料被压实，这种渗漏通道便可堵塞。高压下，可采用流体不能穿透的软金属

或塑料垫片和不同编织填料混装的办法防止渗漏。

② 流体通过填料与箱壁之间的缝隙而泄漏（如图 2-11 中 B 所示）。由于填料与箱壁内表面间无相对运动，压紧填料较易堵住泄漏通道。

③ 流体通过填料与运动的轴（转动或往复）之间的缝隙而泄漏（如图 2-11 中 C 所示）。

显然，填料与运动的轴之间因有相对运动，难免存在微小间隙而造成泄漏，此间隙即为主要泄漏通道。填料装入填料函内以后，当拧紧压盖螺栓时，柔性软填料受压盖的轴向压紧力作用产生弹塑性变形而沿径向扩展，对轴产生压紧力，并与轴紧密接触。但由于加工等原因，轴表面总有些粗糙度，与填料只能是部分贴合，而部分未接触，这就形成了无数个不规则的微小迷宫。当有一定压力的流体介质通过轴表面时，将被多次节流降压，这就是所谓的"迷宫效应"，正是凭借这种效应，使流体沿轴向流动受阻而达到密封。填料与轴表面的贴合、摩擦，也类似滑动轴承，故应有足够的液体进行润滑，以保证密封有一定的寿命，即所谓的"轴承效应"。

显然，良好的填料密封即是"轴承效应"和"迷宫效应"的综合。适当的压紧力使轴与填料之间保持必要的液体润滑膜，可减少摩擦磨损，提高使用寿命。压紧力过小，泄漏严重，而压紧力过大，则难以形成润滑液膜，密封面呈干摩擦状态，磨损严重，密封寿命将大大缩短。因此如何控制合理的压紧力是保证填料密封具有良好密封性的关键。

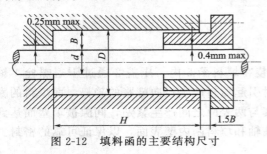

图 2-12　填料函的主要结构尺寸

2. 填料函的主要结构尺寸

填料函结构尺寸主要有填料厚度、填料总长度（或高度）、填料函总高度等，如图 2-12 所示。

填料函尺寸的确定一般有两种方法：一是以轴（或杆）的直径 d 直接选取填料的厚度 B，见表 2-2，再由介质压力按表 2-3 来确定填料的环数，它们所根据的是有关的国家标准或者企业标准；二是依据一些相关的经验公式来确定，如

填料厚度 $\qquad\qquad B=(1.5\sim2.5)\sqrt{d}$

填料函内径 $\qquad\qquad D=(d+2B)$

填料函总高度 $\qquad\qquad H=(6\sim8)B+h+2B$

式中　h——封液环高度，$h=(1.5\sim2)B$。

填料函内壁的表面粗糙度 $Ra<1.6\mu m$，轴（杆）的表面粗糙度 $Ra<0.4\mu m$，除金属填料外，轴（杆）表面的硬度 $>180HBS$。

表 2-2　填料厚度与轴径的关系

轴径 d/mm	≤16	>16~25	>25~50	>50~90	>90~150	>150
填料厚度 B/mm	3	5	6.5	8	10	12.5

表 2-3　填料环数与介质压力的关系

介质压力/MPa	≤3.5	>3.5~7.0	>7.0~14	>14
填料环数	4	6	8	10

需要强调的是，填料环数过多和填料厚度过大，都会使填料对轴或轴套表面产生过大的压紧力，并引起散热效果的降低，从而使密封面之间产生过大的摩擦和过高的温度，并且其

作用力沿轴向的分布也会越不均匀，导致摩擦面特别是轴或轴套表面的不均匀磨损，同时填料也可能烧损，如果密封面间的润滑液膜也因此而被破坏，磨损就会随之加速，最后造成密封的过早失效，也会给后面的检修、安装、调整等工作带来很大的不便。实际起密封作用的仅仅是靠近压盖的几圈填料，因此除非密封介质为高温、高压、腐蚀性和磨损性，一般4～5圈填料已足够了。

3. 填料对材料的要求及其形式

（1）对材料的要求　随着新材料的不断出现，填料结构形式也有很大变化，无疑它将促使填料密封应用更为广泛，用作填料的材料应具备如下特性。

① 有一定的弹塑性。当填料受轴向压紧时能产生较大的径向压紧力，以获得密封；当机器和轴有振动或偏心及填料有磨损后能有一定的补偿能力（追随性）。

② 有一定的强度。使填料不至于在未磨损前先损坏。

③ 化学稳定性高。即其与密封流体和润滑剂的适应性要好，不被流体介质腐蚀和溶胀，同时也不污染介质。

④ 不渗透性好。由于流体介质对很多纤维体都具有一定的渗透作用，所以对填料的组织结构致密性要求高，因此填料制作时往往需要进行浸渍、充填相应的填充剂和润滑剂。

⑤ 导热性能好。易于迅速散热，且当摩擦发热后能承受一定的高温。

⑥ 自润滑性好。即摩擦系数低并耐磨损。

⑦ 填料制造工艺简单，装拆方便，价格低廉。

同时能满足上述要求的材料较少，如一些金属软填料、碳素纤维填料、柔性石墨填料等，它们的性能好，适应的范围也广，但价格较贵。而一些天然纤维类填料，如麻、棉、毛等，其价格不高，但性能稍差，适应范围比较窄。所以，在材料选用时应对各种要求进行全面、综合的考虑。

（2）填料形式　常用的填料形式如图2-13所示。

绞合填料最为简单，如图2-13（a）所示，只要把几股纤维绞合在一起即可用作填料，主要用于低压及低参数的动、静密封，有时也与金属丝（或箔）绞合在一起，用于高温。

编织填料是填料密封主要采用的填料形式，有套层编织、穿心编织、发辫编织、夹心编织等。发辫编织如图2-13（b）所示，用八个锭子，沿两个轨道运行，在四角和中间没有芯绒，编织的产品断面呈方形，其特点是松散，对轴振动和偏摆有一定的补偿能力，一般只有

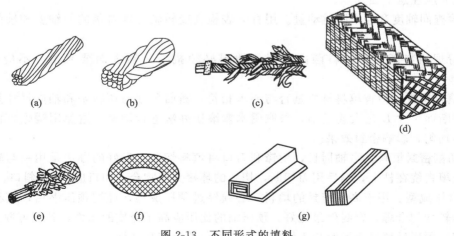

图 2-13　不同形式的填料

小断面的填料，如断面尺寸大将会出现填料外表花纹粗糙，结构松弛，致密性差等缺点。

套层编织填料如图 2-13(c) 所示，锭子个数有 12、16、24、36、48、60 等，均是在两个轨道上运行。编织的填料断面呈圆形，根据填料规格决定套层。断面尺寸大，所编织的层数多，如断面为 $\phi10\sim\phi50mm$，一般编织 1～4 层，中间没有芯绒。编织后的填料如需改为方形，可以在整形机上压成方形。套层填料致密性好，密封性强，但由于是套层结构，层间没有纤维连接容易脱层，故多用于静密封或低速密封。

穿心编织填料如图 2-13(d) 所示，锭子数有 12、16、18、24、30 五种，在三个或四个轨道上运行编织而成，编织的填料断面呈方形，表面平整，尺寸有 $(6\times6)\sim(36\times36)$ mm^2，该填料弹性和耐磨性好，强度高，致密性好，与轴接触面比发辫式大且均匀，纤维间空隙小，所以密封性能好，且一般磨损后整个填料也不会松散，使用寿命较长，是一种比较先进的编织结构。

夹心编织填料如图 2-13(e) 所示，是以橡胶或金属为芯子，纤维在外，一层套一层地编织，层数按需要而定，类似于套层编织，编织后断面呈圆形，致密性较好，强度高，弯曲性能好，所以密封性能也较好。与套层结构一样，表面层腐损后就容易脱层，一般用于泵、阀填料，极少用于往复运动密封。

柔性石墨填料如图 2-13(f) 所示，该填料是由柔性石墨带材一层层绕在芯模上然后压制而成，根据不同使用要求，将采用不同的压制压力。这种填料致密，不渗透，自润滑性好，有一定弹塑性，能耐较高的温度，使用范围广，但抗拉强度低，使用中应予注意。

叠层填料如图 2-13(g) 所示，该填料是在石棉或其他纤维编织的布上涂抹黏结剂，然后一层层叠合或卷绕，加压硫化后制成填料，并在热油中浸渍过。该填料密封性能好，主要用于往复泵和阀杆的密封，也可用于低速转轴轴封。

（二）填料密封的常见故障与排除方法

泵用填料密封常见故障与排除方法如表 2-4 所示。

（三）填料安装、使用与保管

1. 安装和使用

填料的组合与安装对密封的效果和寿命影响较大。往往出现相同材料、相同结构、同一设备，使用效果差异很大的情况，故必须十分重视安装技术。

安装时应注意下面几点。

① 检查同轴度和径向圆跳动量。用百分表检查旋转轴与填料函的同轴度和轴的径向圆跳动量。

② 清理填料函。对填料函内已损坏填料必须掏清，轴表面要光滑，不应有拉毛、划痕及锈蚀。

③ 填料检查。检查填料材质是否与要求相符，断面尺寸与填料函和轴向尺寸是否相匹配。填料断面尺寸 B 过大或过小，采取用木棒滚压办法进行调整，避免用锤敲打而造成填料受力不均匀，影响密封效果。

④ 切割密封填料。沿轴周长，用锋利刀口将填料切断。最好的办法是用一与轴同直径的柱，把填料绕在柱上，然后用刀切断，切后的环接头应吻合，切口应是 45°斜口。

⑤ 预压成型。用于高压密封的填料，必须经过预压成型，经过预压缩后，其径向压紧力分布比较均匀合理，密封效果也好，预压缩的比压应高于介质的压力，其值可取介质压力的 1.2 倍。预压后填料应及时装入填料函中，以免填料恢复弹性。

表 2-4　泵用填料密封常见故障与排除方法

故障	原因	排除方法
泵打不出液体	填料松动或损坏使空气漏入吸入口	上紧填料或更换填料并启动泵
泵输送液体量不足	空气漏入填料函	运转时检查填料箱泄漏：若上紧后无外漏，需要用新填料；或密封液环被堵塞或位置不对，应与密封液接头对齐；或密封液管线堵塞；或填料下方的轴或轴套被划伤，将空气吸入泵内
	填料损坏	更换填料，检查轴或轴套表面粗糙度
泵压力不足	填料损坏	更换填料，检查轴或轴套表面粗糙度
泵工作一段时间就停止工作	空气漏入填料函	更换填料，检查轴或轴套表面粗糙度
泵功率消耗大	填料上得太紧	放松压盖，重新上紧，保持有泄漏液，如果没有，应检查填料、轴或轴套
泵填料处泄漏严重	填料损坏	更换磨损填料，更换由于缺乏润滑剂而损坏的填料
	填料形式不对	更换不正确安装的填料，更换成合适输送液体的填料
	轴或轴套被划伤	在车床上进行加工，使其光滑或更换
填料函过热	填料上得太紧	放松以减小压盖的压紧压力
	填料无润滑	减小压盖压紧力，如果填料烧坏或损坏应予以更换
	填料种类不合适	检查泵或填料制造厂的填料种类是否正确
	夹套中冷却水不足	检查供液线上阀门是否打开或管线是否堵塞
	填料填装不当	重新填装填料
填料磨损过快	轴或轴套损坏或划伤	重新机加工或更换
	润滑不足或缺乏润滑	重装填料，确认填料泄漏为允许值
	填料填装不当	重新正确安装，确认所有旧填料都已拆除并将填料箱清理干净
	填料种类有误	检查泵或填料制造厂的填料种类是否正确
	外部封液线有脉冲压力	消除脉冲造成的原因

⑥ 装填。应一圈圈装填，每圈在装填前内表面涂以润滑剂，轴向扭开后套在轴上。装填时用与填料尺寸相同的对半木轴套压装填料，然后用压盖对木轴套进行压紧，施加适当压紧力即可。按上述方法装第二圈填料、第三圈填料等，安装时须注意每圈填料接口应错开，每装一圈用手盘动一次轴，以便控制压紧力。

⑦ 压紧填料压盖。填料装完后，对称地压紧压盖螺栓，避免填料压偏，用手盘动轴使其稍能转动即可。

⑧ 软硬填料混合安装。硬填料应放在填料函底部，软填料靠近压盖处。

⑨ 填料堆放。安装过程中，填料不要随便乱放，以免表面沾污泥砂、灰尘等物，因为这些污物很难清除，一旦随填料装入后，就会对轴产生强烈磨损。

⑩ 试运行。填料安装后需进行试运转，不必启动电机，用手盘动联轴器，使填料紧松适宜。如用手转不动，阻力大，应考虑松一下压盖螺栓。试运转的目的是调节好填料松紧。正式运转开始后，如没有泄漏，说明情况也不是太好，压盖太紧。另外，还可以根据摩擦力矩、填料函外壳温度上升情况、介质的泄漏量大小来逐渐调节压盖螺栓。填料函的外壳温度不应急剧上升，一般比环境温度高 30～40℃ 可认为合适，能保持稳定温度即认为可以。投入运转后，应随时观察泄漏情况，如泄漏增大，可以拧压盖螺栓，一般紧 1/6～1/2 圈，拧

紧太多会烧伤轴。

2. 填料的保管

① 密封填料应存放在常温、通风的地方；防止日光直接照射，以避免老化变质。不得在有酸、碱等腐蚀性物品附近处存放，也不宜在高温辐射或低温潮湿环境中存放。

② 在搬运和库存过程中，要注意防止砂、尘异物粘污密封填料。一旦粘附杂物要彻底清除，避免装配后损伤轴的表面，影响密封效果。

③ 对于核电站所用密封填料，除上述各点外，还要特别注意避免接触含有氯离子的物质。

二、机械密封

机械密封又称端面密封，近几十年来，机械密封技术有了很大的发展，在石油、化工、轻工、冶金、机械、航空和原子能等工业中获得了广泛的应用。

（一）机械密封的工作原理与结构

1. 机械密封的工作原理与结构

机械密封是靠一组研配的密封端面形成的动密封。机械密封的种类很多，但工作原理基本相同，其典型结构如图 2-14 所示。

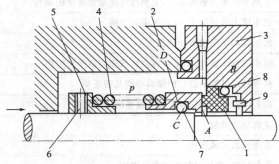

图 2-14　机械密封结构图

1—静环；2—动环；3—压盖；4—弹簧；5—传动座；
6—固定销钉；7,8—O 形密封圈；9—防转销

机械密封主要由四大组成部分：由动环 2 和静环 1 组成的主要动密封件，动环与泵轴一起旋转，静环固定在压盖 3 内，用防转销 9 来防止它转动，靠动环与静环的接触端面 A 在运动中始终贴合，实现密封；由各静密封点（B、C、D 点）所用的 O 形或 V 形密封圈 7 和 8 组成的辅助密封元件；由弹簧 4 等元件组成的压紧元件；由传动座 5 及键或固定销钉 6 等组成的传动元件。

机械密封中一般有四个可能泄漏点 A、B、C 和 D。密封点 A 在动环与静环的接触面上，它主要靠泵内液体压力及弹簧力将动环压贴在静环上，防止 A 点泄漏。但两环的接触面 A 上总会有少量液体泄漏，它可以形成液膜，一方面可以阻止泄漏；另一方面又可起润滑作用。为保证两环的端面贴合良好，两端面必须平直光洁。密封点 B 在静环与压盖之间，属于静密封点，用有弹性的 O 形（或 V 形）密封圈压于静环和压盖之间，靠弹簧力使弹性密封圈变形而密封。密封点 C 在动环与轴之间，此处也属静密封，考虑到动环可以沿轴向窜动，可采用具有弹性和自紧性的 V 形密封圈来密封。密封点 D 在密封箱与压盖之间，也是静密封，可用密封圈或垫片作为密封元件。

从结构上看，机械密封将容易泄漏的轴封，改为较难泄漏的静密封和端面径向接触的动密封。由动环端面与静环端面相互贴合的径向接触动密封是决定机械密封性能和寿命的关键。

与填料密封相比，机械密封的主要优点是：泄漏量小，一般为 10ml/h，仅为填料密封的 1%；寿命长，一般可连续使用 1～2 年；运转中不需要人工调整，能够实现自动补偿；对轴的精度和表面粗糙度要求相对较低，对轴的振动敏感性相对较小，而且轴不受磨损；功率消耗少，约为填料密封的 20%～30%；密封参数高，适用范围广，可用于高温、低温、强腐蚀、高速等工况。但是，机械密封结构复杂、造价较高，对密封元件的制造要求及安装

要求较高，因此多用于对密封要求比较严格的场合。

2. 机械密封的类型与适用场合

（1）按参数和轴径分类 按参数和轴径分为重型机械密封、中型机械密封和轻型机械密封。

① 重型机械密封。重型机械密封，通常指满足下列参数和轴径之一的机械密封。密封腔压力大于 3MPa；密封腔温度小于−20℃或大于 150℃；密封端面平均线速度不小于 25m/s；密封轴径大于 120mm。

② 轻型机械密封。轻型机械密封，通常指满足下列参数和轴径的机械密封。密封腔压力小于 0.5MPa；密封腔温度大于 0℃、小于 80℃；密封端面平均线速度小于 10m/s；密封直径不大于 40mm。

③ 中型机械密封。中型机械密封，通常指不满足重型和轻型的其他机械密封。

（2）按作用原理和结构分类 机械密封按作用原理和结构不同，有以下几种分类方法。

① 按密封端面的对数分类分为单端面、双端面和多端面机械密封。由一对密封端面组成的为单端面机械密封，如图 2-14 所示；由两对密封端面组成的为双端面机械密封，如图 2-15 所示，由两对以上密封端面组成的为多端面机械密封。

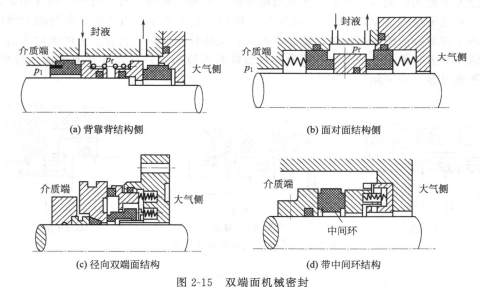

图 2-15 双端面机械密封

单端面密封结构简单，制造、安装容易，应用广，适合于一般液体场合，如油品等，与其他辅助装置合用时，可用于带悬浮颗粒、高温、高压液体等场合。但当介质有毒、易燃、易爆以及对泄漏量有严格要求时，不宜使用。

双端面密封适用于腐蚀、高温、液化气带固体颗粒及纤维、润滑性能差的介质，以及有毒、易燃、易爆、易挥发、易结晶和贵重的介质。双端面密封有轴向双端面密封［如图2-15（a）、（b）所示］和径向双端面密封［如图 2-15（c）所示］和带中间环的双端面密封［如图2-15（d）所示］。沿径向布置的双端面密封结构较轴向双端面密封紧凑。带中间环的双端面密封，一个中间密封环被一个动环和一个静环所夹持。旋转的中间环密封，可用于高速下降低 pv 值；不转的中间环密封，用于高压和（或）高温下减少力变形和（或）热变形。具有中间环的螺旋槽面密封可用作双向密封。

轴向双端面密封有背靠背［如图 2-15（a）所示］和面对面［如图 2-15（b）所示］布置

的结构。这种密封工作时如在两对端面间引入高于介质压力 0.05~0.15MPa 的封液，以改善端面间的润滑及冷却条件，并把被密封介质与外界隔离，有可能实现介质"零泄漏"。

② 按密封流体所处的压力状态分类分为单级密封、双级密封和多级密封。使密封流体处于一种压力状态为单级密封（如图 2-14 所示）；处于两种压力状态为双级密封（如图 2-16 所示）。前者与单端面机械密封相同，后者两级密封串联布置，密封流体压力依次递减，可用于高压工况。如流体压力很高，可以将多级密封串联，成为多级机械密封。

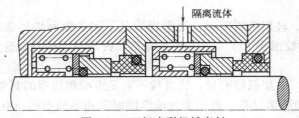

图 2-16 双级串联机械密封

③ 按密封流体压力卸荷程度分类。按密封流体作用在密封端面上的压力是卸荷或不卸荷，可分为平衡式机械密封和非平衡式机械密封。平衡式机械密封又可分为部分平衡式（部分卸荷）和过平衡式（全部卸荷）。如图 2-17 所示，密封流体作用于单位密封面上轴向压力大于或等于密封腔内流体压力时，称非平衡式；流体作用于单位密封面上的轴向压力小于密封腔内流体压力时称部分平衡式；若流体对密封面无轴向压力或为推开力则称过平衡式。通常用平衡系数 β 来表示。

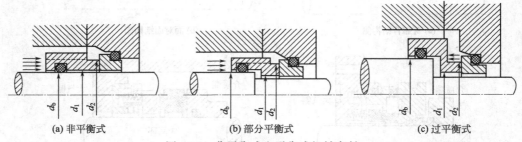

图 2-17 非平衡式和平衡式机械密封

$$\beta = \frac{A_e}{A} = \frac{d_2^2 - d_b^2}{d_2^2 - d_1^2} \tag{2-1}$$

式中 A——密封环带面积，指较窄的那个密封端面外径 d_2 与内径 d_1 之间环形区域的面积，$A = \frac{\pi}{4}(d_2^2 - d_1^2)$；

A_e——密封流体压力作用在补偿环上，使之对于非补偿环趋于闭合的有效作用面积，$A_e = \frac{\pi}{4}(d_2^2 - d_b^2)$；

d_b——平衡直径，指密封流体压力作用在补偿环辅助密封圈处的轴（或轴套）的直径。

非平衡式机械密封 $\beta \geq 1$；部分平衡式机械密封 $0 < \beta < 1$；过平衡式机械密封 $\beta \leq 0$。非平衡式机械密封，其密封端面上的作用力随密封流体压力升高而增大，因此只适用于低压密封，对于一般液体可用于密封压力≤0.7MPa；对于润滑性差及腐蚀性液体可用于压力0.3~

0.5MPa。而平衡式机械密封能部分或全部平衡流体压力对端面的作用，其密封端面上的作用力随密封流体压力变化较小，能降低端面上的摩擦和磨损，减小摩擦热，承载能力大，因此它适用于压力较高的场合，对于一般液体可用于 0.7～4.0MPa，甚至可达 10MPa；对于润滑性较差、黏度低、密度小于 $600kg/m^3$ 的液体（如液化气），可用于液体压力较高的场合。

④ 按静环与密封端盖的相对位置或按弹簧是否置于密封流体之内分类。静环装于密封端盖内侧（即面向主机工作腔的一侧）的机械密封称为内装式机械密封［如图 2-18(a) 所示］；静环装于密封端盖外侧（即背向主机工作腔的一侧）的机械密封称为外装式机械密封［如图 2-18(b) 所示］。弹簧置于密封流体之内的机械密封称为弹簧内置式机械密封［如图 2-18(a) 所示］；弹簧置于密封流体之外的机械密封称为弹簧外置式机械密封［如图 2-18(b) 所示］。

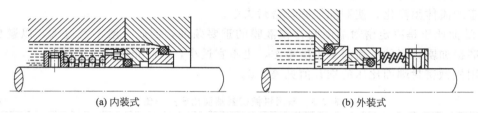

| (a) 内装式 | (b) 外装式 |

图 2-18　内装式和外装式机械密封

内装（或内置）式机械密封可以利用密封腔内流体压力来密封，机械密封的元件均处于密封流体中，密封端面的受力状态以及冷却和润滑条件好，是常用的结构形式。外装（或外置）式机械密封的大部分零件不与密封流体接触，暴露在设备外，便于观察及维修安装。但是，由于外装（或外置）式结构的密封流体作用力与弹性元件的弹力方向相反，当流体压力有波动，而弹簧补偿量又不大时，会导致密封环不稳定甚至严重泄漏。外装（或外置）式机械密封仅用于强腐蚀、高黏度和易结晶介质以及介质压力较低的场合。

⑤ 按补偿机构中弹簧的个数分类分为单弹簧式机械密封和多弹簧式机械密封。补偿机构中只有一个弹簧的机械密封称为单弹簧式机械密封或大弹簧式机械密封（如图 2-14 所示）；补偿机构中含有多个弹簧的机械密封称为多弹簧式机械密封或小弹簧式机械密封（如图 2-19 所示）。单弹簧式机械密封端面上的弹簧压力，尤其在轴径较大时分布不均，而且高速下离心力使弹簧偏移或变形，弹簧力不易调节，一种轴径需用一种规格弹簧，弹簧规格多，轴向尺寸大，径向尺寸小，安装维修简单，因此，它多用于较小轴径（不大于 80～150mm）、低速密封；多弹簧式机械密封的弹簧压力分布则相对较均匀，受离心力影响较小，弹簧力可通过改变弹簧个数来调节，不同轴径可用数量不同的小弹簧，使弹簧规格减少，轴向尺寸小，径向尺寸大，安装繁琐，适用于大轴径高速密封。但多弹簧的弹簧丝径细，在腐蚀性介质或有固体颗粒介质的场合下，易因腐蚀和堵塞而失效。

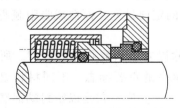

图 2-19　多弹簧式机械密封

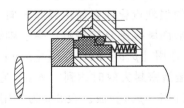

图 2-20　静止式机械密封

⑥ 按补偿环是否随轴旋转分类分为旋转式机械密封和静止式机械密封。补偿环随轴旋转的称为旋转式机械密封（图 2-14）；补偿环不随轴旋转的称为静止式机械密封（如图 2-20所示）。

3. 机械密封的主要性能参数

（1）端面比压 端面比压是指作用在密封环带单位面积净剩的闭合力称为端面比压，以 p_c 表示，单位为 MPa。它主要取决于密封结构形式和介质压力。端面比压大小是否合适，对密封性能和使用寿命影响很大。比压过大，会加剧密封端面的磨损，破坏流体膜，降低寿命；比压过小会使泄漏量增加，降低密封性能。因此，为保证机械密封具有长久的使用寿命和良好的密封性能，必须选择合理的端面比压。端面比压可按下列原则进行选择。

① 为使密封端面始终紧密地贴合，端面比压必须为正值，即 $p_c > 0$。

② 端面比压不能小于端面间温度升高时的密封流体或冲洗介质的饱和蒸汽压，否则会导致液态的流体膜汽化，使磨损加剧，密封失效。

③ 端面比压是决定密封端面间存在液膜的重要条件，因此一般不宜过大，以避免液膜汽化，磨损加剧。当然从泄漏量角度考虑，也不宜过小，以防止密封性能变差。

泵用机械密封端面比压的推荐值见表 2-5。

表 2-5　泵用机械密封端面比压推荐值　　　　　　　　　　　　　　　　　　MPa

密封形式	一般介质	低黏度介质	高黏度介质
内装式	0.3～0.6	0.2～0.4	0.4～0.7
外装式	0.15～0.4		

（2）端面摩擦热及功率消耗 机械密封在运行过程中，不仅摩擦副因摩擦生热，而且旋转组件与流体摩擦也会生热。摩擦热不仅会使密封环产生热变形而影响密封性能，同时还会使密封端面间液膜汽化，导致摩擦工况的恶化，密封端面产生急剧磨损，甚至密封失效。

机械密封的功率消耗包括密封端面的摩擦功率和旋转组件对流体的搅拌功率。一般情况后者比前者小得多，而且难以准确计算，通常可以忽略，但对于高速机械密封，则必须考虑搅拌功率及其可能造成的危害。

（3）pv 值 密封端面的摩擦功率同时取决于压力和速度，因此，工程上常用两者的乘积表示，即 pv 值。pv 值常被用作选择、使用和设计机械密封的重要参数。但实际中由于所取的压力不同，pv 值的含义和数值就有所不同，即表达机械密封的功能特性不同。

① 工况 pv 值。工况 pv 值是密封腔工作压力 p 与密封端面平均线速度 v 的乘积，说明机械密封的使用条件、工况和工作难度。密封的工况 pv 值应小于该密封的最大允许工况 pv 值。

② 工作 $p_c v$ 值。工作 $p_c v$ 值是端面比压 p_c 与密封端面平均线速度 v 的乘积，表征密封端面实际工作状态。端面的发热量和摩擦功率直接与 $p_c v$ 值成正比，该值过大时会引起端面液膜的强烈汽化或者使边界膜失向（破坏了极性分子的定向排列）而造成吸附膜脱落，结果导致端面摩擦副直接接触产生急剧磨损。

③ 许用 $[p_c v]$ 值。许用 $[p_c v]$ 值是极限 $p_c v$ 值除以安全系数获得的数值。所谓极限 $p_c v$ 值是指密封失效时达到的 $p_c v$，它是密封技术发展水平的重要标志。不同材料组合具有不同的许用 $[p_c v]$ 值。表 2-6 为常用材料组合的许用 $[p_c v]$ 值，它是以密封端面磨损速度小于或等于 $0.4\mu m/h$ 为前提的试验结果。

表 2-6　常用材料摩擦副材料的许用[$p_c v$]值

摩擦副	SiC-石墨	SiC-SiC	WC-石墨	WC-WC	WC-填充四氟	WC-青铜	Al$_2$O$_3$石墨	Cr$_2$O$_3$涂层-石墨
[$p_c v$]/(MPa·m/s)	18	14.5	7～15	4.4	5	2	3～7.5	15

（4）泄漏率　机械密封的泄漏率是指单位时间内通过主密封和辅助密封泄漏的流体总量，是评定密封性能的主要参数。泄漏率的大小取决于许多因素，其中主要的是密封运行时的摩擦状态。在没有液膜存在而完全由固体接触情况下机械密封的泄漏率接近为零，但通常是不允许在这种摩擦状态下运行，因为这时密封环的磨损率很高。为了保证密封具有足够寿命，密封面应处于良好的润滑状态。因此必然存在一定程度的泄漏，其最小泄漏率等于密封面润滑所必需的流量，这种泄漏是为了在密封面间建立合理的润滑状态所付出的代价。所有正常运转的机械密封都有一定泄漏，所谓"零泄漏"是指用现有仪器测量不到的泄漏率，实际上也有微量的泄漏。

（5）磨损量　磨损量是指机械密封运转一定时间后，密封端面在轴向长度上的磨损值。磨损量的大小要满足机械密封使用寿命的要求。JB/T 4127.1—1999《机械密封 技术条件》规定：以清水为介质进行试验，运转 100h 软质材料的密封环磨损量不大于 0.02mm。

（6）使用寿命　机械密封的使用寿命是指机械密封从开始工作到失效累积运行的时间。机械密封很少是由于长时间磨损而失效的，其他因素则往往能促使其过早地失效。密封的有效工作时间在很大程度上取决于应用情况。JB/T 4127.1—1999《机械密封 技术条件》规定：在选型合理、安装使用正确的情况下，被密封介质为清水、油类及类似介质时，机械密封的使用期一般不少于 1 年；被密封介质为腐蚀性介质时，机械密封的使用期一般为六个月到 1 年；但在使用条件苛刻时不受此限。

为延长机械密封使用寿命应注意以下几点：

① 在密封腔中建立适宜的工作环境，如有效地控制温度，排除固体颗粒，在密封端面间形成有效液膜（在必要时应采用双端面密封和封液）；

② 满足密封的技术规范要求；

③ 采用具有刚性壳体、刚性轴、高质量支承系统的机泵。

4. 机械密封的主要零件

（1）主要密封元件

① 动环。动环常用的结构形式如图 2-21 所示。图 2-21(a) 比较简单，省略了推环，适合采用橡胶 O 形辅助密封圈，缺点是密封圈沟槽直径不易测量，使加工与维修不便；图 2-21(b) 对于各种形状的辅助密封圈都能适应，装拆方便，且容易找出因密封圈尺寸不合适而发生泄漏的原因；图 2-21(c) 只适合用 O 形密封圈，对密封圈尺寸精度要求低，容易密封，但密封圈易变形；图 2-21(d) 和（e）为镶嵌式结构，这种结构将密封端面做成矩形截面的环状零件（称为动环），镶嵌在金属环座内（称为动环座），从而可节约贵重金属。图 2-21(d) 为采用压装和热装的刚性过盈镶嵌结构，加工简便，但由于动环与动环座材料的线胀系数不同，高温时易脱落，一般使用于轴径小于 100mm、使用压力小于 5MPa、密封端面平均线速度小于 20m/s 的场合。图 2-21(e) 为柔性过盈镶嵌结构，其径向不与动环座接触，而是支承在柔性的辅助密封圈上，并采用柱销连接，从而克服了图 2-21(d) 的缺点，但加工困难，在标准型机械密封中很少采用。图 2-21(f) 为喷涂结构，是将硬质合金粉或陶瓷粉等离子喷涂于环座上，该结构特点是省料，但由于涂层往往不致密，使用中存在涂层开

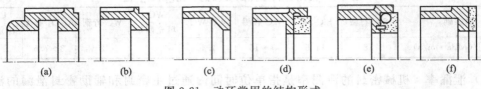

图 2-21　动环常用的结构形式

裂及剥落现象，因此，粉料配方及喷涂工艺还有待改进。上述各种结构中，图 2-21(d) 是国内目前采用最普遍的一种的结构形式。

②　静环。静环常用的结构形式如图 2-22 所示。图 2-22(a) 为最常用的形式，O 形、V 形辅助密封圈均可使用；图 2-22(b) 的尾部较长，安装两个 O 形密封圈，中间环隙可通水冷却；图 2-22(c) 也是为了加强冷却；图 2-22(d) 的静环两端均是工作面，一端失效后可调头使用另一端；图 2-22(e) 为 O 形圈置于静环槽内，从而简化了静环座的加工；图 2-22(f) 为采用端盖及垫片固定在密封腔体上，多用于外装式或轻载的简易机械密封上。

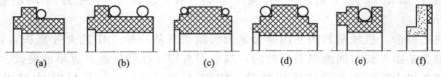

图 2-22　静环常用的结构形式

③　密封环的主要尺寸。密封环的主要尺寸如图 2-23 所示，有密封端面宽度 b，端面内直径 d_1、外直径 d_2，以及窄环高度 h 和密封环与轴配合间隙。

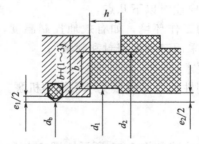

图 2-23　密封环的主要尺寸

动环和静环密封端面为了有效地工作，相应地做成一窄一宽。软材料做窄环，硬材料做宽环，使窄环被均匀地磨损而不嵌入宽环中去。此时，软材料的端面宽度为密封端面宽度 $b=(d_2-d_1)/2$。在强度、刚度允许的前提下，端面宽度 b 应尽可能取小值，宽度太大，会导致冷却、润滑效果降低，端面磨损增大，摩擦功率增加。宽度 b 与摩擦副材料的匹配性、密封流体的润滑性和摩擦性、机械密封自身的强度和刚度都有很大的关系。一般分为宽、中、窄 3 个尺寸系列。宽系列一般用于摩擦副材料匹配摩擦磨损性能好的情况，如石墨/硬质合金、石墨/碳化硅；密封流体润滑性好，如不易挥发的油类和水；机械密封需刚性良好的情况。窄系列一般用于摩擦副材料摩擦性能较差的情况，如硬质合金/硬质合金、青铜/硬质合金，以及饱和蒸气压高，易于挥发的密封介质、颗粒介质。中系列具有兼顾宽窄系列的优点。

硬环端面宽度应比软环大 $1\sim3mm$。当动环和静环均为硬材料，则两者可取相等宽度。窄环高度 h 取决于材料的强度、刚度及耐磨性，一般取 $2\sim3mm$。石墨、填充聚四氟乙烯、青铜等可取 $3mm$，硬质合金可取 $2mm$。

对于密封环与轴的配合间隙，动环与静环取值不同。对于动环，虽然与轴无相对运动，但为了保证具有一定浮动性以补偿轴与静环的偏斜和轴振动等影响，取直径间隙 $e_1=0.5\sim1mm$。对于静环，因为它与轴有相对运动，其间隙值应稍大，一般取直径间隙 $e_2=1\sim3mm$。石墨环、青铜环、填充聚四氟乙烯环，当轴径为 $16\sim100mm$ 时取 e_2 为 $1mm$，轴径 $110\sim120mm$ 时取 $2mm$。硬质合金环当轴径为 $16\sim100mm$ 时取 $2mm$，轴径 $110\sim120mm$ 时取 $3mm$。

④ 密封元件材料。密封元件材料是指摩擦副材料，即动环和静环的端面材料。机械密封的泄漏 $80\%\sim95\%$ 是由于密封端面引起的，除了密封面相互的平行度和密封面与轴线的垂直度等以外，密封端面的材料选择非常重要。只有正确选择摩擦副材料配对，才能保证机械密封具有稳定可靠的密封性能。

通常摩擦副的动环和静环材料选用一硬一软两种材料配对使用，只有在特殊情况下（如介质有固体颗粒等）才选用硬对硬材料配对使用。摩擦副组对是材料物理力学性能、化学性能、摩擦特性的综合应用。在选择摩擦副材料组对时，应选择具有良好的物理力学性能、化学性能、耐磨性能和切削加工性能的材料。最常用的摩擦副材料，软质材料主要有碳石墨、聚四氟乙烯、铜合金等；硬质材料主要有硬质合金、工程陶瓷等。

（2）辅助密封元件　径向接触式辅助密封包括动环密封圈和静环密封圈，它们分别构成动环与轴、静环与端盖之间的密封。同时，由于密封圈材料具有弹性，能对密封环起弹性支承作用，并对密封端面的歪斜和轴的振动有一定的补偿和吸振效果，可提高密封端面的贴合度。当端面磨损后，在弹性力作用下，密封圈随补偿环沿轴向作微小的补偿移动。

用作动环及静环的辅助密封圈主要有如图 2-24 所示的几种断面形状。最常用的有 O 形和 V 形两种，还有方形、楔形、矩形、包覆形等几种。一般是根据使用条件决定。如一般介质可以采用 O 形圈，溶剂类、强氧化性介质可用聚四氟乙烯制的 V 形圈，高温下可用柔性石墨或氟塑料制的楔形环，矩形环一般只用在图 2-22(f) 的形式中。氟塑料全包覆橡胶 O 形圈可应用在普通橡胶 O 形圈无法适应的某些化学介质环境中。它既有橡胶 O 形圈所具有的低压缩永久变形性能，又具有氟塑料特有的耐热、耐寒、耐油、耐磨、耐老化、耐化学介质腐蚀等特性，可替代部分传统的橡胶 O 形圈，广泛应用于 $-60\sim200℃$ 温度范围内，除卤化物、熔融碱金属、氟碳化合物外各种介质的密封场合。

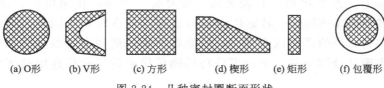

(a) O形　　(b) V形　　(c) 方形　　(d) 楔形　　(e) 矩形　　(f) 包覆形

图 2-24　几种密封圈断面形状

安装在动环或静环上的橡胶 O 形圈的压缩量要掌握适当，过小会使密封性能差，过大会使安装困难，摩擦阻力加大，且浮动性差。普通橡胶 O 形圈压缩率一般取截面直径的 $6\%\sim10\%$，对轴的过盈量一般为 $1\%\sim3\%$，安装尺寸如图 2-25(a) 所示。聚四氟乙烯 V 形圈由两侧密封唇进行密封，属自紧式密封，介质压力越高，密封性能越好。为使低

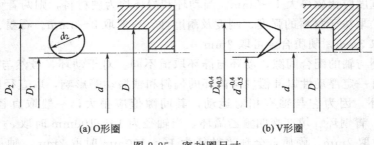

(a) O形圈　　　　　　　(b) V形圈

图 2-25　密封圈尺寸

压时也有良好的密封性能，V 形圈的内径必须比轴径小，外径比安装尺寸大。V 形圈一般与推环或撑环一起安装，以使 V 形圈两侧密封唇紧贴在内外环形的密封表面。V 形圈的安装尺寸如图 2-25(b) 所示，内径比轴径尺寸小 0.4～0.5mm，外径比安装处尺寸大 0.3～0.4mm。

根据辅助密封圈的作用，要求其材料具有良好的弹性、较低的摩擦系数，耐介质的腐蚀、溶解、溶胀、耐老化，在压缩后及长期的工作中永久变形较小，高温下使用具有不黏着性，低温下不硬脆而失去弹性，具有一定的强度和抗压性。辅助密封圈常用的材料有合成橡胶、聚四氟乙烯、柔性石墨、金属材料等。

(3) 压紧元件　机械密封中采用的弹性元件有圆柱螺旋弹簧、波形弹簧、碟形弹簧和波纹管。波形弹簧和碟形弹簧具有轴向尺寸小、刚度大、结构紧凑的优点，但轴向位移和弹簧力较小，一般适用于轴向尺寸要求很紧凑的轻型机械密封。波纹管常用于高温、低温、强腐蚀等特殊条件。圆柱螺旋弹簧使用最广，又可分为普通弹簧、并圈弹簧（两端的并圈各为 2 圈）和带钩弹簧，后两者用于动环采用弹簧传动的机械密封。

弹性元件的材料要求强度高、弹性极限高、耐疲劳、耐腐蚀以及耐高（或低）温，使密封在介质中长期工作仍能保持足够的弹力维持密封端面的良好贴合。泵用机械密封的弹簧多用 4Cr13、1Cr18Ni9Ti（304 型）和 0Cr18Ni12Mo2Ti（316 型）；在腐蚀性较弱的介质中，也可以用碳素弹簧钢；磷青铜弹簧在海水、油类介质中使用良好。60Si2Mn 和 65Mn 碳素弹簧钢可用于常温无腐蚀性介质中。50CrV 用于高温油泵中较多。3Cr13、4Cr13 铬钢弹簧钢适用于弱腐蚀介质；1Cr18Ni9Ti 等不锈钢弹簧钢在稀硝酸中使用。对于强腐蚀性介质，可采用耐腐蚀合金（如高镍铬合金等）或弹簧加聚四氟乙烯保护套或涂覆聚四氟乙烯，来保护弹簧使之不受介质腐蚀。

(4) 传动元件　动环需要随轴一起旋转，为了考虑动环具有一定的浮动性，一般它不直接固定在转轴上，通常在动环和轴之间，需要有一个转矩传递机构，带动动环旋转，并克服搅拌和端面的摩擦转矩。转矩传递机构在有效传递转矩的同时，不能妨碍补偿机构的补偿作用和密封环的浮动减振能力。转轴将转矩传递到密封组件的常见机构有紧定螺钉、销钉、平键及分瓣环等。密封组件将转轴传递来的转矩传递给动环的常见机构如图 2-26 所示。

弹簧传动中有并圈弹簧传动和带钩弹簧传动，如图 2-26(a)、(b) 所示。弹簧传动结构简单，但传动转矩一般较小，且只能单方向传动，其旋转方向与弹簧的旋向有关，应使弹簧越转越紧。并圈弹簧传动，弹簧两端过盈安装在弹簧座和动环上，利用弹簧末圈的摩擦张紧来传递转矩；带钩弹簧传动是将弹簧两端的钢丝头部弯成与弹簧轴线平行或垂直的钩子，分别钩住弹簧座和动环来传动。

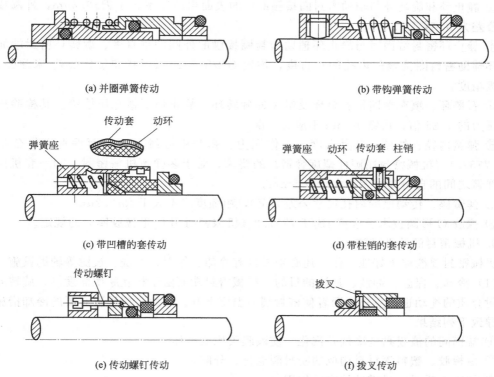

(a) 并圈弹簧传动   (b) 带钩弹簧传动

(c) 带凹槽的套传动   (d) 带柱销的套传动

(e) 传动螺钉传动   (f) 拨叉传动

图 2-26　传递转矩的结构形式

传动套传动结构简单，工作可靠，常与弹簧座组成整体结构。传动套传动包括带凹槽（也称耳环）的套结构和带柱销的套结构，如图 2-26(c)、(d) 所示，后者的传动套厚度比前者要厚一些，以便过盈镶配柱销。

传动螺钉传动如图 2-26(e) 所示，利用螺钉传动，结构简单，在传递转矩时仅存在剪切力，常用于多弹簧的结构中。

拨叉传动如图 2-26(f) 所示，拨叉传动结构简单，常与弹簧座组成冲压件整体结构。由于拨叉径向尺寸小（较薄）、且冲压后冷作硬化，易断裂，常用于中性介质。

传动零件的材料除应满足机械强度要求外，还要求耐腐蚀。常用的材料有不锈钢、铬钢，如 1Cr13、1Cr18Ni9Ti 等。根据密封介质的腐蚀性也可以采用其他的耐腐蚀材料。

5. 机械密封主要零件的技术要求

JB/T 4127.1—1999《机械密封　技术条件》对机械密封主要零件提出了技术要求，该标准适用于离心泵及其他类似旋转式机械的机械密封。其工作参数一般为：工作压力为 0～1.6MPa（指密封腔内实际工作压力）；工作温度为 －20～80℃（指密封腔内实际温度）；轴（或轴套）外径为 10～120mm；转速不大于 3000r/min；介质为清水、油类和一般腐蚀性液体。该标准对机械密封主要零件规定了如下技术要求。

① 密封端面的平面度不大于 0.0009mm；金属材料密封端面粗糙度应不大于 $Ra0.2\mu m$，非金属材料密封端面粗糙度不大于 $Ra0.4\mu m$。

② 静止环和旋转环的密封端面对与辅助密封圈接触的端面的平面度按 GB/T 1184《形状和位置公差　未注公差值》的 7 级精度。

③ 静止环和旋转环与辅助密封圈接触部位的表面粗糙度不大于 $Ra3.2\mu m$，外圆或内孔尺寸公差为 h8 或 H8。

④ 静止环密封端面对与静止环辅助密封圈接触的外圆的垂直度、旋转环密封端面对与旋转环辅助密封圈接触的内孔的垂直度，均按 GB/T 1184《形状和位置公差 未注公差值》的 7 级精度。

⑤ 石墨环、填充聚四氟乙烯环及组装的旋转环、静止环要做水压检验。其检验压力为工作压力的 1.25 倍，持续 10min 不应有渗漏。

⑥ 弹簧内径、外径、自由高度、工作压力、弹簧中心线与两端面垂直度等公差值按 JB/T 7757.1《机械密封用圆柱螺旋弹簧》的要求。对于多弹簧机械密封，同一套机械密封中各弹簧之间的自由高度差不大于 0.5mm。

⑦ 弹簧座、传动座的内孔尺寸公差为 E9，粗糙度应不大于 $Ra3.2\mu m$。

⑧ 橡胶 O 形圈技术要求按 JB/T 7757.2《机械密封用 O 形橡胶圈》的规定。

6. 机械密封的辅助措施

机械密封要能够更好地工作，还必须要设有冷却、保温、冲洗、过滤等辅助设施。

(1) 冷却、保温、冲洗、过滤的目的　机械密封端面由于相互摩擦而发热，旋转元件对被密封介质的搅动也产生热，两者使密封端面温度上升。因此，应采取必要的冷却措施，否则将导致下列结果。

① 端面间的液膜黏度降低并汽化，使液膜失稳或破坏。

② 由橡胶、塑料等材料构成的密封圈老化、分解。

③ 加速介质对密封零件的腐蚀作用。

④ 动环与静环变形、热裂，浸渍金属的熔化。

⑤ 密封面间介质压力增大，使端面打开而造成泄漏。

一般机械密封可在常温或是密封元件材料允许的温度下无冷却措施进行工作，如有条件予以冷却，无疑将延长其使用寿命。对于高温介质中使用的机械密封，一般情况下必须采取冷却措施。

如温度较低，被密封介质则会发生固化或结沉，对此必须有相应的保温措施，以防因固化或结晶造成对端面的破坏。

当被密封的介质中含有泥沙、铁锈或其他杂物时，可采用辅助设备进行分离、过滤或用液体进行冲洗，防止杂质积聚在密封元件上。

总之，在设备工况、使用条件已确定的情况下，采取一定的辅助措施，使不利机械密封正常工作的因素消除或减少，是冷却、保温、冲洗、过滤的目的。

(2) 冷却、冲洗与急冷的方式

① 冷却：冷却是对密封面周围介质采用间接降温的方法，使介质冷却下来。如图 2-27(a) 所示，当介质温度较高时，可以通冷却水（当介质易结晶时则可通蒸汽）。为了更有效地冷却也可采用图 2-27(b) 所示的方法将静环尾部加长，在静环尾部通冷却水。

② 冲洗：冲洗的目的主要在于利用被密封的介质或其他有压力的介质带走机械密封摩擦副产生的热量，并可防止杂质沉积及气体滞留等。

冲洗的方法较多，有自冲洗、反冲洗、贯穿冲洗、外冲洗以及循环法冲洗等。

自冲洗如图 2-28(a) 所示，介质由泵出口端通过管道引入密封腔。

反冲洗如图 2-28(b) 所示，介质由密封腔通过管道引入泵入口端。

贯穿冲洗如图 2-28(c) 所示，将自冲洗和反冲洗两者结合。

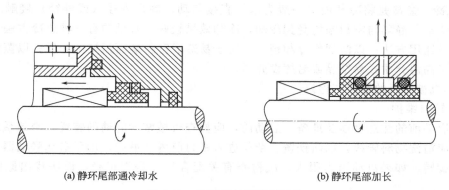

(a) 静环尾部通冷却水   (b) 静环尾部加长

图 2-27   机械密封的冷却措施

外冲洗如图 2-28(d) 所示，将外系统有压力的介质通入密封腔中。此介质应是与密封腔内介质相同或对工艺生产无影响的介质。

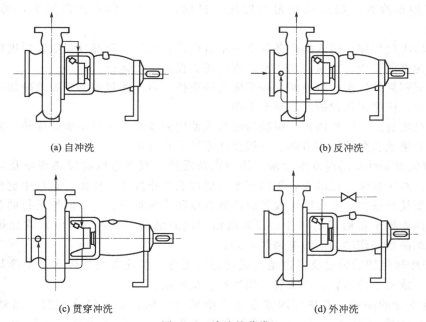

(a) 自冲洗   (b) 反冲洗

(c) 贯穿冲洗   (d) 外冲洗

图 2-28   冲洗的分类

循环法冲洗如图 2-29 所示，借助于泵内的循环轮使密封腔内介质进行循环，带走热量，此法适用于泵进口、出口压力差很小的场合。

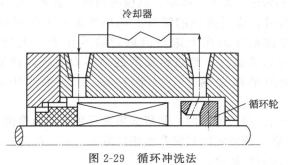

图 2-29   循环冲洗法

③ 急冷：急冷是将冷却液（一般为水）直接与动、静环内径（或外径）接触的一种冷却方法，使动、静环与密封圈均受到冷却，冷却效果较好。常见的有三种急冷方法：以水为冷却液——通用方法；以溶剂作冷却剂——对于易造成密封端面污染的介质；以蒸汽为冷却液——适于高温介质或易结晶或易挥发介质。

（二）机械密封的维护与检修

1. 运转与维护

（1）启动前的注意事项及准备　启动前，应检查机械密封的辅助装置、冷却系统是否安装无误；应清洗物料管线，以防铁锈、杂质进入密封腔内。最后，用手盘动联轴器，检查轴是否轻松旋转。如果盘动阻力很大，应检查有关配合尺寸是否正确，设法找出原因并排除故障。

（2）机械密封的试运转和正常运转　首先将封液系统启动，冷却水系统启动，使密封腔内充满介质，然后就可以启动主密封进行试运转。如果一开始就发现有轻微泄漏现象，但经过 1~3h 后逐步减少，这是密封端面的磨合的正常过程。如果泄漏始终不减少，则需停车检查。如果机械密封发热、冒烟，一般为弹簧比压过大，可适当降低弹簧的压力。

经试运转考验后即可转入操作条件下的正常运转。升压、升温过程应缓慢进行，并密切注意有无异常现象发生。如果一切正常，则可正式投入生产运行。

（3）机械密封的停车　机械密封停车应先停主机，后停密封辅助系统及冷却系统。如果停车时间较长，应将主机内的介质排放干净。

（4）机械密封运转维护内容　机械密封投入使用后也必须进行正确的维护，才能使它有较好的密封效果及长久的使用寿命。一般要注意以下几方面。

① 应避免因零件松动而发生泄漏，注意因杂质进入端面造成的发热现象及运转中有无异常响声等。对于连续运行的泵，不但开车时要注意防止发生干摩擦，运行中更要注意防止干摩擦。不要使泵抽空，必要时可设置自动装置以防止泵抽空。对于间歇运行的泵，应注意观察停泵后因物料干燥形成的结晶，或降温而析出的结晶，泵启动时应采取加热或冲洗措施，以避免结晶物划伤端面而影响密封效果。

② 冲洗冷却等辅助装置及仪表是否正常稳定工作。要注意突然停水而使冷却不良，造成密封失效，或由于冷却管、冲洗管等堵塞而发生事故。

③ 机器本身的振动、发热等因素也将影响密封性能，必须经常观察。当轴承部分破坏后，也会影响密封性能，因此要注意轴承是否发热，运行中声音是否异常，以便及时修理。

2. 零件的修理

（1）动环和静环的修理　动环和静环是机械密封的关键零件。如果两者的摩擦面磨损严重或出现裂纹等缺陷时，应更换新的零件。如果摩擦面上出现较浅的划痕，而呈现不平滑的表面时，应将零件放在磨床上进行磨削，然后在平板上进行研磨和抛光。研磨时，应先进行粗磨，而后再细磨。经过修复后的动环和静环，接触面表面粗糙度 Ra 为 $0.2~0.4\mu m$，接触面的平面度偏差不大于 $1\mu m$，接触面对中心线的垂直偏差不大于 $0.4mm$。

动环和静环的接触面，经过研磨后，其研磨质量可用下面简单的方法来检验：使动环和静环的接触面贴合在一起，两者之间只能产生相对滑动，而不能用手掰开，这就表明研磨是合格的。否则，应该继续进行研磨。

（2）轴套的修理　机械密封的轴套经过磨损后，外圆表面上呈现的沟痕，应该在磨床上进行磨光，应使其表面粗糙度 $Ra \leqslant 1.6\mu m$。如果磨光后，轴套的外径太小，造成轴套与弹簧座、动环和静环之间的配合间隙太大时，应该更换新的轴套。

（3）弹簧的更换　弹簧的损坏多半是因为腐蚀或磨损，而失去了原有的弹性。对于失去弹性的弹簧，应更换新的备品配件。

机械密封的弹簧，在没有备件的情况下，也可以自制。即用一定直径的弹簧钢丝，在车床上进行绕制，绕制好的弹簧的两端面应予以磨平，以便受力均匀，弹簧绕制时的旋转方向，也应与原来弹簧的旋转方向相同。

3. 机械密封的安装

（1）安装前的准备工作及安装注意事项

① 检查要进行安装的机械密封的型号、规格是否正确无误，零件是否完好，密封圈尺寸是否合适，动、静环表面是否光滑平整。若有缺陷，必须更换或修复。

② 检查机械密封各零件的配合尺寸、粗糙度、平行度是否符合要求。

③ 使用小弹簧机械密封时，应检查小弹簧的长度和刚性是否相同。使用并圈弹簧传动时，须注意其旋向是否与轴的旋向一致，其判别方法是：面向动环端面，视转轴为顺时针方向旋转者用右旋弹簧；转轴为逆时针旋转者，用左旋弹簧。

④ 检查设备的精度是否满足安装机械密封的要求。

⑤ 清洗干净密封零件、轴表面、密封腔体，并保证密封液管路畅通。

⑥ 安装过程中应保持清洁，特别是动、静环的密封端面及辅助密封圈表面应无杂质、灰尘。不允许用不清洁的布擦拭密封端面。为了便于装入，装配时应在轴或轴套表面、端盖与密封圈配合表面涂抹机油或黄油。动环和静环密封端面上也应涂抹机油或黄油，以免启动瞬间产生干摩擦。

⑦ 安装过程中不允许用工具敲打密封元件，以防止密封件被损坏。

（2）安装顺序　安装准备完成后，就可按一定顺序实施安装，完成静止部件在端盖内的安装和旋转部件在轴上的安装，最后完成密封的总体组合安装。以图 2-30 所示的离心泵用单端面内装非平衡式机械密封为例，其安装顺序如下。

① 静止部件的安装：将防转销 1 插入密封端盖相应的孔内，再将静环辅助密封圈 2 从静环 3 尾部套入，如采用 V 形圈，注意其安装方向，如是 O 形圈，则不要滚动。然

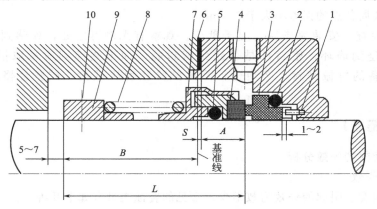

图 2-30　内装非平衡式机械密封的安装示例

1—防转销；2—静环辅助密封圈；3—静环；4—动环；5—动环辅助密封圈；
6—密封端盖垫片；7—推环；8—弹簧；9—弹簧座；10—紧定螺钉

后，使静环背面的防转销槽对准防转销装入密封端盖内。防转销的高度要合适，应与静环保留 1～2mm 的间隙，不要顶上静环。最后，测量出静环端面到密封端盖端面的距离 A。

静环装到端盖中去以后，还要检查密封端面与端盖中心线的垂直度及密封端面的平面度。对输送液态烃类介质的泵，垂直度误差不大于 0.02mm，油类等介质可控制在 0.04mm 以内。

用光学平晶检查密封端面的平面度时，如发现变形，则用与之配对的动环研磨，注意此时不放任何研磨剂，保持清洁，直到沿圆周均匀接触为止，清洗干净待装。也可直接用光学平晶检查装配后的静环端面。

② 确定弹簧座在轴上的安装位置：确定弹簧座的安装位置，应在调整好转轴与密封腔壳体的相对位置的基础上进行。首先在沿密封腔端面的泵轴上正确地划一条基准线。然后，根据密封总装图上标记的密封工作长度，由弹簧座的定位尺寸调整弹簧的压缩量至设计规定值。弹簧座的定位尺寸（见图 2-30）可按下式得出

$$B=L-(A+S) \tag{2-2}$$

式中　B——弹簧座背端面到基准线的距离；

　　　L——旋转部件工作位置总高度，$L=L'-H$；

　　　L'——旋转部件组装前的自由高度；

　　　H——弹簧压缩量；

　　　A——静环组装入密封端盖后，由静环端面到端盖端面的距离；

　　　S——密封端盖垫片厚度。

③ 旋转部件的组装：将图 2-30 的弹簧 8 两端分别套在弹簧座 9 和推环 7 上，并使磨平的弹簧两端部与弹簧座和推环上的平面靠紧。再将动环辅助密封圈 5 装入动环 4 中，并与推环组合成一体，然后将组装好的旋转部件套在轴（或轴套）上，使弹簧座背端面对准规定的位置，分几次均匀地拧紧紧定螺钉 10，用手向后压迫动环，看是否能轴向浮动。

④ 总装：将安装好静止部件的密封端盖安装到密封腔体上，将端盖均匀压紧，不得装偏。用塞尺检查端盖和密封腔端面的间隙，其误差不大于 0.04mm。检查端盖和静环对轴的径向间隙，沿圆周各点的误差不大于 0.1mm。

（3）安装检查　安装完毕后，应予盘车，观察有无碰触之处，如感到盘车很重，必须检查轴是否碰到静环，密封件是否碰到密封腔，如果碰撞则应采取措施予以消除。对十分重要设备的机械密封，必须进行静压试验和动压试验，试验合格后方可投入正式使用。

【知识与技能拓展】

一、机械密封的失效分析

（一）腐蚀失效

机械密封因腐蚀引起的失效为数不少，常见的腐蚀类型有如下几种。

1. 表面腐蚀

由于腐蚀介质的侵蚀作用，机械密封件会发生表面腐蚀，严重时也可发生腐蚀穿透，弹簧件更为明显，采用不锈钢材料，可减轻表面腐蚀。

2. 点腐蚀

弹簧套常出现大面积点蚀或区域性点蚀，有的导致穿孔，此类局部腐蚀对密封使用尚不会造成很严重的后果，不过大修时也应予更换。

3. 晶间腐蚀

碳化钨环与不锈钢环座以铜焊连接，使用中不锈钢座易发生晶间腐蚀，为防止晶间腐蚀，不锈钢应进行固溶处理。

4. 应力腐蚀破裂

金属焊接波纹管、弹簧等在应力与介质腐蚀的共同作用下，往往会发生断裂，由于弹簧的突然断裂而使密封失效，一般采用加大弹簧丝径予以解决。

5. 缝隙腐蚀

动环的内孔与轴套表面之间、螺钉与螺孔之间，O形环与轴套之间，由于间隙内外介质浓度之差而导致缝隙腐蚀，此外陶瓷镶环与金属环座间也会发生缝隙腐蚀，一般在轴套表面喷涂陶瓷，镶环处表面涂以黏结剂以减轻缝隙腐蚀。

6. 电化学腐蚀

异种金属在介质中往往引起电化学腐蚀，它使镶环松动，影响密封，一般亦采取在镶接处涂黏结剂的办法予以克服。

（二）热损失效

1. 热裂

如密封面处于干摩擦、冷却突然中断、杂质进入密封面、抽空等，会导致环表面出现径向裂纹，从而使密封环急剧磨损，密封面泄漏迅速增加。碳化钨环热裂现象较常见。

2. 发泡、碳化

使用中如石墨环超过许用温度，则其表面会析出树脂，摩擦面附近树脂会发生碳化，当有黏结剂时，又会发泡软化，使密封面泄漏增加，密封失效。

3. 老化、龟裂、溶胀

橡胶超过许用温度继续使用，将迅速老化、龟裂、变硬失弹。如是有机介质则溶胀失弹，这些均导致密封失效。

凡因热损引起密封失效，关键在于尽量降低摩擦热，改善散热，使密封面处不发生温度剧变。

4. 磨损失效

摩擦副若用材耐磨性差、摩擦系数大、端面比压（包括弹簧比压）过大、密封面进入固体颗粒等均会使密封面磨损过快而引起密封失效。采用平衡型机械密封以减少端面比压及安装中适当减少弹簧压力，有利克服因磨损引起的失效。此外，选用良好的摩擦副材料可以减轻磨损。按耐磨次序材料排列为碳化硅-碳石墨、硬质合金-碳石墨、陶瓷（氧化铝）-碳石墨、喷涂陶瓷-碳石墨、氮化硅陶瓷-碳石墨、高速钢-碳石墨、堆焊硬质合金-碳石墨。

二、机械密封的故障分析

（一）加水或静压试验时发生泄漏

由于安装不良，机械密封加水或静压试验时会发生泄漏。安装不良主要包括以下几个方面。

（1）动、静环接触表面不平，安装时碰伤、损坏。

（2）动、静环密封圈尺寸有误、损坏或未被压紧。

（3）动、静环表面有异物夹入。

（4）动、静环 V 形密封圈方向装反，或安装时反边。

（5）紧定螺钉未拧紧，弹簧座后退。

（6）轴套处泄漏，密封圈未装或压紧力不够。

（7）如用手转动轴泄漏有方向性则有如下原因：弹簧力不均匀，单弹簧不垂直，多弹簧长短不一或个数少；密封腔端面与轴垂直度不够。

（8）静环压紧不均匀。

（二）由安装、运转等引起的周期性泄漏

运转中如泵叶轮轴向窜动量超过标准、转轴发生周期性振动及工艺操作不稳定，密封腔内压力经常变化均会导致密封周期性泄漏。

（三）经常性泄漏

泵密封发生经常性泄漏原因如下。

（1）动环、静环接触端面变形会引起经常性泄漏。如端面比压过大、摩擦热引起动、静环的热变形；密封零件结构不合理，强度不够产生变形；由于材料及加工原因产生的残余变形；安装时零件受力不均等，均是密封端面发生变形的主要原因。

（2）镶装或粘接的动、静环接缝处泄漏造成泵的经常性泄漏，由于镶装工艺不合理引起残余变形、用材不当、过盈量不合要求、黏结剂变质均会引起接缝泄漏。

（3）摩擦副损伤或变形而不能跑合引起泄漏。

（4）摩擦副夹入颗粒杂质。

（5）弹簧比压过小。

（6）密封圈选材不正确，溶胀失弹。

（7）V 形密封圈装反。

（8）动、静环密封面对轴线不垂直度误差过大。

（9）密封圈压紧后，传动销、防转销顶住零件。

（10）大弹簧旋向不对。

（11）转轴振动。

（12）动、静环与轴套间形成水垢不能补偿磨损位移。

（13）安装密封圈处轴套部位有沟槽或凹坑腐蚀。

（14）端面比压过大，动环表面龟裂。

（15）静环浮动性差。

（16）辅助装置有问题。

（四）突发性泄漏

由于以下原因，泵密封会出现突然的泄漏。

（1）泵强烈振动、抽空破坏了摩擦副。

（2）弹簧断裂。

（3）防转销脱落或传动销断裂而失去作用。

（4）辅助装置有故障使动、静环冷热骤变导致密封面变形或产生裂纹。

（5）由于温度变化，摩擦副周围介质发生冷凝、结晶影响密封。

（五）停泵一段时间再开动时发生泄漏

摩擦副附近介质的凝固、结晶，摩擦副上有水垢；弹簧锈蚀、堵塞而丧失弹性，均可引起泵重新开动时发生泄漏。

学习任务六　多级离心泵的组装与安装

【学习任务单】

学习领域	化工用泵检修与维护	
学习情境二	多级离心泵的检修与维护	
学习任务六	多级离心泵的组装与安装	课时：6
学习目标	1. 知识目标 (1)掌握多级离心泵的主要零部件的检修内容和方法； (2)掌握多级离心泵的正确组装、安装与调试方法； (3)掌握联轴器的装配方法和要求； (4)了解多级离心泵的常见故障及处理方法； (5)了解高速离心泵的结构与检修方法。 2. 能力目标 (1)能够对多级离心泵的主要零部件进行检查与修理； (2)能够制订多级离心泵检修方案，并完成组装、安装与调试工作； (3)能够完成联轴器的装配。 3. 素质目标 (1)培养学生吃苦耐劳的工作精神和认真负责的工作态度； (2)培养学生踏实细致、安全保护和团队合作的工作意识； (3)培养学生语言和文字的表述能力。	

一、任务描述

　　假设你是一名设备管理员或检修工，在多级离心泵的检修过程中，完成了多级离心泵的拆卸工作后，需要对其主要零部件进行检查、修理，排除故障，并重新组装和调试，以交付生产使用。请针对D型多级离心泵，对多级离心泵的主要零部件进行检查，更换或修复不合格的零部件，排除泵的故障后，将其回装，并进行调试。

二、相关资料及资源

　　1. 教材；

　　2. D型离心泵的技术资料和结构图；

　　3. 相关视频文件；

　　4. 教学课件。

三、任务实施说明

　　1. 学生分组，每小组4～5人；

　　2. 小组进行任务分析和资料学习；

　　3. 现场教学；

　　4. 小组讨论，多级离心泵主要零部件的检修内容，多级离心泵的组装与安装方法和选择，制订多级离心泵的组装与安装方案；

　　5. 小组合作，实施多级离心泵的组装与安装工作。

四、任务实施注意点

　　1. 在制订离心泵组装与安装方案时，应熟悉离心泵的检修规程、总装配图和各零部件之间的装配关系及技术要求；

　　2. 认真分析多级离心泵的组装与安装方案，合理选择其步骤；

　　3. 在联轴器装配时，应通过计算对联轴器进行调整找正；

　　4. 在任务实施过程中，遇到问题时小组进行讨论，可邀请指导老师参与讨论，通过团队合作获取问题的解决；

　　5. 注意安全与环保意识的培养。

五、拓展任务

　　1. 了解高速离心泵的结构；

　　2. 了解高速离心泵的检修方法。

【知识链接】

一、多级离心泵的检修

多级离心泵在检修时，要排除已知故障，修复或更换已经损坏的零件，调整已经变化了的各部件间隙，清除泵内污垢、锈迹，更换轴封填料，修理机械密封和更换各结合面的密封垫片等，消除泵的跑、冒、滴、漏的根源，减少输送介质的浪费和环境污染。

（一）多级离心泵的常见故障

与单级泵相比，多级离心泵结构较为复杂，零部件多，出口压力高，并且在磨损和介质腐蚀的联合作用下，出现故障的可能性更大。这就要求，一方面多级离心泵的零件质量要更为可靠；另一方面在组装多级泵的过程中要有较高的精度和较准确的间隙值。这样，才能提高多级离心泵安全运转的可靠性。在运转过程中，要及时对泵进行巡回检查，加强日常维护。为避免泵的损坏而影响生产造成更大的经济损失，一旦发现多级离心泵运转异常，要立即采取措施。多级离心泵的常见故障、故障原因分析及排除故障应采取的措施见表 2-7。

表 2-7　多级离心泵常见故障、故障原因及排除方法

故障现象	原　　　因	处 理 方 法
流量不足	①泵内或吸液管内有空气 ②发生汽蚀 ③泵体或吸入管路有漏气 ④出入口管路有堵塞现象 ⑤液体黏度超出设计指标 ⑥叶轮中有异物 ⑦入口密封环磨损或泵体内各部间隙过大	①排除气体 ②调整吸入高度 ③消除漏气 ④清除 ⑤调整液体黏度 ⑥检查、清除 ⑦更换密封环或调整各部间隙
电动机超负荷	①转动方向错误 ②叶轮中有异物 ③液体密度或黏度超出设计指标 ④联轴器同轴度误差超过允许值 ⑤叶轮与泵体摩擦	①纠正转动方向 ②检查、清除 ③调整液体密度或黏度，或者换泵 ④重新找正 ⑤调整
产生振动	①泵体或吸液管内有空气 ②吸入高度太大 ③泵设计流量大，而实际用量小 ④叶轮中有异物或叶轮磨损 ⑤联轴器同轴度误差超过允许值 ⑥机座螺栓松动 ⑦轴弯曲或转子不平衡 ⑧转子与泵体产生摩擦	①排除空气 ②降低吸入高度 ③调整用量或换泵 ④清除异物或更换叶轮 ⑤重新找正 ⑥紧固 ⑦轴找直，转子进行动、静平衡 ⑧调整转子与泵体间隙
机械密封泄漏	①泵转子轴向窜动，动环来不及补偿位移 ②操作不稳，密封腔内压力经常变动 ③转子周期性振动 ④动静环密封面磨损 ⑤密封端面比压过小 ⑥密封腔内夹入杂物 ⑦使用单圈弹簧方向不对，弹簧力偏斜，弹簧力受到阻碍 ⑧轴套表面在密封圈处有轴向沟槽、凹坑或腐蚀 ⑨静环或动环的密封面与轴的垂直度误差太大	①调整轴向窜动量 ②调整操作 ③排除振动 ④研磨或更换动静环 ⑤调整端面比压 ⑥清除杂物 ⑦调整或更换弹簧 ⑧修复或更换轴套 ⑨减小垂直度误差

（二）多级离心泵的主要零部件的检修

1. 转子

多级离心泵的转子包括泵轴、叶轮、轴套、轴承等转动零部件。这些零件若达到使用期限，应当予以更换，若未达到使用期限，则应检查其损坏程度，进行修复。叶轮和泵轴的使用期限为 36 个月。检修后的泵轴表面不得有裂纹、伤痕和锈蚀等缺陷，必要时要作无损探伤检查。检查叶轮，将流道内壁清理光洁，去除粘砂、毛刺和污垢。将各零件检查完毕，组装成转子，称为小装。对小装后的转子要进行检查，以消除超差的因素，避免因误差积累而到总装时造成超差现象。

（1）叶轮径向跳动的测量　对多级离心泵的转子进行径向跳动量的测量时，首先把滚动轴承装配到泵轴的两端，并在滚动轴承的下面放置 V 形铁进行支承，或者将两端滚动轴承放置在离心泵本身的泵体上，使转子能够自由转动。然后，在每一级叶轮进口端的外圆处和出口端的外缘处，以及各级叶轮之间的轴套外圆处，分别设置百分表，使百分表的触头分别接触每一个被测量的地方，如图 2-31 所示。把每个被测量的圆周分成六等份，并作上标记，即 1、2、3、4、5、6 各点，然后，慢慢转动转子，每转过一等份，记录一次百分表的读数。转子转动一周后，每一个测点上的百分表就能得到六个读数，把这些读数记录在表格中，就可以算出转子各部分径向跳动量的大小。表 2-8 所示为某多级泵转子上叶轮各径向跳动量的实测记录。

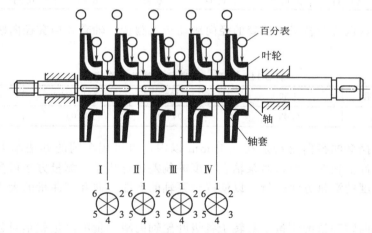

图 2-31　测量转子径向跳动量的方法

表 2-8　各级叶轮径向跳动量测定记录实例　　　　　　　　　　　　mm

测点位置		转动角度						径向跳动量
		1(0°)	2(60°)	3(120°)	4(180°)	5(240°)	6(300°)	
一级叶轮	进口端	0.33	0.34	0.33	0.35	0.33	0.35	0.02
	出口端	0.31	0.32	0.31	0.33	0.33	0.34	0.03
二级叶轮	进口端	0.25	0.24	0.25	0.26	0.24	0.27	0.03
	出口端	0.32	0.33	0.33	0.34	0.36	0.34	0.04
三级叶轮	进口端	0.30	0.32	0.30	0.30	0.35	0.32	0.07
	出口端	0.26	0.24	0.27	0.26	0.29	0.28	0.05
四级叶轮	进口端	0.35	0.36	0.35	0.38	0.39	0.28	0.04
	出口端	0.20	0.22	0.23	0.23	0.25	0.24	0.05
五级叶轮	进口端	0.21	0.23	0.22	0.24	0.26	0.23	0.05
	出口端	0.30	0.31	0.33	0.34	0.36	0.35	0.06

记录表中，同一测点处的最大读数值减去最小读数值，就是该被测处的径向跳动量。一般要求各级叶轮出口外圆处的径向跳动量不得超过 0.05mm。各级叶轮进口端外圆径向跳动量允许值与密封环直径有关，见表 2-9。

表 2-9　叶轮进口端外圆径向跳动量允差　　　　　　　　　　　mm

密封环直径	≤50	51～120	121～260	261～500
进口端外圆径向跳动允差	0.06	0.08	0.09	0.10

如果各级叶轮入口密封环及出口处外圆径向跳动量超过规定值较少，且在 0.10mm 以内时，可将转子装在车床上车去一些，使其符合要求。

转子中各轴套外圆的径向跳动量测定记录实例如表 2-10 所示。

表 2-10　各段轴套径向跳动量测定记录实例　　　　　　　　　　　mm

测点位置	转动角度						径向跳动量
	1(0°)	2(60°)	3(120°)	4(180°)	5(240°)	6(300°)	
Ⅰ	0.21	0.23	0.22	0.24	0.20	0.19	0.05
Ⅱ	0.32	0.30	0.31	0.33	0.31	0.30	0.03
Ⅲ	0.30	0.28	0.29	0.33	0.35	0.32	0.07
Ⅳ	0.34	0.33	0.33	0.35	0.34	0.35	0.02

一般情况下，也应对转子中挡套的径向跳动予以测量，轴套和挡套径向跳动的允许值见表 2-11。

表 2-11　轴套、挡套径向跳动允许值　　　　　　　　　　　　mm

轴套、挡套外圆直径	≤50	51～120	121～260	261～500
径向跳动允许值	0.03	0.04	0.05	0.06

如果轴套和挡套的径向跳动量在 0.10mm 以内，也可用车削的办法车去一些。如果径向跳动量超过允许值很多，可以对泵轴直线度的偏差进行测量，测量方法可参照单级悬臂式离心泵泵轴直线度的测量方法进行，以便确定泵轴的弯曲方向和弯曲量的大小，然后对泵轴进行矫直。

（2）叶轮轴向跳动量的测量　对转子各级叶轮轴向跳动量的测量就是对各级叶轮盖板的端面圆跳动的测量。各级叶轮的端面圆跳动，不能大于规定的数值。如果叶轮端面的圆跳动量超过允许值，将会造成转子运转的不平稳。

对多级离心泵转子各级叶轮作端面跳动量的测量时，首先应将转子放置在车床的两个顶尖之间，以便转子在转动时既无轴向位移，也无径向位移。也可以用 V 形铁将转子进行支承，使泵轴保持水平状态，并在轴的一端安装挡块，用来阻止泵轴产生单方向的轴向窜动。然后，在相邻两级叶轮之间设置百分表，并使百分表的触头接触在每一级叶轮的端面上，如图 2-32 所示。慢慢转动叶轮，观察百分表指针的变化情况，并作好记录。其最大值减去最小值所得的差值就是该级叶轮的轴向跳动量。通常情况下，直径在 300mm 以下的叶轮，其轴向跳动量如果不超过 0.20mm，可以不进行修理。如果端面跳动量的数值过大时，可以利用

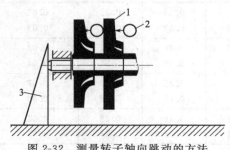

图 2-32　测量转子轴向跳动的方法
1—叶轮；2—百分表；3—挡块

修刮叶轮轴孔或者加垫片的方法来调整泵轴与叶轮轴孔的装配关系，以便减小其轴向跳动量。如果上述方法无法调整，可在车床上对叶轮端面进行少量车削。

多级离心泵转子的径向跳动量和轴向跳动量测量合格之后，还要对各零件的外表面及它们之间的配合情况进行检查与修复。然后，应对转子作静平衡和动平衡试验。

转子经测量检查，修复合格后，将各个零件的方位做上标记，总装时零件可各就各位。

2. 密封环

密封环的外圆与泵盖的内孔实现少量的过盈配合，内圆又与叶轮进口端外圆实现间隙配合。

（1）密封环磨损情况的检查　离心泵在运转过程中，由于某些原因，密封环与叶轮发生摩擦，并引起密封环内圆或端面的磨损。从而破坏了密封环与叶轮进口端之间的配合间隙。特别是径向间隙的破坏，间隙数值的增大，将引起大量高压液体由叶轮的出口回流到叶轮的进口，在泵壳内循环，大大减少了泵出口的排液量，降低了离心泵的出口压力，在泵壳内水流的循环情况如图 2-33 所示。

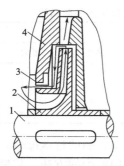

图 2-33　离心泵内部水流的循环路线

1—泵轴；2—叶轮；3—密封圈；4—泵壳

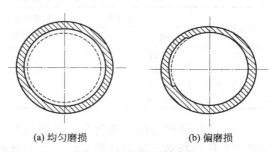

(a) 均匀磨损　　　　(b) 偏磨损

图 2-34　密封环的磨损

密封环的磨损通常有圆周方向的均匀磨损和局部的偏磨损两种，如图 2-34 所示。均匀磨损使得密封环的厚度普遍减薄，与叶轮进口端的径向间隙也随之增大。应该指出的是，任何一种破坏径向间隙的磨损，都会造成密封环的报废。

（2）密封环与叶轮进口端外圆之间径向间隙的测量　密封环与叶轮进口端之间径向间隙的测量，可采用游标卡尺进行测量。首先测得密封环内径的尺寸，再测得叶轮进口端外径的尺寸，然后用下式计算出它们之间的径向间隙

$$a = \frac{D_1 - D_2}{2} \tag{2-3}$$

式中　　a——密封环与叶轮进口端之间的径向间隙，mm；

　　　　D_1——密封环内径尺寸，mm；

　　　　D_2——叶轮进口端外径尺寸，mm。

计算出径向间隙 a 的数值后，应与泵的技术要求相对照，即与表 2-12～表 2-14 中径向间隙数值对照，看其间隙数值是否符合要求。如达到或超出表中所列的极限间隙数值时，则应更换新的密封环。其中，表 2-12 适用于材料为铸铁或青铜的泵；表 2-13 适用于材料为碳钢、Cr13 钢的泵；表 2-14 适用于材料为 1Cr18Ni9 或类似的耐腐蚀钢的泵。

密封环与叶轮进口端外圆之间，四周间隙应保持均匀。对于密封环与叶轮之间的轴向间隙，一般要求不高，以两者之间有间隙，而又不发生摩擦为宜。

表 2-12 铸铁或青铜泵的密封环与叶轮进口端的径向间隙　　　　　　　　mm

密封环内径	径向间隙		磨损后的极限间隙	密封环内径	径向间隙		磨损后的极限间隙
	最小	最大			最小	最大	
≤75	0.13	0.18	0.60	>220~280	0.25	0.34	1.10
>75~110	0.15	0.22	0.75	>280~340	0.28	0.37	1.25
>110~140	0.18	0.25	0.75	>340~400	0.30	0.40	1.25
>140~180	0.20	0.28	0.90	>400~460	0.33	0.44	1.40
>180~220	0.23	0.31	1.00	>460~520	0.35	0.47	1.50

表 2-13 碳钢或 Cr13 钢泵的密封环与叶轮进口端的径向间隙　　　　　　　　mm

密封环内径	径向间隙		磨损后的极限间隙	密封环内径	径向间隙		磨损后的极限间隙
	最小	最大			最小	最大	
≤90	0.18	0.25	0.75	>150~180	0.25	0.33	1.00
>90~120	0.20	0.27	0.90	>180~220	0.28	0.36	1.10
>120~150	0.23	0.30	1.00	>220~280	0.30	0.40	1.25

表 2-14 1Cr18Ni9 或耐酸钢泵的密封环与叶轮进口端的径向间隙　　　　　　　　mm

密封环内径	径向间隙		磨损后的极限间隙	密封环内径	径向间隙		磨损后的极限间隙
	最小	最大			最小	最大	
≤80	0.20	0.26	0.90	>160~190	0.30	0.39	1.25
>80~110	0.23	0.29	1.00	>190~220	0.33	0.41	1.25
>110~140	0.25	0.33	1.00	>220~250	0.35	0.44	1.40
>140~160	0.28	0.35	1.10	>250~280	0.38	0.47	1.50

（3）密封环的修配　　密封环的外圆与泵盖的内孔之间为基孔制的过盈配合，两者配合后不应产生任何松动。密封环外径的尺寸为修理尺寸，可以利用锉配的方法，使密封环的外径与泵盖的内孔直径达到过盈配合的要求，其过盈值为 0~0.02mm。最后，用手锤将密封环打入泵盖中心的孔内。

密封环的厚度较小，强度较低，如果发生较大的磨损或断裂现象，通常不予以修理，而应该更换新的备品配件。

3. 轴向力平衡装置

轴向力平衡装置的关键部位是平衡盘和平衡环的工作面，如果两工作面之间有歪斜或凹凸不平的现象，泵在运转时就会产生大量的泄漏，平衡室内就不能保持平衡轴向推力所应有的压力，因而失去了平衡轴向力的作用。

平衡盘安装在泵轴上，可能会与泵轴形成偏心，造成转子在运转中的振动，这个振动将影响到轴承及泵轴的正常运转，严重时可能会造成泵轴及轴承的损坏，因而应当严格地控制这个偏心量。

通过测量平衡盘工作面的端面圆跳动得到平衡盘与泵轴的垂直度。通过测量平衡盘轮毂的径向圆跳动得到平衡盘与泵轴的偏心量。

测量平衡盘的端面圆跳动，应将平衡盘安装在泵轴上，将泵轴用车床的两个顶尖支承，以防止泵轴的轴向窜动，然后在平衡盘的工作面一侧设置百分表，使百分表的触头垂直接触平衡盘工作面。

测量平衡盘轮毂的径向圆跳动，应在轮毂旁设置百分表，使百分表的触头垂直接触轮毂外圆面，如图 2-35 所示。然后，慢慢转动平衡盘一周，和平衡盘工作面接触的百分表的最大读数与最小读数之差就是平衡盘的端面圆跳动；和轮毂相接触的百分表的最大读数与最小

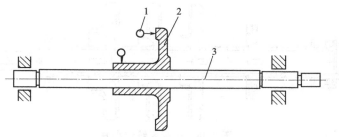

图 2-35　平衡盘端面圆跳动和轮毂径向圆跳动的测量

1—百分表；2—平衡盘；3—泵轴

读数之差就是轮毂的径向圆跳动。

可在测量叶轮组各跳动量时，将平衡盘安装在泵轴上，同时测量平衡盘端面圆跳动和轮毂径向圆跳动。这样，可省去分别测量时再次安装支承的工作。

平衡盘端面圆跳动允许值及其轮毂径向圆跳动的允许值见表 2-15。

表 2-15　平衡盘圆跳动允许值及其轮毂径向圆跳动的允许值　　　　　　　　mm

平衡盘轮毂直径	≤50	51～120	121～260	261～500
平衡盘端面圆跳动	0.04	0.04	0.05	0.06
轮毂径向圆跳动	0.03	0.04	0.05	0.06

如果跳动量超过表 2-15 中规定的数值，可将平衡盘连同泵轴一起卡在车床上，用车削的办法来减少跳动量。车削后，为了减小运转中的振动，应对平衡盘进行静平衡。为了减少平衡室内液体的泄漏量，要求平衡盘和平衡环的工作面表面粗糙度均不得大于 $Ra1.6\mu m$。

二、分段式多级离心泵的组装与调整

将分段式多级离心泵拆卸完毕，经清洗、除锈、检查、测量，更换或修复不合格的零部件，排除泵的故障之后，就要将其回装，恢复其工作结构。在回装时，要严格按照组装顺序和组装技术要求进行，精确地控制各零部件的相对位置和相对间隙，避免零件磕碰，杜绝违章操作。

（一）组装顺序及技术

分段式多级离心泵的组装顺序与其拆卸顺序大致相反，也就是说，拆卸时最先拆下的零件在组装时应最后装上，拆卸时最后拆下的零件在组装时首先安装。实际操作中分段式多级离心泵的组装步骤如下。

（1）阅读资料　阅读装配图，并在回装过程中随时查阅。

（2）转子部件的小装　把泵轴、叶轮、轴套、平衡盘、轴承等转动零件按其工作位置组装为一体，测量、调整或修理叶轮与平衡盘的径向及端面圆跳动，使之符合技术要求。

由转子结构可知，转子是由许多套装在轴上的零件组成的，用锁紧螺母固定各零件在轴上的相对位置。因此，各零件接触端面的误差（各端面垂直度的影响）集中反映到转子上。如果转子各部位径向跳动量大，则泵在运行中就容易产生磨损。对多级泵转子部件小装的目的就是消除超差因素，避免因误差积累而到总装时造成超差现象。

多级泵转子小装如图 2-36 所示。

转子部件装配质量允许偏差计算方法如下。

叶轮进口端外圆对两端支承点的径向跳动允差 Δ_1 可按以下经验公式计算

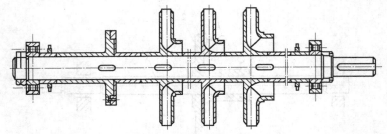

图 2-36　多级泵转子小装

$$\Delta_1 = (\delta_1 + \delta_2 + \delta_3 + \delta_4) \times 70\% \tag{2-4}$$

式中　δ_1——叶轮进口端外圆对轴孔的径向跳动允差，mm；

　　　δ_2——轴相应处外圆表面的径向跳动允差，mm；

　　　δ_3——叶轮孔的公差，mm；

　　　δ_4——轴相应处配合公差，mm。

式(2-4)的计算结果应符合表 2-9 规定的数值。

轴套、挡套和平衡盘轮毂外圆对轴两端支点的径向跳动允差 Δ_2 可按下列经验公式计算

$$\Delta_2 = (\delta_2 + \delta_4 + \delta_5 + \delta_6) \times 70\% \tag{2-5}$$

式中　δ_5——轴套、挡套或平衡盘轮毂外圆的径向跳动公差，mm；

　　　δ_6——轴套、挡套或平衡盘孔公差，mm。

根据式(2-5)的计算结果，可按表 2-11 和表 2-15 选取轴套、挡套和平衡盘轮毂的径向跳动允差。

平衡盘端面对两端支点的端面跳动允差 Δ_3 可按以下经验公式计算

$$\Delta_3 = (\delta_2 + \delta_4 + \delta_6 + \delta_7) \times 70\% \tag{2-6}$$

式中　δ_7——平衡盘端面跳动公差，mm。

根据式(2-6)的计算结果，推荐按表 2-15 确定平衡盘端面跳动允差。

实际上，在转子的检测中，转子部件的小装工作也随之完成，此时要做的工作只是把转子上的各零件重新拆开，并按已编好的顺序排好，准备回装时取用。

(3) 吸入盖、泵轴、第一级叶轮的组装　分段式多级离心泵的回装一般可采用立式，即回装时泵轴处于铅垂线位置，待各级叶轮及泵壳组装完毕，穿上长杆螺栓预紧后，再将泵体放置于泵轴线成水平位置状态，安装其他零部件。为防止泵体在回装过程中歪倒，一般应先挖一个地坑，地坑的大小和深度以能放入吸入盖为宜，地坑的中部应挖得深一些，以便放置泵轴，如图 2-37 所示。

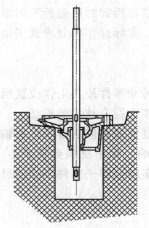

图 2-37　地坑法组装多级泵

组装时，将吸入盖平放于地坑中，吸入腔一侧朝上。将泵轴置于吸入盖中，将第一级叶轮的配键装在泵轴上的键槽内，将第一级叶轮沿泵轴放下，将第一级叶轮固定。

(4) 安装第一级导轮　清理吸入盖靠近外圆周处的垫片槽，涂上密封胶，放入新裁制的垫片，用密封胶粘住。沿轴向将第一段导轮竖直放下，用凸台压住垫片，同时做好与吸入盖的周向定位，不得使第一段导轮与吸入盖造成扭角。

(5) 用相同的办法安装中段、尾段及相应的叶轮　每装上一段，应提起泵轴旋转一下，观察其旋转时是否有阻力或与其他零件

是否有擦碰，若有，应及时调整。

（6）穿上长杆螺栓，预紧，将泵放置水平。

（7）安装平衡盘　平衡盘与平衡环间的轴向间隙为 $0.10\sim0.25mm$，垂直度偏差小于 $0.03mm$，可用压铅法测量。测量时，在平衡盘与平衡环之间放置铅丝或铅片，并且将它们沿圆周方向分布均匀，按顺序编号，沿轴向用锁紧螺母将平衡盘紧固。然后松开紧固螺母，取出各铅丝，测量其被挤处的厚度，记录下来。再将平衡盘连同泵轴旋转 $180°$，重复上述步骤，再测量一次，并记录测量结果。注意，这两次测量时铅丝放置的位置相对于平衡环是不动的，即第一次测量时何处放有铅丝，第二次测量时仍在此处放置铅丝。这两次测量所得的数值，即为间隙范围。每次测量中最大值与最小值的差值，即为垂直度偏差，垂直度值应取两次测量中所得的垂直度较大值。

（8）安装两端的轴承座、轴承，安装轴封。

（9）安装电动机与泵之间的联轴器，找正，拧紧机座螺栓，打扫现场，交付操作人员试车。

（二）组装中的注意事项

组装时，所有螺栓、螺母的螺纹都要涂抹一层铅粉油。组装最后一级叶轮后，要测量其轮毂与平衡盘轮毂两端面间的轴向距离，根据此轴向距离决定其间挡套的轴向尺寸。挡套与叶轮轮毂、挡套与平衡盘轮毂之间的轴向间隙之和为 $0.30\sim0.50mm$。因为泵在开车初期，叶轮等轴上零件先受较高温度的介质的影响，而轴受热影响在其后，它们的膨胀有时间之差。留有 $0.3\sim0.5mm$ 的轴向间隙，是为防止叶轮、平衡盘等先膨胀而互相顶死，以致造成对泵轴较大的拉伸应力。

装平衡盘座压圈时，要将其上面的一个缺口对准平衡水管的接口。否则，平衡水管被堵死，整个轴向平衡装置就失去作用。

长杆螺栓在组装之初，只能略微紧一紧。待整台泵在现场就位之后，再根据表 2-1 记录的数据对长杆螺栓进行紧固。紧固时一定要对称操作，否则将造成各段之间密封不良。

（三）联轴器的装配

联轴器俗称靠背轮或对轮，它是用来连接主动轴和从动轴的一种特殊装置。联轴器可以分为固定式（刚性）和可移式（弹性）两大类。

固定式联轴器所连接的两根轴的旋转中心线应该保持严格的同轴，所以联轴器在安装时必须很精确地找正对中，否则将会在轴和联轴器中引起很大的应力，并将严重地影响轴、轴承和轴上其他零件的正常工作，甚至会引起整台机器和基础的振动，严重时会使机器和基础发生损坏事故。

可移式联轴器则允许两轴的旋转中心线有一定程度的偏移，这样，机器的安装就要容易得多。

联轴器的找正是安装和修理过程中的一件很重要的装配工作。

1. 联轴器偏移情况的分析

在安装新机器时，由于联轴器与轴之间的垂直度不会有多大的问题，所以可以不必检查。但在安装旧机器时，联轴器与轴之间的垂直度一定要仔细检查，发现不垂直时要调垂直后再找正。

找正联轴器时，垂直面内一般可能遇到如图 2-38 所示的四种情况。

（1）$s_1=s_3$，$a_1=a_3$，如图 2-38(a) 所示。这表示两半联轴器的端面互相平行，主动轴和从动轴的中心线又同在一条水平直线上。这时两半联轴器处于正确的位置。此处 s_1、s_3

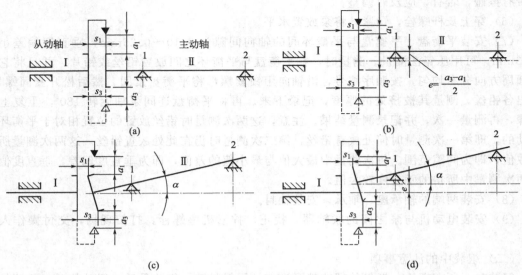

图 2-38　联轴器找正时可能遇到的四种情况

和 a_1、a_3 表示在联轴器上方（0°）和下方（180°）两个位置上的轴向间隙和径向间隙。

（2）$s_1=s_3$，$a_1\neq a_3$，如图 2-38（b）所示。这表示两半联轴器的端面互相平行，两轴的中心线不同轴。这时两轴的中心线之间有径向位移（偏心距）$e=(a_3-a_1)/2$。

（3）$s_1\neq s_3$，$a_1=a_3$ 如图 2-38（c）所示。这表示两半联轴器的端面互相不平行，两轴的中心线相交，其交点正好落在主动轴的半联轴器的中心点上。这时两轴的中心线之间有倾斜的角位移（倾斜角）α。

（4）$s_1\neq s_3$，$a_1\neq a_3$，如图 2-38（d）所示。这表示两半联轴器的端面互相不平行，两轴的中心线的交点又不落在主动轴半联轴器的中心点上。这时两轴的中心线之间既有径向位移又有角位移。

联轴器处于后三种情况时都不正确，均需要进行找正，直到获得第一种正确的情况为止。一般在安装机器时，首先把从动机安装好，使其轴处于水平，然后安装主动机。所以，找正时只需调整主动机，即在主动机的支脚下面用加减垫片的方法来进行调整。

各种联轴器的角位移和径向位移的允许偏差值如表 2-16 所示。

表 2-16　各种联轴器的角位移和径向位移的允许偏差值

联轴器名称	直径/mm	角位移/(mm/m)	径向位移/mm
齿形联轴器	150~300	0.5	0.3
	300~500	1.0	0.8
十字沟槽联轴器	100~300	0.8	0.1
	300~600	1.2	0.2
弹性塞销联轴器	100~300	0.2	0.05
	300~500	0.2	0.1
弹性牙接联轴器	130~200	1.0	0.1
	200~400	1.0	0.2
	400~700	1.0	0.3

2. 联轴器找正时的测量方法

联轴器在找正时主要测量其径向位移（或径向间隙）和角位移（或轴向间隙）。

（1）利用直尺及塞尺测量联轴器的径向位移，利用平面规及楔形间隙规测量联轴器的角位移。这种测量方法简单但精度不高，一般只能应用于不需要精确找正的粗糙低速机器。

（2）利用中心卡及千分表测量联轴器的径向间隙和轴向间隙，测量方法如图 2-39 所示。因为用了精度较高的千分表来测量径向间隙和轴向间隙，故此法的精度较高，它适用于需要精确找正中心的精密机器和高速机器。这种找正测量方法操作方便，精度高，应用极广。

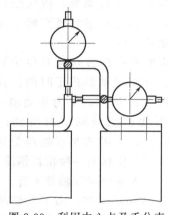

图 2-39　利用中心卡及千分表

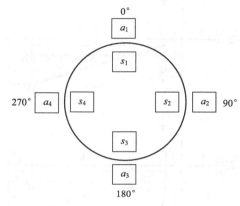

图 2-40　一点法记录图

测量联轴器的径向间隙和轴向间隙

利用中心卡及千分表来测量联轴器的径向间隙和轴向间隙时，常用一点法来进行测量。所谓一点法是指在测量一个位置上的径向间隙时，同时又测量同一个位置上的轴向间隙。测量时，先装好中心卡，并使两半联轴器向着相同的方向一起旋转，使中心卡首先位于上方垂直的位置（0°），用千分表测量出径向间隙 a_1 和轴向间隙 s_1，然后将两半联轴器依次转到 90°、180°、270°三个位置上，分别测量出 a_2、s_2；a_3、s_3；a_4、s_4。将测得的数值记在记录图中，如图 2-40 所示。

当两半联轴器重新转到 0°位置时，再一次测得径向间隙和轴向间隙的数值记为 a_1'、s_1'。此处数值应与 a_1、s_1 相等。若 $a_1' \neq a_1$，$s_1' \neq s_1$，则必须检查其产生原因（轴向窜动），并予以消除，然后再继续进行测量，直到所测得的数值正确为止。在偏移不大的情况下，最后所测得的数据应该符合下列条件：

$$a_1 + a_3 = a_2 + a_4 ; \quad s_1 + s_3 = s_2 + s_4$$

在测量过程中，如果由于基础的构造影响，使联轴器最低位置上的径向间隙 a_3 和轴向间隙 s_3 不能测到，则可根据其他三个已测得的间隙数值推算出来：

$$a_3 = a_2 + a_4 - a_1 ; \quad s_3 = s_2 + s_4 - s_1$$

最后，比较对称点上的两个径向间隙和轴向间隙的数值（如 a_1 和 a_3，s_1 和 s_3），若对称点的数值相差不超过规定的数值时，则认为符合要求，否则要进行调整。调整时通常采用在垂直方向加减主动机支脚下面的垫片或在水平方向移动主动机位置的方法来实现。

对于粗糙和小型的机器，在调整时，根据偏移情况采取逐渐近似的经验方法来进行调整（即逐次试加或试减垫片，以及左右敲打移动主动机）。对于精密的和大型的机器，在调整

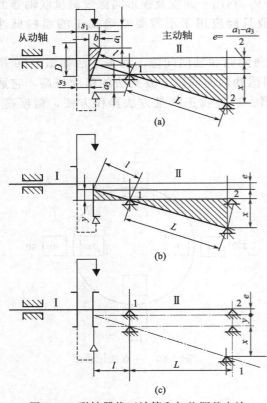

图 2-41　联轴器找正计算和加垫调整方法

时，则应该通过计算来确定应加或应减垫片的厚度和左右的移动量。

3. 联轴器找正时的计算和调整

联轴器的径向间隙和轴向间隙测量完毕后，就可根据偏移情况来进行调整。在调整时，一般先调整轴向间隙，使两半联轴器平行，然后调整径向间隙，使两半联轴器同轴。为了准确快速地进行调整，应先经过如下的近似计算，以确定在主动机支脚下应加上或应减去的垫片厚度。

现在以既有径向位移又有角位移的偏移情况为例，介绍联轴器找正时的计算及调整方法。如图 2-41 所示，Ⅰ 为从动轴，Ⅱ 为主动轴。根据找正测量的结果可知，这时的 $s_1 > s_3$、$a_1 > a_3$，即两半联轴器是处于既有径向位移又有角位移的一种偏移情况。

步骤一：先使两半联轴器平行

由图 2-41(a) 可知，为了要使两半联轴器平行，必须在主动机的支脚 2 下加上厚度为 x（mm）的垫片才能达到。此处 x 的数值可以利用图上画有阴影线的两个相似三角形的比例关系算出：

$$由 \frac{x}{L} = \frac{b}{D} \quad 得 \quad x = \frac{b}{D}L$$

式中　b——在 0° 与 180° 两个位置上测得的轴向间隙的差值（$b = s_1 - s_3$），mm；

　　　　D——联轴器的计算直径（应考虑到中心卡测量处大于联轴器直径的部分），mm；

　　　　L——主动机纵向两支脚间的距离，mm。

由于支脚 2 垫高了，而支脚 1 底下没有加垫，因此轴 Ⅱ 将会以支脚 1 为支点发生很小的转动，这时两半联轴器的端面虽然平行了，但是主动轴上的半联轴器的中心却下降了 y mm，如图 2-41(b) 所示。此处的 y 的数值同样可以利用图上画有阴影线的两个相似三角形的比例关系算出：

$$由 \frac{y}{l} = \frac{x}{L} \quad 得 \quad y = \frac{x}{L}l = \frac{\frac{b}{D}L}{L}l = \frac{b}{D}l$$

式中　l——支脚 1 到半联轴器测量平面之间的距离，mm。

步骤二：再使两半联轴器同轴

由于 $a_1 > a_3$，即两半联轴器不同轴，其原有径向位移量（偏心距）为 $e = \frac{a_1 - a_3}{2}$，再加上在第一步找正时又使联轴器中心的径向位移量增加了 y（mm）。所以，为了要使两半联轴器同轴，必须在主动机的支脚 1 和 2 下同时加上厚度为 $(y + e)$ mm 的垫片。

由此可见，为了要使主动轴上的半联轴器和从动轴上的半联轴器轴线完全同轴，则必须在主动机的支脚 1 底下加上厚度为（$y+e$）mm 的垫片，而在支脚 2 底下加上厚度为（$x+y+e$）mm 的垫片，如图 2-41(c) 所示。

主动机一般有四个支脚，故在加垫片时，主动机两个前支脚下应加同样厚度的垫片，而两个后支脚下也要加同样厚度的垫片。

假如联轴器在 90°、270° 两个位置上所测得的径向间隙和轴向间隙的数值也相差很大时，则可以将主动机的位置在水平方向作适当的移动来调整。通常是采用锤击或千斤顶来调整主动机的水平位置。

全部径向间隙和轴向间隙调整好后，必须满足下列条件：

$$a_1=a_2=a_3=a_4, \quad s_1=s_2=s_3=s_4$$

这表明主动机轴和从动机轴的中心线位于一条直线上。

在调整联轴器之前先要调整好两联轴器端面之间的间隙，此间隙应大于轴的轴向窜动量（一般图上均有规定）。

【**例 2-1**】 如图 2-42(a) 所示，主动机纵向两支脚之间的距离 $L=3000$mm，支脚 1 到联轴器测量平面之间的距离 $l=500$mm，联轴器的计算直径 $D=400$mm，找正时所测得的径向间隙和轴向间隙数值如图 2-42(b) 所示。试求支脚 1 和 2 底下应加或应减的垫片厚度。

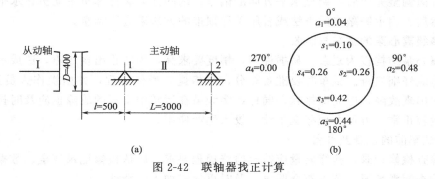

图 2-42　联轴器找正计算

由图 2-42 可知，联轴器在 0° 与 180° 两个位置上的轴向间隙 $s_1<s_3$，径向间隙 $a_1<a_3$，这表示两半联轴器既有径向位移又有角位移。根据这些条件可作出联轴器偏移情况的示意图，如图 2-43 所示。

步骤一：先使两半联轴器平行

由于 $s_1<s_3$，故 $b=s_3-s_1=0.42-0.10=0.32$（mm）。所以，为了要使两半联轴器平

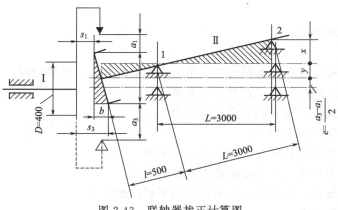

图 2-43　联轴器找正计算图

行必须从主动机的支脚 2 下减去厚度为 x（mm）的垫片，x 值可由下式计算：

$$x = \frac{b}{D}L = \frac{0.32}{400} \times 3000 = 2.4 \ (\text{mm})$$

但是，这时主动机轴上的半联轴器中心却被抬高了 y（mm），y 值可由下式计算：

$$y = \frac{l}{L}x = \frac{500}{3000} \times 2.4 = 0.4 \ (\text{mm})$$

步骤二：再使两半联轴器同轴

由于 $a_1 < a_3$，故原有的径向位移量（偏心距）为

$$e = \frac{a_3 - a_1}{2} = \frac{0.44 - 0.04}{2} = 0.2 \ (\text{mm})$$

所以，为了要使两半联轴器同轴，必须从支脚 1 和 2 同时减去厚度为 $(y+e) = 0.4 + 0.2 = 0.6$（mm）的垫片。

由此可见，为了要使两半联轴器轴线完全同轴，则必须在主动机的支脚 1 下减去厚度为 $(y+e) = 0.6$（mm）的垫片，在支脚 2 下减去厚度为 $(x+y+e) = 2.4 + 0.4 + 0.2 = 3.0$（mm）的垫片。

垂直方向调整完毕后，调整水平方向的偏差。以同样方法计算出主动机在水平方向上的偏移量。然后，用手锤敲击的方法或者用千斤顶推的方法来进行调整。

三、多级离心泵的试车与验收

多级离心泵结构较为复杂，易损件多，精度要求高，为防止出现故障，造成不应有的损失，试车前应仔细检查。试车时要准备充分，严格遵守操作规程，并由操作人员进行试车，一旦试车中出现故障，应立即排除。同样，多级泵在运转中出现的故障也应及时排除。经试车合格，运转正常，方可办理移交手续，投入生产使用。

（一）试车前的检查及准备

（1）检查检修记录，检修质量应符合检修规程要求，确认检修记录齐全、数据正确。

（2）检查润滑情况，若不符合要求，及时更换或加入润滑油。

（3）冷却水系统应畅通无阻。

（4）盘车无轻重不均的感觉，无杂音，填料压盖不歪斜。

（5）热油泵启动前一定要暖泵，预热升温速度不高于每小时 50℃。

（二）负荷试车

完成空负荷试车，泵的各项性能指标符合技术要求，可进行负荷试车，负荷试车步骤如下。

（1）盘车并开冷却水。

（2）灌泵。

（3）启动电动机。注意观察泵的出口压力、电动机电流及运转情况。

（4）缓慢打开泵的出口阀，直到正常流量。

（5）用调节阀或泵出口阀调节流量和压力。

负荷试车应符合的要求如下。

（1）运转平稳无杂音，润滑冷却系统工作正常。

（2）流量、压力平稳，达到铭牌能力或设定能力。

（3）在额定的扬程、流量下，电动机电流不超过额定值。

（4）各部位温度正常。

（5）轴承振动振幅：工作转速在1500r/min以下，应小于0.09mm；工作转速在3000r/min以下，应小于0.06mm。

（6）各接合部位及附属管线无泄漏。

（7）轴封漏损应不高于下列标准。填料密封：一般液体，20滴/分；重油，10滴/分。机械密封：一般液体，10滴/分；重油，5滴/分。

（三）验收

检修质量符合规程要求，检修记录准确齐全，试车正常，可按规定办理验收手续，移交生产。

【知识与技能拓展】

一、高速离心泵的结构

高速离心泵由电机、增速器和泵三部分组成。泵和增速器一般为封闭结构，可以露天安装使用。立式结构使用较广泛，驱动功率一般为7.5～132kW。当驱动功率超过160kW时，采用卧式结构。泵由叶轮、泵体和泵轴等组成。泵体不是蜗壳形，而是一个同心圆的环形空间。叶轮是全开式的，没有前后盖板，叶片是直线放射状的。有一般叶轮和带诱导轮的两种结构型式。一般叶轮前面带有诱导轮。高速离心泵整体结构、部分结构、诱导轮分别如图2-44～图2-46所示。高速离心泵的叶轮悬臂装在泵轴上，泵轴与增速器高速轴直接连接。泵体内的压水室为环形，空间很小，在压水室周围布置1～2个锥形扩散管，扩散管进口设有喷嘴，喷嘴的尺寸对泵的性能影响很大。由于叶轮是开式的，在运转中不产生轴向力，故泵内没有轴向力平衡装置。

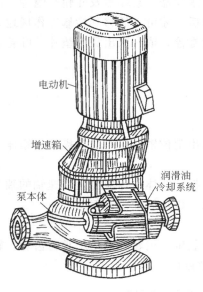

图2-44　高速离心泵

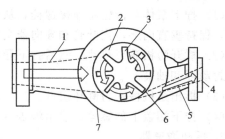

图2-45　泵部分结构示意图

1—吸入口；2—环形空间；3—叶轮；4—压出口；
5—扩散锥管；6—喷嘴；7—泵体

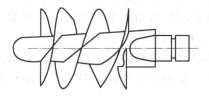

图2-46　诱导轮

高速离心泵叶轮和泵体之间没有密封环，泵内部的间隙较大。叶轮叶片与泵体后盖和扩散锥管之间的间隙一般为2～3mm，如果达3～4mm还可应用，而不影响效率。泵的轴封装置通常采用机械密封。泵内设有旋风分离器，使泵抽送的液体得以净化后，被引向机械密封，以延长机械密封的寿命。

高速离心泵的高速是通过增速器实现的，所以增速器是高速离心泵的关键部件之一。增速器主要由齿轮构成，有一级增速和两级增速两种基本类型。增速器齿轮一般采用模数较小的渐开线直齿轮，这可避免产生轴向力，而且制造方便。齿轮精度要求很高，节距误差一般为 $2 \sim 3 \mu m$。齿轮材料用特殊钢经渗氮或渗碳处理。增速器壳体分成两半，一般靠定位销定位，不用止口对中。增速器外壳用散热性能好的铝合金制造。高速轴上的轴承对小功率泵采用巴氏合金轴承，功率在 150kW 以上用分块式滑动轴承与端面止推轴承组合。增速器的润滑是由自带油泵经滤油器和油冷器送入壳体各个喷嘴，通过喷嘴将油喷成雾状，用油雾来润滑齿轮和轴承。

这种泵适用在高扬程、小流量场合。由于叶轮与壳体的间隙较大，所以可用来输送含固体微粒及高黏度的液体。带诱导轮的叶轮具有良好的抗汽蚀性能。

高速泵结构紧凑、质量小、体积小、占地面积小，基础工程较简单。但加工精度要求高，制造上比较困难。

二、高速离心泵的检修

(一) 拆卸

1. 拆卸驱动装置

(1) 拆出电动机的电源线或汽轮机的进出口接管。

(2) 拧下联轴器螺母，卸出联轴器。

(3) 拧下驱动机与齿轮箱的连接螺钉，然后用起重设备吊出驱动机，平稳直立放在枕木上或平台上。

2. 拆卸泵体

(1) 拧下泵体与齿轮箱连接螺栓，从泵体上吊出增速器、泵端盖及叶轮等组件；吊时要小心，保持垂直向上，当叶轮和导向器全部脱出泵体后，才可以吊移到检修工作场地。

(2) 撬开防松翼形垫片，然后拧下导向器或叶轮螺栓，依次取出翼形垫片、叶轮、泵机械密封动环和轴套。

(3) 拆出泵机械密封静环组件。

(4) 拧下端盖上的螺栓，取出端盖。

3. 拆卸增速器

(1) 拧下齿轮增速器上、下箱体的连接螺栓，卸出定位销钉，用吊具提住上箱体，并用锤轻轻敲打下箱体使上、下箱体脱离，取出上箱体。

(2) 依次取出低速轴组件、油泵和高速轴组件。拆卸箱体前，应测量高速轴的轴向窜动量，拆后应测量箱体中分面的垫片厚度，将数据记录，以免装配出现偏差。

(二) 组装

高速离心泵组装转子总成时，必须特别仔细。组装轴、齿轮、滚动轴承时齿轮、轴承均应油煮，轴颈应预冷。其温度应控制在表 2-17 规定范围内。

表 2-17　高速离心泵轴承油煮、轴颈预冷温度

零件	温度/℃
齿轮	190～205(并低于回火温度)
轴颈	−18
滚动轴承	≤120

思 考 题

1. 什么是多级离心泵？有何特点？
2. 多级离心泵的型号是如何表示的？
3. 多级离心泵由哪些零部件组成？
4. 离心泵中密封环有何作用？有哪几种结构？各有何特点？
5. 多级离心泵中导轮有何作用？
6. 多级离心泵的轴向力与单级离心泵的轴向力相比有何特点？采用何种装置平衡？
7. 多级离心泵启动前应做哪些检查工作？
8. 多级离心泵如何进行操作？
9. 多级离心泵日常维护的工作内容有哪些？
10. 多级离心泵运转过程中遇到什么情况应紧急停车？
11. 分段式多级离心泵拆卸前应做哪些准备工作？
12. 分段式多级离心泵拆卸步骤是什么？
13. 分段式多级离心泵在拆卸过程中有哪些注意事项？
14. 填料密封的基本组成元件有哪些？其工作原理是什么？
15. 填料密封的主要泄漏途径有哪些？
16. 填料密封对填料的材料有哪些要求？
17. 填料形式有哪些？
18. 填料密封常见故障有哪些？是何原因？如何排除？
19. 填料密封如何进行安装？
20. 填料密封安装后如何进行试运行？有何要求？
21. 机械密封由哪些零件组成？是何工作原理？
22. 重型、中型和轻型机械密封是如何划分的？
23. 单端面和双端面机械密封有何区别？各有何特点？
24. 平衡式机械密封为何承载能力大？
25. 内装式和外装式机械密封各适用于何种场合？
26. 大轴径高速密封是使用单弹簧机械密封还是使用多弹簧机械密封？为什么？
27. 机械密封的主要性能参数有哪些？
28. 哪些措施可以延长机械密封的使用寿命？
29. 机械密封的动环和静环密封端面为何通常是一窄一宽的结构？
30. 机械密封的摩擦副材料有何要求？
31. 机械密封的辅助密封圈断面形状有哪些？辅助密封圈的尺寸有何要求？
32. 机械密封中的压紧元件常采用哪些材料？
33. 机械密封中传递转矩的结构型式有哪些？
34. 机械密封主要零件的技术要求有哪些？
35. 为何要对机械密封进行冷却和冲洗？
36. 机械密封启动前应做哪些准备工作？
37. 机械密封日常维护的内容有哪些？
38. 机械密封在检修过程中出现什么情况应更换动环和静环？动环和静环技术要求有哪些？如果出现缺陷如何进行修理？
39. 机械密封安装前应做好哪些准备工作？
40. 机械密封如何进行安装？
41. 机械密封安装后应做哪些检查？有何要求？

42. 机械密封失效的主要形式有哪些？

43. 机械密封主要故障现象有哪些？是什么原因产生的？

44. 多级离心泵在检修时对转子检查的内容有哪些？有何要求？如何修理？

45. 多级离心泵转子小装的目的是什么？

46. 密封环磨损的原因是什么？密封环安装有何要求？

47. 多级离心泵在检修时对平衡盘检查的内容有哪些？有何要求？

48. 分段式多级离心泵如何进行组装？有哪些要求？有哪些注意事项？

49. 多级离心泵的联轴器找正的标准是什么？

50. 联轴器如何进行找正？

51. 多级离心泵试车前应做好哪些准备工作？

52. 多级离心泵试车时有哪些要求？

53. 对多级离心泵检修完毕后的验收有哪些要求？

54. 多级离心泵在试车时应注意哪些安全事项？

55. 高速离心泵由哪些零件组成？

56. 高速离心泵如何进行拆装？

习　题

如题图 2-1(a) 所示，离心泵的电动机纵向两支脚之间的距离 $L=2000\text{mm}$，支脚 1 到联轴器测量平面之间的距离 $l=500\text{mm}$，联轴器的计算直径 $D=350\text{mm}$，找正时所测得的径向间隙和轴向间隙数值如题图 2-1(b) 所示。试求支脚 1 和支脚 2 底下应加或应减的垫片厚度。

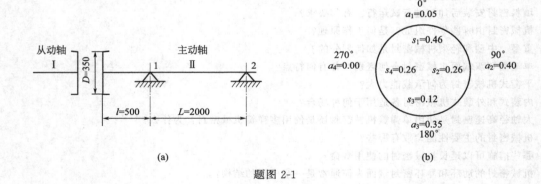

题图 2-1

学习情境三

耐腐蚀泵的检修与维护

学习任务七　耐酸泵的检修与维护

【学习任务单】

学习领域	化工用泵检修与维护	
学习情境三	耐腐蚀泵的检修与维护	
学习任务七	耐酸泵的检修与维护	课时：6
学习目标	1. 知识目标 (1)掌握泵的腐蚀与防护的相关知识； (2)掌握常用耐酸泵的结构和过流部件的选材； (3)了解常用耐酸泵的分类以及型号编制方法； (4)掌握常用耐酸泵的检修方法。 2. 能力目标 (1)能够制订耐酸离心泵的检修方案； (2)能够按照步骤拆卸耐酸离心泵，完成零部件的清洗、检查和修理等工作； (3)能够正确地组装耐酸离心泵，并进行调试。 3. 素质目标 (1)培养学生吃苦耐劳的工作精神和认真负责的工作态度； (2)培养学生踏实细致、安全保护和团队合作的工作意识； (3)培养学生语言和文字的表述能力。	

一、任务描述

在石油化工生产中，输送酸、碱等介质时，常采用耐酸（碱）泵。假如你是企业的一名设备管理员或维修工，耐酸泵的检修与维护是你经常要面对的工作任务之一。请在掌握耐酸离心泵工作原理的基础上，对其进行检修并完成日常运行管理与维护等工作。

二、相关资料及资源

1. 教材；
2. 常用不锈钢耐酸离心泵、塑料耐酸离心泵的技术资料和结构图；
3. 相关视频文件；
4. 教学课件。

三、任务实施说明

1. 学生分组，每小组 4～5 人；
2. 小组进行任务分析和资料学习；
3. 现场教学；
4. 小组讨论，制订耐酸离心泵的检修和试车验收方案；
5. 小组合作，进行耐酸离心泵的检修和试车验收，并填写相关检修和试车验收记录。

四、任务实施注意点

1. 在制订耐酸离心泵的检修方案时，应熟悉耐酸离心泵的检修规程和总装配图；
2. 认真分析耐酸离心泵的检修方案，特别要注意过流部件的检修；
3. 在耐酸泵的检修过程中，应注意不同零件的拆卸和组装方法，合理选择工器具；
4. 遇到问题时小组进行讨论，可邀请指导老师参与讨论，通过团队合作获取问题的解决方法；
5. 注意安全与环保意识的培养。

五、拓展任务

1. 了解液下泵的结构特点和维护检修方法；
2. 了解屏蔽泵的结构特点和维护检修方法；
3. 了解磁力驱动泵的结构特点和维护检修方法。

【知识链接】

一、泵的腐蚀与防护

在石油化工生产中，泵输送的液体种类很多，液体的性质和泵的操作条件也是千差万别的，如液体的温度可高达几百度，压力可达几十兆帕，有的介质呈酸性，有的介质呈碱性，有的介质腐蚀性强，有的介质腐蚀性弱等。为了满足以上要求，除了采用不同类型的泵以外，还要了解不同的液体在各种条件下对金属材料的腐蚀情况，从而针对不同的液体来选择合适的耐腐蚀泵用于各类化工生产工艺流程中去，并且采取相应的防腐措施以延长泵的使用寿命，这也是石油化工用泵的一个非常重要的问题。

多数泵是由金属材料制造的，金属材料腐蚀的规律比较复杂，不同的材料在同一种介质中的腐蚀情况各不相同，同一种材料在不同介质中的腐蚀情况也大相径庭，比如碳钢在稀硫酸中腐蚀速度很快，但在浓硫酸中却相当稳定；普通的 18-8 型奥氏体不锈钢能耐硝酸、冷磷酸、许多盐类及碱溶液、水和蒸汽、石油产品等化学介质的腐蚀，但是对硫酸、盐酸、氢氟酸、草酸等的化学稳定性比较差；铝在稀硫酸和发烟硫酸中稳定，在中等和高浓度的硫酸中却不稳定。

因此，必须首先了解金属腐蚀的原因和种类，才能针对特定的化工物料，正确选用合适的耐腐蚀泵并采取合理的防腐措施。

（一）腐蚀的基本概念

材料（通常是指金属材料）或材料的性质由于与它所处的环境发生反应而恶化变质，称为腐蚀。它包括三个方面的研究内容，即材料、环境及反应的种类。

1. 材料

材料包括金属材料、非金属材料及材料的性质，是腐蚀发生的内因。

2. 环境

环境是腐蚀发生的外部条件，任何材料在使用过程中总是处于特定的环境中，对腐蚀起作用的环境因素主要有介质的成分、浓度、温度、流速和压力等。

3. 反应的种类

腐蚀是材料与环境发生反应的结果。金属材料与环境通常发生化学反应或电化学反应，非金属材料与环境则会发生溶胀、溶解、老化等反应。

（二）腐蚀的类型及机理

1. 按腐蚀的机理分为化学腐蚀和电化学腐蚀两大类

化学腐蚀是指金属与干燥的气体或非电解质溶液产生化学作用而引起的腐蚀。化学腐蚀通常为干腐蚀，腐蚀速度相对较小。如碳钢在铸造、锻造、热处理过程中发生的高温氧化以及铝在无水乙醇中的腐蚀等均属于此类腐蚀。实际上单纯的化学腐蚀是相当少的，一些干燥介质中如混入水分常会由化学腐蚀转化为电化学腐蚀。

电化学腐蚀是指金属与电解质溶液发生电化学反应而产生的破坏，反应过程均包括阳极反应和阴极反应两个过程，腐蚀过程中伴有电流的流动，即电子和离子的运动。金属在酸、碱、盐等化学溶液和土壤、海水、潮湿的大气中的腐蚀均属于此类腐蚀。通常情况下，电化学腐蚀要比化学腐蚀强烈得多，金属的腐蚀破坏大多数也是由电化学腐蚀引起的。

不同金属在电解质溶液中的电位不同，它们之间会产生电位差；同一金属由于本身组织不均匀在电解质溶液中也有可能产生电位差；同一金属在电解质溶液中所处的环境条件有差别（如浓度、温度和应力差别等）也会产生电位差。而在酸、碱、盐等电解质溶液中都存在着带正电荷的阳离子和带负电荷的阴离子，电位差成了电解质溶液中离子移动的推动力，离子移动到电极上得失电子的同时便会产生金属的腐蚀，并同时产生电流。因此，电化学腐蚀是由于金属发生腐蚀电池作用引起的，如图 3-1 所示。如果将两种电位不同的金属（如铜和锌）用导线连接起来，放在电解质溶液（如稀 H_2SO_4 溶液）中，这样就构成了导电回路，回路中的电子将从低电位的锌流向高电位的铜，电子的移动产生电流，形成腐蚀电池。锌不断失去电子，变为锌离子进入溶液，锌电极成为腐蚀电池的阳极，出现腐蚀；铜电极成为腐蚀电池的阴极而被保护，溶液中的 H^+ 不断移动到铜电极上得到电子而析出 H_2。

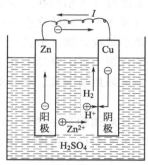

图 3-1　腐蚀电池作用示意图

在某些腐蚀性介质特别是强氧化剂如硝酸、氯酸、重铬酸钾、高锰酸钾等中，随着电化学腐蚀的进行，在阳极金属的表面会逐渐形成一层保护膜，从而使阳极的溶解受到阻滞而终止腐蚀，这种现象称为钝化，这层保护膜称为钝化膜。在生产实践中，钝化现象可以用来保护金属。

2. 按腐蚀的破坏特征，可分为全面腐蚀和局部腐蚀

全面腐蚀也称为均匀腐蚀，它的特点是腐蚀均匀地发生在整个金属的表面，腐蚀的结果是设备壁厚的均匀减薄，如图 3-2（a）所示。全面腐蚀容易被发现和测量，因此这种腐蚀的危险性较小，只要在泵的设计时考虑足够的腐蚀裕量就可以保证泵的机械强度和使用寿命。

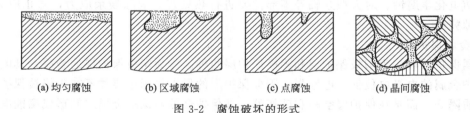

(a) 均匀腐蚀　　　(b) 区域腐蚀　　　(c) 点腐蚀　　　(d) 晶间腐蚀

图 3-2　腐蚀破坏的形式

局部腐蚀又称为非均匀腐蚀，它的特点是腐蚀集中在金属表面的一定区域，而其他区域不腐蚀或腐蚀很轻微。这类腐蚀又包括区域腐蚀、点腐蚀、晶间腐蚀、应力腐蚀、腐蚀疲劳和空泡腐蚀等，如图 3-2(b)、(c)、(d) 所示。

点腐蚀是由局部电作用引起的，腐蚀从金属表面开始，最后产生凹坑，凹坑可能会被腐蚀产物覆盖，结成瘤状形的硬疤，疤的下面就是一个点蚀坑。点蚀经常发生在金属表面上有停滞或缓慢流动介质的区域。

晶间腐蚀先从金属表面晶粒之间的边缘开始，腐蚀介质逐步渗入到金属的深处，破坏了

金属晶粒之间的结合力，在金属表面不会留下宏观的迹象，从表面不易发现，但金属材料的强度和塑性几乎完全丧失，只要在很小的外力作用下就可能破坏。比如，不锈钢经过严重晶间腐蚀后，表面看起来仍十分光滑，但只要用锤轻轻敲击，它就会碎成粉末。由于设备在工作过程中晶间腐蚀不容易被发现，所以它是一种危险性比较大的腐蚀破坏形式。

应力腐蚀是指拉应力和腐蚀环境的联合作用而引起的金属腐蚀破裂，应力和腐蚀是相互促进的。一方面腐蚀使金属有效截面积减小和表面形成缺口产生应力集中；另一方面应力的增大使材料产生大的变形又加速了腐蚀的进展，使表面缺口向深处扩展，往往在没有任何预兆的情况下导致设备的破坏，因此应力腐蚀破裂也是一种很危险的腐蚀损坏。

腐蚀疲劳又称疲劳腐蚀，是指金属材料或结构在交变载荷和腐蚀介质共同作用下引起的疲劳强度或疲劳寿命降低的现象。材料在长时间的交变载荷作用下，应力值达到或超过材料的疲劳极限时就会使金属表面产生微小裂纹，腐蚀介质进入微裂纹加速了裂纹向深处扩展。最后可能造成金属构件突然断裂，从宏观上看，断口有两个明显不同的区域：一是腐蚀疲劳裂纹的产生和扩展区；二是截面崭新的最后断裂区。在石油化工生产行业的设备当中，泵轴等均有可能发生腐蚀疲劳。

空泡腐蚀是金属与液体介质之间作高速相对运动时，液体介质对金属产生的冲击加腐蚀的一种腐蚀形式，空泡腐蚀的结果使金属表面产生蜂窝状的腐蚀坑。离心泵叶轮等通常会遭受空泡腐蚀。

离心泵输送带有固体颗粒的悬浮液时，由于固体粒子在泵的过流部件表面上的冲刷，常常使这些部件产生严重的磨损，称为冲刷腐蚀。如泵的叶轮产生冲刷腐蚀后会使泵的扬程和效率显著降低，甚至使泵无法工作，必须更换新的叶轮。此外，离心泵的汽蚀是机械剥蚀和腐蚀共同作用的结果，也会给泵带来严重损坏。

（三）泵的防腐措施

泵的腐蚀给石油化工生产造成的危害是相当严重的，据调查，在各类泵的使用过程中发生的故障大约有 25％是由于零部件被腐蚀而引起的。因此，研究泵的防腐措施是十分必要的。

1. 结构要合理，组织要均匀

不合理的泵结构常常会引起局部应力造成应力腐蚀；泵的零部件材质的化学成分要均匀，以防电化学腐蚀；对大型泵轴等零部件要进行热处理，消除残余应力，防止应力腐蚀，避免腐蚀疲劳。

2. 金属保护层

金属保护层可分为阳极保护层和阴极保护层两种。作为阳极保护层的金属，其电极电位比被保护金属的电极电位低、电性强。阳极保护层的保护作用主要并不在于将被保护金属与腐蚀介质隔开，而是在保护层空隙和破坏处，被保护金属与保护金属之间形成腐蚀电池，因为被保护的是腐蚀电池的阴极，所以不受破坏。阳极覆盖层的保护性能主要取决于覆盖层的厚度，覆盖层越厚，其保护效果越好。比如在一定的条件下的锌、镉、铝均可作为碳钢的阳极保护层。

阴极保护层的金属，其电极电位比被保护金属的电极电位高、电性弱。比如铁镀锡，只有在保护层非常完整时才能可靠地用来防止腐蚀，否则腐蚀介质将通过覆盖层的孔隙和损坏处渗到被保护金属，此时会形成微观腐蚀电池，被保护金属是阳极，将遭到剧烈破坏。因此，阴极覆盖层的保护性能取决于覆盖层的厚度和孔隙率，覆盖层越厚，孔隙率越低，其保护效果越好。一般情况下，镍、铜、铅、锡等均可作为碳钢的阴极保护层。

形成金属保护层有很多方法，如泵轴用热处理的方法渗铬、渗硅、渗铝；用电镀方法镀铬、镀镍；用热喷涂的方法喷涂不锈钢或其他耐腐蚀金属等。

3. 非金属保护层

在金属设备上覆盖一层有机或无机的非金属材料进行保护是化工防腐的重要手段之一，根据腐蚀环境的不同，可以覆盖不同种类、不同厚度的耐腐蚀非金属材料，利用非金属材料将被保护金属与腐蚀介质隔离开，从而达到防腐的目的。

耐腐蚀泵的泵壳和叶轮常采用衬橡胶、衬树脂、搪瓷、搪玻璃等方法，防止酸或碱溶液的腐蚀。对输送腐蚀性不太强的介质，也可以在泵壳内或叶轮上涂以防腐涂料，如生漆、酚醛树脂涂料、环氧树脂涂料、呋喃树脂涂料等。

4. 电化学保护

根据金属电化学腐蚀理论，如果把处于电解质溶液中的某些金属的电位降低，可以使金属难以失去电子，从而大大降低金属的腐蚀速度，甚至可使腐蚀完全停止。也可以把金属的电位提高，使金属钝化，人为地使金属表面形成致密的氧化膜，使金属的腐蚀速度大大降低。这种通过改变金属在电解质溶液中的电极电位从而控制金属腐蚀的方法称为电化学保护。

电化学保护分为阴极保护和阳极保护两种。

阴极保护分为牺牲阳极保护和外加电流阴极保护两种。前者是利用负电性很强的金属连接在被保护的金属构件上，在电解质溶液中构成一个电偶腐蚀电池，使被保护金属为腐蚀电池的阴极，以降低或消除腐蚀，而负电性很强的金属成为阳极而被腐蚀，故称为牺牲阳极保护法，阳极常用的材料有锌、镁、铝等。后者则是利用外加直流电源来提供保护所需的电流，这时被保护的金属为阴极，为了使电流能够通过，还需要设置辅助阳极。

阳极保护是依据金属钝化的原理。对于某些在电解质溶液中产生钝化的金属，如果通以一定的直流电，且电流达到一定数值时，则该金属钝化，在其表面生成一层钝化膜，从而阻止腐蚀的进行。阳极保护把金属构件与外加直流电源的正极相连接，另一辅助阴极与外加直流电源的负极相连接。阳极保护只能用在某些金属在某些介质中能钝化的场合，对防止强氧化性介质，如浓硫酸、浓硝酸的腐蚀特别有效。

（四）常用耐腐蚀泵的材料

1. 泵的选材原则

在选用离心泵的型号时，正确地确定离心泵的材料是保证离心泵安全运行和延长泵的使用寿命的一个重要因数。选择材料要从多方面综合考虑各种因素的影响，从而选出最合适的材料。

① 泵输送介质的性质和泵的操作条件，如温度、压力、腐蚀性、黏度、是否含有固体粒子等。此外还得考虑有无其他特殊情况，如医药、食品工业要求输送的介质特别干净，防止金属离子的污染，输送含有固体粒子介质的泵要求材料耐磨性好等。

② 材料的机械性能要适合泵的要求。反映材料机械性能的指标很多，对泵所用的材料，主要是考虑材料的强度、刚度、硬度、塑性、冲击韧性和抗疲劳性能等。

③ 材料的加工工艺性能与泵的制造和安装检修有直接关系。离心泵的叶轮、壳体、平衡盘等多数零件是由金属材料铸造而成的，然后进行机械加工，有些零件还要进行热处理。材料加工工艺性能的好坏也直接影响材料的使用和泵的成本。

④ 耐腐蚀性能的好坏是泵的材料选择不可忽视的重要问题。对于石油化工生产行业来说，泵的耐腐蚀性尤为重要。

2. 常用耐腐蚀泵的材料选择

石油化工生产中经常遇到酸、碱及其他对金属材料具有腐蚀性的液体物料，用来输送这类物料的离心泵统称为耐腐蚀离心泵，这类泵的型号均以 F 表示，其工作原理与离心式清水泵是类似的，其耐腐蚀性主要是由制造这类泵的材料性质所决定的。表 3-1 是制造耐腐蚀离心泵的常用材料。

表 3-1　耐腐蚀离心泵的常用材料

代号	材料	代号	材料
B	1Cr18Ni9Ti	Q	硬铝
M	0Cr18Ni12Mo2Ti	H	灰铸铁 HT200
U	铝铁青铜 9-4	J	耐碱铝铸铁
E	高铬铸铁	L	1Cr13
G15	高硅铸铁	S	塑料（聚三氯乙烯、氟塑料等）

大多数耐腐蚀泵之所以可以耐腐蚀主要取决于泵的过流部件的材质，对于耐腐蚀泵来说，需根据输送介质的不同，选择泵过流部件的材质。表 3-1 中的材料只适用于某些特定的腐蚀性介质，如 1Cr18Ni9Ti 可用于常温的低浓度硝酸和其他氧化性酸液、碱液及弱腐蚀介质；0Cr18Ni12Mo2Ti 最适合输送常温的高浓度硝酸，也可输送硫酸、有机酸等还原性介质；灰铸铁 HT200 适用于浓硫酸；塑料应用范围较广，聚四氟乙烯和聚全氟乙丙烯等多种材料经过合理配方、模压、加工而成，塑料耐腐蚀泵具有特强的耐腐蚀性能，并具有机械强度高、不老化、无毒素分解等优点，是输送各种强、弱酸的理想设备，其中聚四氟乙烯是最好的耐腐蚀材料之一，基本上可以耐任何酸、碱介质的腐蚀，被称为塑料王。除表 3-1 中所列材料外，陶瓷、搪瓷、玻璃等也在某些特定的场合用来制造耐腐蚀泵的过流部件。

二、常用耐腐蚀泵的检修与维护

（一）耐腐蚀泵的应用

耐腐蚀泵适应区域广泛，如化工、冶金、电力、造纸、食品、制药、合成纤维等工业部门用于输送腐蚀性的或不允许污染的介质。

（二）耐腐蚀泵的选型

化工用泵选型时首先要注意选材的科学性。下面针对一些常用的化工介质来说明耐腐蚀泵的选择。

1. 硫酸

硫酸作为强腐蚀介质之一，是用途非常广泛的重要工业原料。不同温度和浓度的硫酸对材料的腐蚀差别较大，对于温度小于 80℃、浓度在 80％以上的浓硫酸，碳钢和铸铁有较好的耐蚀性，但它不适合高速流动的硫酸，不适合用作泵的材料；普通不锈钢如 304（0Cr18Ni9）、316（0Cr18Ni12Mo2Ti）对硫酸介质也用途有限。因此，输送硫酸的泵通常采用高硅铸铁或高合金不锈钢制造，但高硅铸铁硬而脆，力学性能差，铸造及加工难度大，而高合金不锈钢加工难度大且价格昂贵。氟塑料合金具有很好的耐硫酸性能，因此，输送硫酸时，采用衬氟泵也是一种较好的选择。

2. 盐酸

绝大多数金属材料包括各种不锈钢材料都不耐盐酸腐蚀，含钼高硅铁也仅可用于浓度在 30％以下、温度低于 50℃的盐酸。和金属材料相反，绝大多数非金属材料对盐酸都有良好的耐腐蚀性，所以内衬橡胶泵和塑料泵（如工程塑料、氟塑料等）是输送盐酸的最好选择。

3. 硝酸

一般金属大多在硝酸中被迅速腐蚀破坏，不锈钢是应用最广的耐硝酸材料，对常温下一切浓度的硝酸都有良好的耐蚀性。而对于高温硝酸，通常采用氟塑料合金材料的泵。

4. 醋酸

它是有机酸中腐蚀性最强的介质之一，普通钢铁在一切浓度和温度的醋酸中都会被严重腐蚀，不锈钢是优良的耐醋酸材料，含钼的 316 不锈钢还能适用于高温和稀醋酸蒸汽。对于高温高浓度醋酸或含有其他腐蚀介质等苛刻要求时，可选用高合金不锈钢或氟塑料泵。

5. 碱

一般腐蚀性不是很强，但一般碱溶液都会产生结晶，因此可选用配置硅化石墨 169 材质机械密封的 FSB 型氟合金碱泵。

6. 氨

大多数金属和非金属在液氨及氨水中的腐蚀都很轻微，只有铜和铜合金不宜使用。大多数耐腐蚀泵均适用于氨及氨水的输送，其中，工程塑料泵、氟合金离心泵较好。

7. 盐水

普通钢铁在氯化钠溶液和海水、咸水中腐蚀率不太高，一般须采用涂料保护，各类不锈钢也有很低的均匀腐蚀率，但可能因氯离子破坏其表面氧化膜而引起局部腐蚀，如在不锈钢中加入钼，可提高其在海水中的稳定性，故通常采用 316 不锈钢较好。

8. 醇类、酮类、酯类、醚类

常见的醇类介质有甲醇、乙醇、乙二醇、丙醇等，酮类介质有丙酮、丁酮等，酯类介质有各种甲酯、乙酯等，醚类介质有甲醚、乙醚、丁醚等，它们腐蚀性基本不强。因此，均可选用普通不锈钢，具体选用时还应根据介质的属性和相关要求做出合理选择。另外值得注意的是酮、酯、醚对多种橡胶有溶解性，在选择密封材料时避免出错。

（三）典型金属耐腐蚀离心泵的选用、安装与维护

1. 金属耐腐蚀泵的选用

我国 F 型耐腐蚀泵主要有不锈钢泵和高硅铸铁泵等，其中，最常用的是不锈钢耐腐蚀泵。AFB、FB 系列单级单吸悬臂式耐腐蚀离心泵是最典型的不锈钢耐腐蚀泵。FB 型泵适用于不含有固体颗粒介质，介质温度约为 0～120℃，泵的进口压力不大于 0.2MPa；AFB 型不锈钢耐腐蚀离心泵是在 F 型耐腐蚀泵的基础上改进设计的，该泵与输送介质接触的过流部分零件，均采用不锈钢材料制造，用户可根据被输送介质的腐蚀性程度对泵的过流部分主要零件选用不同材料。泵的过流部分主要零件的材料及其代号，如表 3-2 所示。AFB 型不锈钢耐腐蚀离心泵用于输送不含固体颗粒、有腐蚀性的液体，被输送介质温度约为 -20～130℃，泵的进口压力不大于 0.2MPa。该类泵若采用适当冷却措施，输送的介质温度可更高。

表 3-2　不锈钢泵的过流部分主要零件的材料及其代号

材料	ZG1Cr18Ni9	ZG1Cr18Ni9Ti	ZG0Cr18Ni12Mo2Ti
代号	303	305	306
材料	ZG1Cr18Ni12Mo2Ti	ZG00Cr17Ni14Mo2	ZG1Cr18Mn13Mo2CuN
代号	307	316L	402

不锈钢金属耐腐蚀泵广泛应用于化工、石油、冶金、轻工、合成纤维、环保、食品、医药等部门。该类设备具有性能稳定可靠、密封性能好，造型美观，使用、维修方便等优点。不锈钢金属耐腐蚀泵标记示例如下：

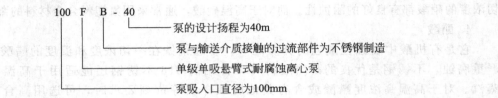

100 F B - 40

├─ 泵的设计扬程为40m
├─ 泵与输送介质接触的过流部件为不锈钢制造
├─ 单级单吸悬臂式耐腐蚀离心泵
└─ 泵吸入口直径为100mm

2. 金属耐腐蚀泵的结构

图 3-3 所示为不锈钢耐腐蚀泵的结构简图，与介质接触的过流部件，分别用不同牌号的不锈钢制造，除耐腐蚀性能有差异外，其结构与离心式水泵完全相同。主要特点是：密封环比离心式清水泵大，填料压盖下方托架上设置有托酸盘用来盛接自填料处泄漏的少量酸液，体积小，效率高，泵性能规格多，可满足各种要求，运转可靠，维护简单。

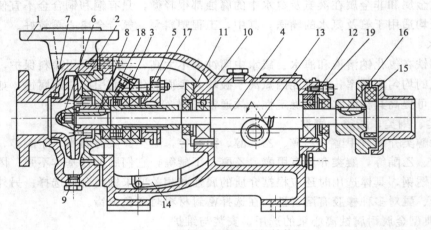

图 3-3　不锈钢耐腐蚀泵的结构图

1—泵体；2—叶轮；3—泵盖；4—轴；5—轴套；6—叶轮螺母；7—密封环；8，16—键；
9—丝堵；10—托架；11—密封圈；12—轴承；13—视油孔；14—托酸盘；
15—联轴器；17—填料压盖；18—封液管；19—轴承盖

3. 金属耐腐蚀泵的安装

（1）金属耐腐蚀泵安装前的准备工作

① 查阅设备图纸，了解泵的主要尺寸、连接件和地脚螺栓的位置等。

② 在安装前必须准备必要的工器具，需要时配备合适的起吊设备并保持充足的光线，对大的组件必须提供传送到装配位置上的合适空间和通道，以方便泵的安装调整。

③ 选择合理的安装位置，保证泵运转平稳，避免共振，以延长泵的使用寿命。

④ 在管路安装以前，为了保护泵，不得将泵法兰及螺纹孔上的孔堵拆掉以免掉入杂物。在安装期间，泵必须盖好。

⑤ 泵的基础及相关土建工程完工后，混凝土达到有效养护期、强度达到规定标准且经复查验收后，泵方可就位安装。

⑥ 对于轴封、泵体出口、冷却系统等的泄漏必须提供一个无压排漏条件，以免污染环境。

（2）金属耐腐蚀泵底座的安装

① 将带有泵和电机的底座放在基础上，将地脚螺栓插入底座的地脚螺栓孔内，旋入垫圈及螺母，用不同厚度和不同形式的钢制垫板将泵调至水平位置。

② 清除地脚螺栓预留孔内的积水和杂物，用混凝土灌注地脚螺栓。

③ 混凝土凝固后，拧紧地脚螺栓螺母。再复查泵的水平度，如泵的位置发生变动必须再次校正。

④ 校正后用混凝土进行二次灌浆，混凝土应灌满底座下的整个空间，即要浇注到与顶板、集液槽和全部加强筋相接触。对焊接底座要灌注到槽钢底座基础的上表面。

（3）联轴器的安装及找正

耐腐蚀泵联轴器的安装及找正方法与离心式清水泵基本相同，但在较高使用温度情况下（约100℃以上），必须在热运转条件下对联轴器进行精密找正。

（4）吸入和排出管路的安装

① 采用支撑管路，主要是防止泵进出口管由于管路重量和热应力产生的力和力矩超出泵管口所允许的最大外载荷，避免泵产生变形。

② 安装水平管路时，进液端管径应逐渐向端部增大，出液端管径应逐渐向端部减小，这样可避免产生气囊。

③ 设计有利于流动的进出口管。当由小管径变到大管径时，要逐渐过渡，其规则为：圆锥过渡段的长度等于标准直径差的5～7倍。

④ 对于法兰联接，应保证两法兰面相互平行，且不允许法兰间的密封垫遮住管路通道。

⑤ 应避免采用不规则的过渡管段和较小回转半径的弯头，否则会增大管路阻力。特别是对于泵的吸入管路，较大的管路阻力会导致泵入口处的压力降低，影响泵的吸上能力，严重的将会导致泵发生汽蚀，不能正常工作。

⑥ 在安装几台泵的情况下，除备用泵外，必须提供每台泵单独的吸入管路。备用泵与相对应的泵可共用一套吸入管路，这是因为在使用中始终只用一台泵。

4. 金属耐腐蚀泵的维护与保养

（1）泵

① 在使用期间，应检查泵机组运转的平稳性，观察有无异常振动现象，注意有无异常噪声，在不知故障产生原因的情况下，首先应立即停车，查明原因并排除。

② 定期检查并校正联轴器的同轴度（至少一年一次），排除变形，避免损坏。

③ 如果有辅助系统，在使用期间应定期检查，如检查冷却系统的流量和温度，检查加热系统的温度和压力，检查密封冲洗系统的压力、温度和流量等。

④ 在设有备用泵的情况下，为了保证备用泵能够立即投入使用，应定期进行盘车和试运转。若长期停用，应排除输送的液体，如有冷却水，也应排出。

⑤ 如果泵的性能不是因为管路系统的改变或管路阻力的改变而降低，则泵性能的降低可能是泵内部零件的磨损引起的，因此必须检修泵，并更换已磨损的零件。

⑥ 对于泵的巡检、润滑和检修等全部使用情况和细节应详细记录并整理归档。

（2）轴封

因耐腐蚀泵输送的介质具有比较强的腐蚀性，因此为提高密封效果，耐腐蚀泵大多采用机械密封，若介质的腐蚀性不强时，也可采用填料密封。机械密封中使用比较普遍的是单端面机械密封，其维护主要是对泄漏量和密封温度的监控。如果泄漏量和密封温度超过规定值，应立即进行检修，如果磨损的密封环（即动环或静环）不可能再次抛光，则必须换新。每次拆装机械密封时，O形圈等静密封件必须更新。

（3）润滑

① 按泵的技术文件要求，选择合适的润滑油品，润滑油不得含有杂质、酸或树脂等。

② 定期检查轴承箱的油位和润滑油的温升。

③ 在首次使用或轴承检修后重新使用的情况下，当泵运转 10～15h 后应将油排尽，清洗轴承箱后注入新的润滑油，然后投入正常运转。在正常使用期间，应严格按照设备润滑手册的要求定期加油或换油。

（四）金属耐腐蚀泵的检修

为避免过长的停车检修时间，在检修之前应做好必要的准备工作。

1. 金属耐腐蚀泵的拆卸

（1）拆卸前的准备工作

① 将泵的进出口阀门关闭且不得随意打开，以免造成事故。

② 切断电源，并在电气控制柜上悬挂"禁止合闸"标志牌，以防电机突然启动而造成事故。

③ 排尽泵内液体及轴承箱内润滑油。

④ 将联轴器罩拆除，拆开联轴器并挪开电机。

⑤ 拆掉所有的仪表及辅助管路。

（2）拆卸泵盖及轴承箱组件

① 拆掉轴承支架的地脚螺栓。

② 拆下泵体双头螺柱的螺母。

③ 卸下组件，包括带有轴的轴承支架、泵盖、叶轮等，对于较大的泵可借助轴承支架上的吊环螺钉进行组件的拆卸。

（3）轴封的拆卸

① 固定泵轴，拆下叶轮螺母。

② 拆掉叶轮。

③ 拆掉泵盖定位螺钉，卸下泵盖。

④ 拆下机械密封压盖或填料压盖法兰的紧固件。

⑤ 对机械密封，应将轴套和密封转动件一起抽出。

（4）泵轴的拆卸

① 拆下轴套。

② 拆下泵端联轴器。

③ 拆掉前后轴承压盖。

④ 用铜棒或木锤从驱动端将轴敲出。

2. 零部件的检查

（1）叶轮及转动间隙的检查

① 检查叶轮的磨蚀和腐蚀情况，损坏严重的应予更换。

② 检查叶轮与泵体及泵盖耐磨环（又称口环）的间隙。如果间隙超出了泵说明书或相关检修规程的规定，则需按标准值进行修复或更换新零件。

（2）轴封部件

① 机械密封。检查动环和静环的摩擦表面有无划痕，如果有划痕则需要重新研磨抛光

或将其更换。

② 填料密封。对于已经磨损有沟痕的轴套表面如果重新加工修复后其直径与原有直径相差不足 1mm 则可使用，并按新直径配填料环，在轴封压力大于 1MPa 的情况下，必须重新更换轴套。检查填料压盖与轴套之间的间隙，并按相关技术标准所规定的间隙值加以控制。

（3）轴承　清洗轴承并加以检查，如有损坏，则予以更换。

3. 重新组装

（1）组装前的准备工作

① 清洗检查所有泵的零部件。

② 按润滑手册准备好合适的润滑油。

③ 对于开式叶轮的泵，用新的密封圈预先安装前、后耐磨板，对于水冷却的轴承支架，冷却腔应预先装好。

（2）泵轴的装配

① 用轴承加热器或在油槽中将轴承加热到 100℃ 左右，然后套在轴上并固定。

② 把带有轴承的轴从联轴器侧插入轴承支架，将耐油密封胶涂到轴承压盖上或在轴承压盖上安装耐油橡胶密封垫，盖上轴承压盖。

③ 压入泵端半联轴器。

（3）轴封的装配

① 机械密封。把带有动环和静环的组件插入密封压盖中，再放入辅助密封件，然后压到轴上，再把泵盖装到轴承支架上并拧紧，同时也插入机械密封并拧紧。

② 填料密封。把填料压盖和轴套套在轴上，如果有水封环，则同时套上，然后把泵盖放到轴承支架上并拧紧，装入填料环，压上填料压盖。

（4）叶轮组件的装配

① 安装叶轮并拧紧叶轮螺母，若叶轮螺母依靠内装的钢丝螺套来防止松动，则经过 5～10 次拆装后，钢丝螺套的自动锁紧功能将会降低，此时应更换新的钢丝螺套。

② 将密封平垫片放入泵体。

③ 装上可拆组件，并拧紧泵体双头螺柱和螺母。

④ 拧紧底座上的脚支撑螺柱。

（5）最终装配

① 连接辅助管路并安装相应的仪表。

② 将联轴器连接到驱动电机上，并按相关技术文件所规定的同轴度要求进行找正。

③ 安装联轴器防护罩。

（五）其他耐腐蚀离心泵

1. 典型塑料耐腐蚀泵

IHF 型单级单吸式氟塑料合金化工离心泵的泵体采用金属外壳内衬聚全氟乙丙烯（F46），泵盖、叶轮和轴套均用金属嵌件外包氟塑料整体烧结压制而成，轴封采用外装式波纹管机械密封，静环选用 99.9% 氧化铝陶瓷（或氮化硅），动环采用四氟填充材料，其耐腐蚀性、耐磨性、密封性极好。泵的进出口均采用铸钢体加固，以增强了泵的耐压性。IHF 型离心泵具有耐腐、耐磨、耐高温、不老化、机械强度高、运转平稳、结构先进合理、密封性能可靠、拆卸检修方便、使用寿命长等优点。

（1）型号举例

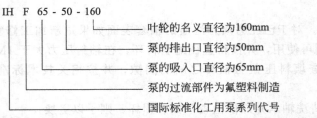

$$IH\ F\ 65-50-160$$

叶轮的名义直径为160mm
泵的排出口直径为50mm
泵的吸入口直径为65mm
泵的过流部件为氟塑料制造
国际标准化工用泵系列代号

（2）IHF 型氟塑料离心泵的结构简图及各部件材质　IHF 型氟塑料离心泵的结构简图及各部件材质（括号内）如图 3-4 所示。

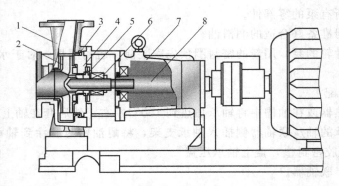

图 3-4　IHF 型氟塑料离心泵结构示意图及各部件材质
1—泵体（氟塑料合金）；2—叶轮（氟塑料合金）；3—密封圈（氟橡胶）；
4—泵盖（衬 F46）；5—机封压盖（1Cr18Ni9Ti）；6—机械密封（碳化硅、
硬质合金）；7—轴承箱（HT200）；8—泵轴（45 钢）

2. 化工陶瓷泵

化工陶瓷系由耐火黏土、长石及石英石经成型干燥后焙烧而成。它的主要成分为二氧化硅，耐腐蚀性强，除了氢氟酸、强碱及热磷酸等以外，对各种浓度的、任何温度下的无机酸、有机酸、强氧化介质、有机溶剂等均耐腐蚀，用这种材料制成的泵称为陶瓷泵。

（1）化工陶瓷泵的型号

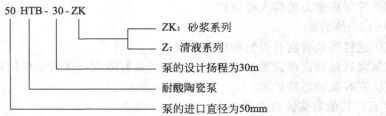

$$50\ HTB-30-ZK$$

ZK：砂浆系列
Z：清液系列
泵的设计扬程为30m
耐酸陶瓷泵
泵的进口直径为50mm

（2）耐酸陶瓷泵的结构　HTB（HTB-ZK）型耐酸陶瓷泵的结构为单级单吸离心泵，泵体和泵盖采用耐腐蚀性、耐磨性优良的耐酸陶瓷制造，外用铸铁铠装加以保护。叶轮材质主要为工程塑料，也可配制工程陶瓷。轴封结构为动力密封和机械密封。此类泵具有耐腐蚀、耐磨损、耐高温、维修方便、使用可靠等优点，适用于输送除氢氟酸和热浓碱液以外的、含有悬浮固体颗粒的各种腐蚀性介质。使用温度低于 100℃，广泛应用于矿山、有色金属冶炼、钛白粉、稀土、石油、化工、化纤、化肥、农药、染料及高磷土非金属原料提炼等行业中。HTB（HTB-ZK）结构如图 3-5 所示。

（3）化工陶瓷泵的特点及操作维修注意事项　化工陶瓷为脆性材料，抗拉强度低，抗压

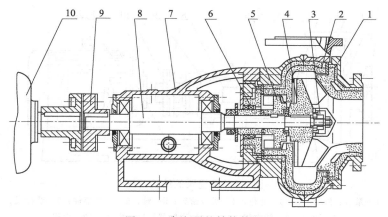

图 3-5 陶瓷泵的结构简图

1—泵盖；2—泵体；3—轴螺母；4—叶轮；5—副叶轮；6—轴封；

7—轴承座；8—主轴；9—联轴器；10—电动机

强度高，冲击韧性差，热稳定性差。因此，在搬运、安装、检修时应以泵底座为起重着力部位，轻起轻放，避免震动，防止冲击、撞击。升温、降温时要特别注意，避免骤冷骤热。

3. 化工搪瓷泵

化工搪瓷是由含硅量较高的瓷釉喷涂在碳钢或铸铁表面上，通过 900℃ 左右的高温焙烧而成的。化工搪瓷泵与化工陶瓷泵的耐腐蚀性相仿，并且表面光滑。

（1）化工搪瓷泵的型号

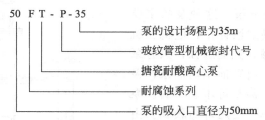

（2）耐酸搪瓷泵的结构 FTP 耐酸搪瓷泵是单级单吸悬臂式离心泵，以铸铁为基体，内腔采用工业耐酸搪瓷在金属表面烧结而成，叶轮采用 F46 工程塑料模压成型。泵轴处密封采用波纹管型外装机械密封。其中静环用氮化硅陶瓷，动环用填充石墨聚四氟乙烯等，波纹管用聚四氟乙烯，螺旋弹簧用不锈钢等耐腐蚀材料制成，一般由弹性联轴器连接电机传动。

该类型泵具有良好的耐腐蚀性能和较佳的防泄漏特性。适用于化工、石油、炼油、医药、农药、染料、国防、冶金、机械、轻工、纺织、化纤、食品等工业部门输送除含氟液体外的其他化学介质、高清洁度介质和贵重介质。其结构图如图 3-6 所示。

（3）化工搪瓷泵的特点及操作维修注意事项 化工搪瓷质脆，不耐机械碰撞，压紧面容易损坏，热稳定性差，且不易修补。因此，在拆装检修过程中，应避免敲打撞击，零部件应轻拿轻放。

【知识与技能拓展】

虽然在很多化工用离心泵中采用的机械密封性能较好，但若使用不当或长期运行后仍会

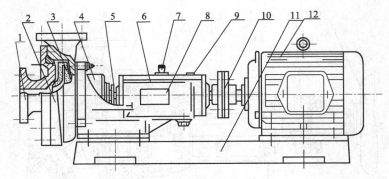

图 3-6　搪瓷泵的结构简图

1—泵盖；2—泵壳；3—叶轮；4—机械密封；5—轴；6—托架部件；7—油标尺；
8—铭牌；9—转向牌；10—弹性联轴器；11—底座；12—电机

有泄漏问题的产生。为此，很多化工专用泵生产厂家设计出各种无泄漏离心泵，以满足各类腐蚀性的、有毒有害或易燃易爆介质的输送，最典型的有液下泵、屏蔽泵和磁力驱动泵等。

一、液下泵的检修与维护

（一）液下泵的结构特点

离心式液下泵均为立式结构，整个泵体浸没在被输送的液体中，叶轮与电机通过一根长轴相连。目前我国生产的这类泵有 YH 型、FY 型、HYU 型等。YH 型为一般离心泵，FY 型、HYU 型为耐腐蚀液下泵。这种泵的主要特点是：泵体浸没在被输送液体中，电机在机架上不与被输送液体接触，免受腐蚀，只有泵体部分采用耐腐蚀材料。启动前不需灌泵，泵壳与轴间密封要求不高，甚至可不加密封。泵体结构简单、占地面积小、使用寿命较长。由于泵体浸没在液体内，故不利于检修。这里介绍目前使用比较普遍的 HYU 系列全塑型耐腐耐磨液下泵，其结构如图 3-7 所示。

（二）液下泵的材质及应用

HYU 系列耐腐耐磨液下泵，其过流部件采用性能优异的超高分子量聚乙烯整体模压而成，具有最优异的耐磨性、耐冲击性、抗蠕变性，同时还具有极好的耐腐蚀性能，适用于输送－20～90℃范围内的酸性、碱性料浆和酸性、碱性清液。

1. 液下泵的主要零部件材质及性能特点

（1）泵体为整体模压而成，中间支架为聚丙烯制作，既有极好的防腐性能，又有钢的强度，因此泵体运行的稳定性、可靠性极好。

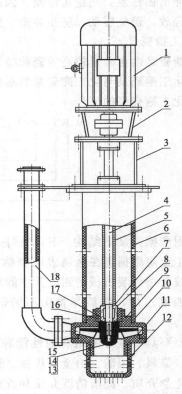

图 3-7　HYU 系列全塑型耐腐耐
磨液下泵的结构简图

1—电机；2—电机支架；3—轴承支架；4—主轴；
5—主轴护套；6—连接筒；7—密封垫；8—轴套；
9—泵体；10—叶轮；11—泵盖；12—过滤罩；
13—拼帽；14—锁紧螺母；15—密封垫；
16—K 形密封圈；17—拼圈；18—出液管

（2）泵体与连接筒的连接以及泵体与泵盖之间的连接，均采用大螺距螺纹连接，安装维修更加方便。由于液下部位不用金属紧固螺钉，无腐蚀性损坏之虑，其整体防腐性能十分优越。

2. HYU 系列液下泵的应用

（1）有色金属湿法冶炼业　特别适用于铅、锌、金、银、铜、锰、锚、稀土等湿法冶炼中的各种酸液、碱液、腐蚀性矿浆、电解液、废酸、污水等介质的输送。

（2）硫酸磷肥业　稀酸、母液、含硅胶的氟硅酸、磷酸料浆等介质的输送。

（3）水处理环保业　可输送各种带杂质的污水。

（4）农药、染料，精细化工业　可输送含溶剂的酸、碱液体，混合酸，还可输送含溶剂的料浆及含溶剂的酸、碱性料浆。

（三）液下泵型号意义说明

标记示例：

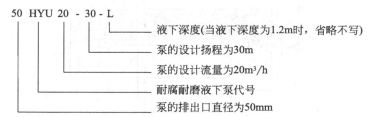

（四）液下泵的安装及维护

1. 安装

将泵垂直固定于所需的位置上，连接好出口管路。

2. 启动

接通电源点启动，查看电机转动方向与泵上箭头所指方向是否一致，如不一致应重新接线调整，电机运转正常后应慢慢开启出口阀门至所需的工作状态。

3. 停车

先关闭出口阀门，再停电源。

4. 拆卸

先拆下出液管 18，旋下过滤罩 12（过滤罩与泵盖之间为右旋螺纹），再旋下泵盖 11（拆装时可利用泵盖上的两只拆装孔），然后依次拆下拼帽组件 13（14、15）、叶轮 10 和轴套 8（拼帽与轴之间为左旋螺纹）；旋下泵体 9（右旋螺纹），拧下拼圈 17（左旋螺纹），取出 K 形密封圈 16。

5. 组装

将已经磨损或损坏的零件更换后，按拆卸相反的顺序将泵组装好，安装时应特别注意各部位垫片的安装，不要多装或少装。

6. 检查

安装完毕，应先盘动联轴器，看看是否运转灵活，如转动不灵活或有不正常噪声、卡死等异常，应重新拆泵检查，清理异物，消除噪声，或通过增减叶轮垫片厚度，调整叶轮与泵体之间的间隙，此间隙应保证在 1～2mm 之间，通过增减泵盖垫片厚度调整叶轮与泵盖之间的间隙，此间隙应保证在 1～2mm 之间，安装好后，再盘动联轴器，如此反复直到转动灵活方可接电，按启动程序使泵进入工作状态。

7. 注意事项

由于该泵的大部分零件是塑料制成的，故不能对其进行强力冲击和扭曲，以免产生不必要的损坏。

二、屏蔽泵的检修与维护

（一）屏蔽泵的结构特点

屏蔽泵的工作原理与离心泵的工作原理相同。结构特点是泵与电机直联、叶轮直接固定在电机轴上，并装在同一个密闭的壳体内，如图 3-8 所示。轴用耐腐蚀材料制造，泵与电机之间无密封装置，所以又称为无密封泵，电机转子与叶轮一起浸在液体中旋转。用耐腐蚀、非磁性材料做成薄壁圆形屏蔽套将电机定子和转子分别与被输送的液体隔绝。泵的轴承为石墨制成。

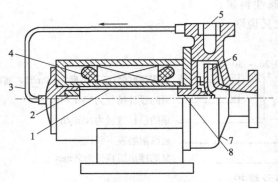

图 3-8 普通型屏蔽泵结构简图

1—转子；2—后轴承；3—循环管路；4—定子；
5—过滤器；6—叶轮；7—泵体；8—前轴承

对一般输送常温液体的屏蔽泵，轴承的冷却与润滑以及电机的冷却，是由泵的排液口引一股液体，从电机后面轴承进入，经转子与定子间的间隙和前轴承返回叶轮，形成循环系统来进行。有些屏蔽泵在转子上也有屏蔽套，有些屏蔽泵在泵壳外有显示石墨磨损情况的装置，以便石墨磨损后及时更换。

屏蔽泵的优点是无外泄漏、结构紧凑、轴承不需要另加润滑剂。但制造困难、成本高、转子旋转摩擦阻力大，故泵的效率低。屏蔽泵主要用于输送易燃、易爆、有放射性或贵重的液体。我国屏蔽泵的系列是 P 型，有立式和卧式两种，一般大容量机组采用立式，小容量机组则采用卧式。工作温度为 $-35\sim100\,℃$（常温型）和 $100\sim350\,℃$（高温型）；流量为 $0.9\sim200\mathrm{m^3/h}$，扬程为 $16\sim98\mathrm{m}$。

（二）屏蔽泵型号

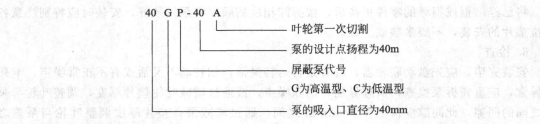

三、**磁力驱动泵的检修与维护**

（一）磁力驱动泵的工作原理与结构特点

在石油、化工、制药、电子等众多领域，越来越多的厂家，对其输送的介质都要求无泄漏的工艺环境，迫切需要选择理想的泵型，CQ 系列磁力泵吸收了国内外领先水平的磁力泵生产新技术、新材料、新工艺，成功地解决了目前国内磁力泵的隔离套、叶轮等部件易损坏的技术难题，使其性能更加完美化。

磁力驱动离心泵（简称磁力泵），是利用永磁联轴器工作原理无接触地传递扭矩的新型泵，当原动机带动外磁钢转子时，通过磁场的作用驱动内磁钢转子同步旋转，而内磁钢转子和叶轮连成一体，从而达到无接触带动叶轮转动的目的，其结构如图3-9所示。由于液体被封闭在静止的隔离套内，所以磁力泵是一种全封闭、无泄漏的泵型，因此完全杜绝了填料密封、机械密封离心泵不可避免的跑、冒、滴、漏的弊病。

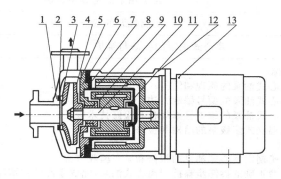

图 3-9　磁力驱动泵的结构简图

1—泵体；2—静环；3—动环；4—叶轮；5—密封圈；6—隔板；7—隔离套；8—外磁钢总成；
9—内磁钢总成；10—泵轴；11—轴承；12—联接架；13—电机

（二）磁力泵的用途

泵的过流部件采用不锈钢、工程塑料制造，广泛应用于石油、化工、制药、电镀、环保、水处理、国防等部门，是输送易燃、易爆、有毒和贵重液体的理想设备，是创建无泄漏、无污染文明企业的最佳选择。适用温度为－30～130℃。

（三）磁力驱动泵的型号

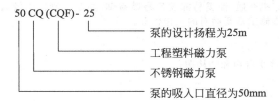

（四）CQ型磁力泵的安装和使用

（1）磁力泵应水平安装，不宜竖立，泵体不得承受管路重量，对于特殊要求垂直安装的场合，电机务必朝上。

（2）当抽吸液面高于泵轴心线时，启动前打开吸入管道阀门，液体充满整个泵腔，若抽吸液面低于泵轴心线时，管道需配备底阀并灌液。

（3）泵使用前应进行检查，电机风叶转动要灵活，无卡住及异常声响，各紧固件要紧固。

（4）检查电机旋转方向是否与磁力泵转向标记一致。

（5）电机启动后，缓慢打开排出阀，待泵进入正常工作状态后，再将排出阀调到所需开度。

（6）泵停止工作前，应先关闭排出阀门，然后关闭吸入口阀门。

学习任务八　离心式油泵的检修与维护

【学习任务单】

学习领域	化工用泵的检修与维护	
学习情境三	耐腐蚀泵的检修与维护	
学习任务八	离心式油泵的检修与维护	课时:6
学习目标	1. 知识目标 (1)掌握离心式油泵的原理和结构; (2)了解离心式油泵的型号编制方法; (3)熟悉离心式油泵的维护检修规程和检修技术标准; (4)了解低温立式多级泵的结构和检修方法。 2. 能力目标 (1)能够正确制定离心式油泵的检修和试车验收方案; (2)能够按照正确的拆卸步骤拆卸离心式油泵,完成零部件的清洗检查工作并填写相关的检查记录; (3)能够按标准判断离心式油泵零部件的质量好坏并修复或更换; (4)能够正确地组装离心式油泵; (5)能够对离心式油泵进行正确的试车验收并填写试车验收记录。 3. 素质目标 (1)培养学生吃苦耐劳的工作精神和认真负责的工作态度; (2)培养学生踏实细致、安全保护和团队合作的工作意识; (3)培养学生语言和文字的表述能力。	

一、任务描述

　　在石油化工生产中,特别是石油炼制企业中,通常用 Y 型离心式油泵来输送原油、轻油、重油等各种冷热油品及与油相近的各种有机介质,油类易挥发且易燃易爆,油温一般也比较高。因此,离心式油泵的维护与检修是设备管理员或维修工常要面对的工作任务。

二、相关资料及资源

　　1. 教材;

　　2. 常用离心式油泵的技术资料和结构图;

　　3. 相关视频文件;

　　4. 教学课件。

三、任务实施说明

　　1. 学生分组,每小组 4～5 人;

　　2. 小组进行任务分析和资料学习;

　　3. 现场教学;

　　4. 小组讨论,制订离心式油泵的检修和试车验收方案;

　　5. 小组合作,进行离心式油泵的检修和试车验收,并填写相关检修和试车验收记录。

四、任务实施注意点

　　1. 在制订离心式油泵的检修方案时,应熟悉离心式油泵的检修规程和总装配图;

　　2. 认真分析离心式油泵的检修方案;

　　3. 在离心式油泵的检修和日常维护过程中应注意温度对泵的影响;

　　4. 遇到问题时小组进行讨论,可邀请指导老师参与讨论,通过团队合作获取问题的解决方法;

　　5. 注意安全与环保意识的培养。

五、拓展任务

　　了解低温立式多级泵的结构特点和维护检修方法。

一、离心式油泵的工作原理与结构特点

在石油化工生产，特别是石油炼制企业中，目前普遍采用一种 Y 型离心式油泵来输送原油、轻油、重油等各种冷热油品及与油相近的各种有机介质，其结构和各组成零部件名称如图 3-10 所示。此类泵的工作原理与普通离心式清水泵相同。泵的结构与 IS 型水泵和 F 型耐腐蚀泵类似，但由于油品易挥发、易燃易爆，再加上油类一般温度较高，所以这种泵的密封性能和抗汽蚀性能要求较高，普遍采用密封性能较好的机械密封，并在密封端面采取相应的冷却措施。若采用填料密封，则填料函均设置水冷夹套，或在填料压盖中设有冷却水环槽，在压盖与轴间形成水封，防止油品从泵中漏出。

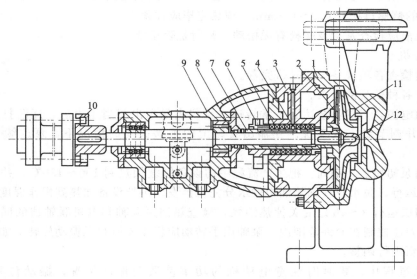

图 3-10　Y 型离心式油泵结构图

1—泵体；2—叶轮；3—泵盖；4—油封环；5—软填料；6—压盖；7—轴套；
8—轴；9—托架；10—联轴器；11—密封环；12—叶轮螺母

二、离心式油泵型号

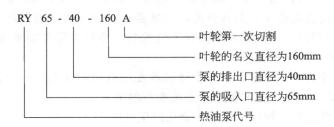

RY　65 - 40 - 160 A

- 叶轮第一次切割
- 叶轮的名义直径为160mm
- 泵的排出口直径为40mm
- 泵的吸入口直径为65mm
- 热油泵代号

三、离心式油泵的安装

离心式油泵的安装应特别注意做好以下几个方面工作。

（1）泵吸入管的管径、安装高度和长度应满足设计值，力求简短，应尽量减少不必要的损失（如弯头等）。

（2）泵吸入管路和排出管路应安装膨胀节、管架，泵不允许承受管路的负荷。

（3）安装地点应足够宽畅、通风，以保证散热良好并方便检修工作。

四、离心式油泵的使用与维护

（一）开机前的准备

① 清理现场，打开轴承箱油塞，加入合适的润滑油（脂）。

② 检查电机转向是否与泵转向一致。

③ 用手盘动联轴器，检查泵是否转动灵活。

④ 开机前应使用所输送的油品将油泵灌满，以驱除油泵中空气，此时排出管道上的闸阀应关闭。

⑤ 所输送的油品在开车前要均匀加热，预热是利用被输送的热油不断通过泵体进行的。预热标准：热油泵泵壳温度不得低于入口油温 40℃，预热速度为 50℃/h，在开机预热时应将泵支脚上的侧螺母松开 0.3～0.5mm，预热完毕应拧紧。

⑥ 开机前应检查基础及螺栓有无松动，密封是否正常。

（二）开机

① 全面检查各项准备工作是否完善。

② 打开各种仪表的开关。

③ 接通电源，当热油泵达到正常转速，且仪表显示出相当压力后，逐渐打开输出管路上的闸阀，并调节到需要工况。在输出管路上的闸阀关闭的情况下，泵连续工作不能超过 3min。

④ 热油泵初始运行期间，把生产流程中的设备缓缓加热到 100～130℃，并且保持在该温度下继续运行，脱水脱气到热油中的水分完全蒸发，再把设备加热到操作温度。

⑤ 在初次运行 3～4h 之后关掉热油泵，检查热油泵泵轴和电机联轴器的同轴度，泵轴和电机轴偏差应控制在允许范围内，泵轴用手转动应轻便灵活和无振动旋转，如达不到上述要求，应重新进行调整。

⑥ 开机过程中，要时时注意电动机的功率读数及振动情况，振动位移值不超过 0.06mm，如果异常应停机检查。

（三）维护

① 泵轴在前端设置有填料箱，密封性能较为可靠，同时在轴承座中设置有机械密封装置，因此大量的泄漏不可能出现，而小量的泄漏可以通过泄漏口排出接收。在开始运行初期有少量泄漏是正常的，在经过一定时间密封面跑合后泄漏将会减少或停止。

② 输送介质传到泵盖和轴承上的热量，由泵盖和轴承座的表面散热，使轴承座的温度适应于轴密封性能的温度。因此选择泵的安装位置时，要使泵盖和轴承座的热量便于扩散，不出现任何蓄热现象。

③ 轴承座中设置有两个球轴承，每个球轴承在运行 3000h 后，必须拆下用柴油清洗干净后，检查接触面是否损坏，如有损坏，必须换新的轴承。

④ 不许用输入管上的闸阀调节流量，避免产生气蚀。

⑤ 泵不宜在高于 20％设计流量下连续运转，如果必须在该条件下运转，则密切注意电动机是否过载，如过载，应调节泵出口闸阀，使流量调节到正常范围。

⑥ 经常检查地脚螺栓的松动情况，泵壳温度与入口温度是否一致，出口压力表的波动情况和泵振动情况。

⑦ 注意泵运行有无杂音，如发现异常状态时，应及时处理。

⑧ 经常检查备用泵状态，每班手动盘车（180°）一次。

⑨ 定期校验压力表。

（四）停机

① 关闭出口阀，切断电源。

② 热油泵停车时，应将泵内介质放空并清洗，每隔半小时盘车一次，将叶轮旋转180°，以防止轴变形，直至泵体完全冷却为止。若设有密封液、冷却水循环系统，密封液、冷却水要正常供给到常温。

【知识与技能拓展】

低温泵的检修

在石油化工生产中，有很多介质温度很低，比如最低温度达到−104℃的各类液态烃、最低温度达到−162℃的液化天然气以及冷冻装置中的液态氧（−183℃）、液态氮（−253℃）等液化气体，输送这些深冷介质的特殊泵称为低温泵，也称深冷泵。

液化气体在输送过程中必须保持低温，一是从泵周围吸收了热量，则泵内的液体会气化，势必会影响泵的正常工作。因此，对低温泵的结构、材料、安装和运行等方面都有特殊要求，以便用来安全可靠地输送这类特殊的深冷液体。

（一）低温泵的结构

DLB型系列立式多级离心泵主要适用于输送液化气体或高真空度的冷凝水，输送温度达−40℃，有的可达−100℃，最高扬程506m，流量100m³/h，配用电机最大功率132kW。DLB型系列立式多级离心泵的结构如图3-11所示，泵体为双壳体，内壳体由导流体组成。

第一级叶轮位于泵转子的最下端，这样可以提高泵的吸入性能，闭式叶轮可分为开平衡孔和不开平衡孔两种，由工艺操作条件等因素以及轴向力大小来确定选用哪种叶轮。泵的过流部件采用不锈钢，输送冷凝水时也可用铸铁。叶轮由钩头键轴向固定于泵轴上。轴封采用单端面、旋转式、平衡型机械密封。当输送低温介质时，静环的大气侧在停泵时容易结冰，所以在停泵后必须从密封压盖处通入氮气进行干燥。泵轴与电机的连接采用加长联轴器，因而拆卸机械密封时无需挪动电机，只要拆去加长联轴器，取出轴承，便可拆卸密封件。电机采用立式防爆电机。

（二）低温立式多级离心泵的维护与检修

低温立式多级离心泵的维护与检修参照泵制造厂提供的技术文件或相关检修规程的规定执行。

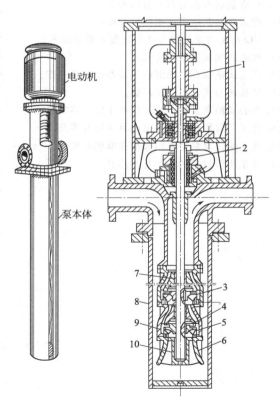

图3-11　DLB型立式多级低温离心泵
1—加长联轴器；2—机械密封；3—钩头键；4—密封环；5—首级叶轮；6—泵盖；7—衬套；8—筒体；9—导流体；10—下轴承

思 考 题

1. 腐蚀的定义是什么？按腐蚀的机理将腐蚀分为哪几类？
2. 按腐蚀的破坏特征将腐蚀分为哪几类？各有什么特点？
3. 泵的防腐措施有哪些？如何正确选择耐腐蚀泵的材料？常用耐腐蚀泵的材料有哪些？
4. 试说明离心泵型号为100FB-40含义。
5. F型耐腐蚀泵主要有哪些特点？
6. 耐腐蚀泵如何进行拆卸？
7. 耐腐蚀泵如何进行检修？
8. 耐腐蚀泵如何进行日常维护与保养？
9. 试说明离心泵型号IHF 65-50-160的含义。
10. IHF型塑料耐腐蚀泵在实际使用上有哪些优点？
11. 化工陶瓷泵主要适用于哪些介质？有何特点？在使用和维修时应注意什么事项？
12. FTP型耐酸搪瓷泵的结构特点有哪些？在使用和维修时应注意哪些问题？
13. 液下泵如何进行安装？
14. 屏蔽泵的概念是什么？
15. 屏蔽泵有何优点？
16. 什么是磁力驱动泵？有何特点？
17. 磁力驱动泵适用输送何种介质？
18. CQ型磁力泵安装与使用过程有哪些要求？
19. 离心式油泵有哪些特点？
20. 离心式油泵在启动前应做好哪些准备工作？
21. 试述离心式油泵启动步骤。
22. 离心式油泵日常维护工作的主要内容有哪些？
23. 化工厂常用的无泄漏离心泵主要有哪几种？
24. 化工用低温泵主要用来输送哪些介质？
25. 化工用低温泵的结构有何特点？

学习情境四

柱塞泵的检修与维护

学习任务九　柱塞泵的检修与维护

【学习任务单】

学习领域	化工用泵检修与维护	
学习情境四	柱塞泵的检修与维护	
学习任务九	柱塞泵的检修与维护	课时:6
学习目标	1. 知识目标 (1)掌握往复泵的工作原理与结构,了解空气室的作用及工作原理; (2)熟悉柱塞泵的日常运行与维护的工作内容; (3)掌握柱塞式的流量调节方法及流量调节机构; (4)掌握柱塞泵的拆卸、检修、组装及试车验收方法; (5)了解隔膜泵的工作原理、结构和检修要求。 2. 能力目标 (1)能够制订柱塞泵的检修方案; (2)能够按照拆卸步骤正确拆卸柱塞泵,并完成零部件的清洗和检修工作; (3)能够完成柱塞泵的组装工作; (4)能够完成柱塞泵进行试车、验收等工作,并填写试车验收记录。 3. 素质目标 (1)培养学生吃苦耐劳的工作精神和认真负责的工作态度; (2)培养学生踏实细致、安全保护和团队合作的工作意识; (3)培养学生语言和文字的表述能力。	

一、任务描述

在石油化工生产中,柱塞泵经常使用在排液压力高、流量较小、液体黏度大的场合。假如你是企业的一名设备管理员或维修工,柱塞泵的检修与维护是你要面对的重要工作任务之一,在掌握柱塞泵的工作原理和结构的基础上,能制订柱塞泵的检修方案,完成其检修任务。

二、相关资料及资源

1. 教材;

2. 柱塞泵的技术资料和结构图;

3. 相关视频文件;

4. 教学课件。

三、任务实施说明

1. 学生分组,每小组 4～5 人;

2. 小组进行任务分析和资料学习;

3. 现场教学;

4. 小组讨论,制订柱塞泵的检修方案;

5. 小组合作,进行柱塞泵的检修和试车验收,并填写相关检修和试车验收记录。

四、任务实施注意点

1. 在制订柱塞泵的检修方案时,应熟悉柱塞泵的检修规程、总装配图和装配要求;

2. 认真分析柱塞泵的检修方案,要特别注意主要零部件的技术要求;

3. 在柱塞泵的检修过程中应注意不同零件的拆卸和组装方法与顺序,合理选择工器具;

4. 遇到问题时小组进行讨论,可邀请指导老师参与讨论,通过团队合作获取问题的解决方法。

五、拓展任务

1. 了解立式柱塞泵的结构形式;

2. 了解隔膜泵的工作原理、结构形式和维护检修方法。

【知识链接】

柱塞泵属于往复泵，具有一般往复泵的特点，并可以对所输送的液体进行准确计量。因此，在化工、石油、制药和日用化工等方面得到了广泛的应用。

一、往复泵的基本原理

（一）往复泵工作原理与结构

1. 往复泵工作原理

往复泵属于容积式泵，它是依靠活塞或柱塞在泵缸内的往复运动，使泵缸工作容积周期性地扩大与缩小来吸排液体。往复泵通常由两个基本部分组成，一端是实现机械能转换成压力能，并直接输送液体的部分，称液缸部分或液力端；另一端是动力和传动部分，称动力端，如图 4-1 所示。

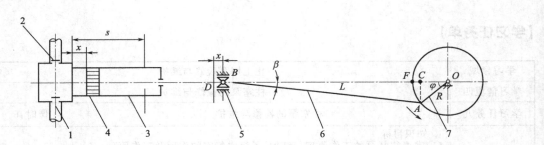

图 4-1　单作用往复泵工作原理示意图

1—吸入阀；2—排出阀；3—缸体；4—活塞；5—十字头；6—连杆；7—曲柄

往复泵的液力端由活塞（或柱塞）、缸体（泵缸）、吸入阀、排出阀等组成。传动端主要由曲柄、连杆、十字头等组成。往复泵是典型的容积式泵，活塞的往复运动是通过曲柄连杆机构来实现的。

当活塞右行时，活塞左边泵缸内的容积增大，压力降低，吸液槽内的液体在液面压力的作用下通过吸液管上升，顶开泵缸上的吸液阀进入泵缸，此过程称为吸液过程。然后，活塞在曲柄连杆机构的带动下，由右止点向左止点移动，此时活塞左边泵缸内的容积减小，缸内的液体受压后顶开泵缸上的排液阀流入排液管，直至活塞运行到左止点，排液过程结束。活塞往复运动一次称为一个工作循环，因此往复泵的工作循环只有吸入和排出两个过程，内、外止点的间距称为活塞的行程或冲程，用 s 表示。

2. 往复泵的特点

（1）瞬时流量有脉动及平均流量为恒值　因为往复泵中液体介质的吸入和排出过程是交替进行的，而活塞（或柱塞）在位移过程中，其速度又在不断地变化，在只有一个缸的泵中，泵的瞬时流量不仅随时间变化，而且是不连续的。采用双作用结构（如图 4-2 所示）、差动结构（如图 4-3 所示）和多缸泵结构，可减小排出管路中瞬时流量的脉动幅度，但瞬时流量的脉动是不可避免的。从理论上可以认为流量与排液压力无关，并且与液体的特性也无关。单作用泵流量间歇输出，不如离心泵均匀，但正因为其液体是"一缸一缸"排出，所以可用来计量输送。

（2）往复泵的排出压力与结构尺寸和转速无关　最大排出压力仅取决于泵本身的动力、强度和密封性能。电动往复泵的流量几乎与排出压力无关，只是在压力较高时，由于液体中所含气体溶于液体中、阀及填料漏损等原因，使泵流量稍有变化。因此，往复泵不能用出口阀来调节流量，关闭排出阀时，会因排出压力急增而造成电机过载或泵的损坏。

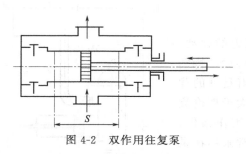

图 4-2　双作用往复泵

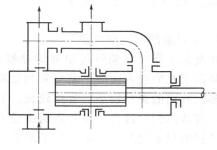

图 4-3　差动往复泵

（3）往复泵具有自吸能力　往复泵启动前不用灌泵，便能自行吸入液体。但实际上使用时仍希望泵缸内有液体，一方面可以立刻吸、排液体；另一方面避免活塞与液缸或柱塞（活塞杆）与填料产生干摩擦，以减少磨损。往复泵的吸入能力与转速有关，转速提高时，不仅使流动损失增加，而且造成泵缸内吸入压力下降。当泵缸内压力低于液体汽化压力时，部分液体就会在缸内开始汽化，使泵的吸入充满度降低，甚至产生汽蚀现象。严重的汽蚀将导致水击，使泵的零部件损坏，缩短泵的使用寿命。

（4）流量可精确计量　往复泵的流量可采用各种调节机构达到精确计量，如柱塞泵。

（5）电动往复泵适用于输送高压、小流量的场合。

（6）流体动力泵具有安全可靠的特点　适用于要求防火、防爆、停电维修及无电源的工作场合。

由于往复泵结构复杂、易损件多、流量有脉动，大流量时机器笨重，所以在许多场合被离心泵所代替。但在高压力、小流量、输送黏度大的液体，要求精确计量及要求流量随压力变化小的情况下仍采用各种形式的往复泵。

3. 往复泵的流量调节

往复泵在运转中常用的流量调节方法有旁路回流法、改变活塞的行程和改变活塞往复次数等。

（1）旁路回流法　利用旁通管路将排出管路与吸入管路接通，使排出的液体部分回流到吸入管路进行流量调节。在旁通管路上设有旁路调节阀，利用它可以简单的调节回流的量，以达到调节流量的目的，如图4-4所示。这种调节方法有功耗损失，所以经济性差。

（2）改变活塞行程法　常用的方法是通过改变曲柄销的位置、调节柱塞与十字头连接处的间隙或采用活塞行程大小调节机构来改变活塞的行程。活塞行程调节机构可进行无级调节，行程可调至为零，使泵的流量在最大和零之间任意调节。目前广泛应用于柱塞泵的流量无级调节和正确计量。

（3）改变活塞往复次数法　对于动力泵可以采用塔轮或变速箱改变泵轴转速，使活塞的往复次数改变。但应注意当转速变大时，原动机功率、泵的零件强度和极限转速应符合要求。对于蒸汽直接作用的往复泵，只要

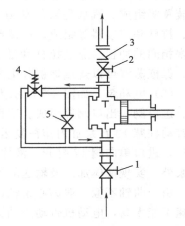

图 4-4　旁路回流法调节流量装置
1—吸入阀；2—排出阀；3—单向阀；
4—安全阀；5—旁路阀

控制进汽阀的开度便可改变活塞的行程，从而调节泵的流量。

4. 往复泵的空气室装置

往复泵工作时周期性排出液体导致流量和压力的脉动，从而降低了泵的吸入性能、缩短泵和管路的使用寿命，特别是在排出管路的管径较小、管路较长、系统中没有足够的背压时，可能因惯性过大而冲开泵阀造成实际流量大于理论流量的"过流量现象"。因此，为了改善往复泵的工作条件，尽可能减少不稳定现象对往复泵工作的影响，通常采用在泵上装置空气室的办法来减少流量和压力的脉动。

空气室应尽量安装在靠近泵的进口管路处或液力端面上，装在靠近进口的称为吸入空气室，装在出口的称为排出空气室，如图4-5所示。空气室内有一定体积的气体。

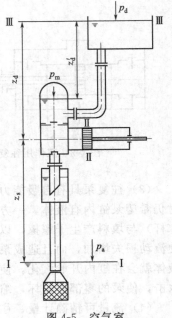

图4-5 空气室

排出空气室的作用是：当泵的瞬时流量大于平均流量时，泵的排出压力升高，空气室中气体被压缩，超过平均流量的部分液体进入空气室贮存；当瞬时流量小于平均流量时，排出压力降低，空气室内的气体膨胀，空气室向排出管放出一部分液体，从而使空气室以后管路中的流量比较稳定。吸入空气室的作用则相反：当泵瞬时流量大于平均流量时空气室内气体膨胀，向泵放出一部分液体；泵瞬时流量小于平均流量时吸入压力升高，空气室内气体被压缩，吸入管中一部分液体流入空气室，这也可使吸入空气室以前管路中的流量比较稳定。

在装有空气室的往复泵装置中，液体的不稳定流动只发生在泵工作室到相应空气室之间，而在空气室以外的吸入与排出管路内液体流动较为稳定。但空气室中压力是变化的，不可能完全消除流量脉动。

5. 往复泵结构形式

（1）蒸汽直接作用往复泵　石油化工生产中常用蒸汽直接作用往复泵，如图4-6所示。它由泵缸、汽缸和连接部分等组成。泵缸部分是由泵缸、活塞、吸入阀、排出阀和活塞杆密封装置等组成。汽缸是泵的动力部分，它由汽缸、活塞和配汽滑阀等组成。连接部分由摇臂、拉杆和连接器等组成。连接器把汽缸活塞和泵缸活塞连成一体，使泵缸活塞产生与汽缸活塞相同的冲程。通过拉杆和摇臂支架等连接配汽机构和汽缸活塞，使配汽机构能协调动作，保证蒸汽可以连续地被分配进入汽缸的左边和右边，因而推动活塞作往复运动。

（2）电动泵　如图4-7所示为卧式柱塞泵结构。该泵由曲轴、连杆、十字头、柱塞、泵缸、进口阀、出口阀等组成。工作时，曲轴4通过连杆5带动十字头8作往复运动，十字头再带动柱塞10在泵缸内作往复运动，从而周期性地改变泵缸工作室的容积。当柱塞向左运动时，进口单向阀17打开，液体进入泵缸；柱塞向右运动时，出口单向阀15打开，液体排出泵外，实现液体加压及输送的目的。

由于曲轴不像一般离心泵轴，它的重心离轴中心线较远，动静平衡较差，因而柱塞泵的转速不能太高，电动机带动曲轴运转时，要经过减速装置减速。

图4-7是十字头为滑块形式的柱塞泵结构。一般在主副密封之间设有冲洗水腔，注入密封水进行冲洗，以防止泄漏介质在密封与柱塞之间沉积而使柱塞磨损。有的还在主副密封中间设有注油杯，用高压注油器注入润滑油，以延长密封的寿命。

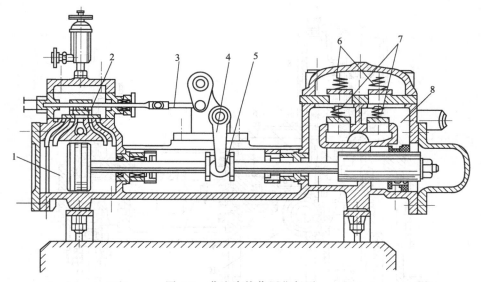

图 4-6　蒸汽直接作用往复泵

1—汽缸；2—配汽机构；3—拉杆；4—摇臂；5—联接器；6—排出阀；7—吸入阀；8—泵缸

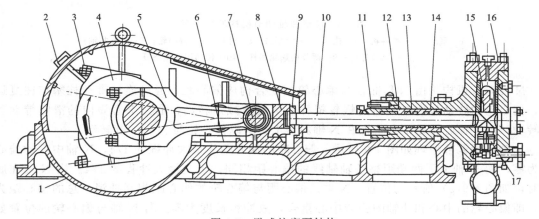

图 4-7　卧式柱塞泵结构

1—机座；2—罩壳；3—连接螺栓；4—曲轴；5—连杆；6—十字头压板，7—十字头销；
8—十字头；9—十字头法兰；10—柱塞；11—调节螺母；12—填料；13—填料套；
14—导向套；15—出口单向阀；16—缸盖；17—进口单向阀

（3）柱塞式计量泵　图 4-8 所示为 N 形曲轴调节机构的柱塞式计量泵。由泵缸、传动装置、驱动机构及行程调节机构组成。

①泵缸。柱塞泵的泵缸一般为单作用，如图 4-8 所示，柱塞由传动机构带动在泵缸内作往复运动，柱塞密封装置采用填料密封，进出口阀采用双球型或双锥型阀。为了保证计量精度，泵阀和密封装置比一般往复泵要求高。其零部件的材料根据输送液体的性质进行选择。

②传动机构。柱塞泵的驱动机一般都采用电动机，用蜗轮蜗杆或齿轮减速装置减速，其他传动件往往不是一个单独的部件，大多和调节机构相配合。

③调节机构。柱塞泵的流量调节一般均采用柱塞行程调节机构来实现。泵在运转时，可将柱塞行程从最大值无级调节到最小值，使泵的流量在最大值到零的范围内调节，从而达到调节流量的目的。柱塞行程调节机构的种类较多，现仅介绍常用的 N 轴调节机构。

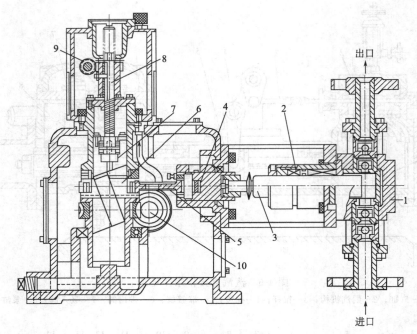

图 4-8　N 形曲轴调节机构的柱塞泵

1—泵缸；2—填料箱；3—柱塞；4—十字头；5—连杆；6—偏心轮；7—N 形曲轴；
8—调节螺杆；9—调节用蜗轮蜗杆；10—传动用蜗轮蜗杆

N 轴调节机构是由 N 形曲轴与偏心轮相配合构成偏心距，通过连杆带动柱塞作往复运动。偏心轮的转动是由电机通过蜗轮蜗杆使下套筒减速转动，通过下套筒内的滑键带动 N 轴转动，由于偏心轮是剖分式抱在 N 轴斜杆上，所以偏心轮与 N 轴一起转动。

N 轴行程调节原理如图 4-9 所示。偏心轮的偏心距为最大冲程的 1/4，N 轴中部的偏心距为零，而 N 轴上下两端距整条轴轴线的偏心距相同，也是最大冲程的 1/4。当 N 轴在底部时，如图 4-9(a) 所示的位置，N 轴的偏心距与偏心轮的偏心距相互抵消，总的偏心距为零，即偏心轮的中心和曲轴的旋转中心重合，故冲程长度为零。若 N 轴与偏心轮的位置如图 4-9(b) 所示，N 轴在顶部，偏心轮和 N 曲轴的偏心半径为冲程大小的 1/2，此时柱塞的行程为 100% 冲程大小。调节流量时，蜗杆蜗轮机构通过调节螺杆上的滑键带动螺杆旋转，由于调节座上的螺纹不动，故螺杆在旋转的同时，并作上、下移动。通过下端的轴承带着 N 形曲轴作上、下移动，从而改变柱塞的行程。由于冲程大小可在 0～100% 范围内变化，从而实现柱塞泵的流量从 0～100% 额定流量的调节。

N 轴调节机构是目前较先进的结构，由于采用了 N 形曲轴使冲程调节机械与变速机械合一，结构紧凑、尺寸缩小，降低了泵的成本。

N 形曲轴机构的调节操作方便可靠，结构紧凑，目前在往复式柱塞泵中应用广泛。

柱塞式计量泵结构简单、计量精度高（在泵的使用范围内其计量精度可达±0.5%～±2%）、可靠性好、调节范围宽。尤其适合在高压、小流量的情况下进行计量输送。

（二）柱塞泵的运行与维护

1. 柱塞泵的运行

（1）运转前的检查及准备工作

① 检查各连接处的螺栓是否拧紧，机脚是否调整平正，螺帽不许有松动现象。

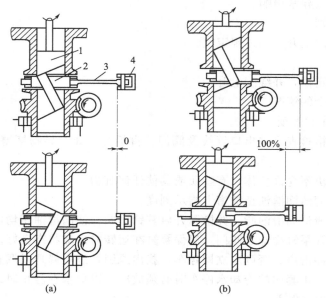

图 4-9　N 形曲轴调节原理

1—N 形曲轴；2—偏心轮；3—连杆；4—十字头

② 新泵第一次使用前应擦洗各运动件加工面上的防锈油脂，不允许用金属工具铲刮。

③ 轴承箱内根据环境温度和输送介质的温度加入润滑油至油标。

④ 检查联轴器连接情况。盘动联轴器 2～3 周，使柱塞前后往复移动数次，不得有任何卡阻现象，手感顺畅。

⑤ 检查调节手轮是否处于零位，否则应校至零。

⑥ 检查电机线路是否联接正确，并使泵按规定的旋转方向旋转。

⑦ 检查管道上的压力表、安全阀及其他仪表是否灵敏好用。

（2）启动

① 在启动电机前必须检查进出管路上的阀门是否打开，确保在进出管路畅通无阻的情况下启动电动机。

② 在启动后应让其空载运转数分钟，并检查设备运行情况：

a. 声响和振动；

b. 轴承状况；

c. 填料密封状况；

d. 电流值。

在正常的前提下根据需要投入使用。

③ 依据工艺流程的需要，查对合格证中提供的流量标定曲线与实际工况测试流量标定曲线，得出相对应的行程百分值，把调节手轮转到指定刻度；旋转调节手轮时，应注意不得过快和过猛，应按照从小流量往大流量方向调节，若需从大向小调节时，应把手轮旋过数格，再向大流量方向旋转至刻度。调节完毕后须将调节盘锁定，以防松动。

④ 泵的行程调节也可在停车或运转中进行，行程调节后，泵的流量大约需 1～2min 才能稳定，行程长度变化越大，流量稳定所需的时间也越长。

泵在运行过程中如有下列情况之一时，必须紧急停车。

① 泵内发生严重异常声响。

② 振动突然加剧。

③ 轴承温度突然上升，超过规定值。

④ 泵流量下降。

⑤ 电流超过额定值，并继续上升。

⑥ 其他危及安全的情况。

（3）运行中的注意事项

① 开车前要严格检查泵进出口管线及阀门、盲板等，如有异物堵塞管路的情况一定要予以清除。

② 清洁泵体，决不允许机体内有杂质或其他任何脏物。

③ 机体内加入清洁润滑油至油窗上指示刻度。

④ 油杯内加入清洁润滑油脂，并微微开启其针形阀，使润滑油脂均匀地滴入泵缸中。

⑤ 运转前先打开泵缸冷却水阀门，确保泵缸在运转时冷却状态良好。

⑥ 运转中应无冲击声，否则应立即停车，找出原因，进行修理或调整。

⑦ 在严寒冬季，水套内的冷却水停车时必须放净，以免水在静止时结冰冻裂泵缸。

2. 柱塞泵的维护与保养

① 每日检查机体内及油杯内润滑油液面，如需加油应补足。

② 经常检查进出口阀及冷却水阀，如有泄漏应立即修换。

③ 轴承、十字头等部位应经常检查，如有过热现象应及时检修。

④ 检查柱塞杆填料，如遇太松或损坏应及时更换新填料。

⑤ 运转 1000～1500h 后应更换润滑油，并对泵的各个摩擦部位进行全面检查，遇有磨损应予修整，并对缸体进行一次全面清洗。

二、柱塞泵的检修

柱塞泵一般是用来输送化工液体物料的，其排出液体压力较高，检修技术复杂，组装和零部件质量要求高，下面以卧式三柱塞泵为例介绍柱塞泵的检修。

（一）卧式三柱塞泵的拆卸

拆卸三柱塞往复泵时，在已停车的情况下，应通知化工操作人员切断化工介质，进行必要的工艺处理，落实各项安全措施后，可按下述步骤进行。

① 拆下联轴器罩，断开泵和减速箱、减速箱和电动机的联轴器。

② 拆除齿轮油泵、所有油管线及泵进出口管道。

③ 拆除罩壳。

④ 拆除十字头法兰，使十字头与柱塞分开，取出球面垫。

⑤ 拆除十字头压板，冲出十字头销，要仔细拆卸，切莫将机件碰坏。

⑥ 盘动曲轴，使连杆和十字头分开，取出十字头。将连杆大头盘到上方，测量连杆螺栓长度，并作记录。松掉连杆螺栓的螺母，抽出连杆螺栓，再测量连杆螺栓长度，记录两次测量结果，比较螺母上紧后螺栓长度的绝对伸长值，从而使螺栓紧力有度。取出连杆，将连杆大头轴瓦及小头衬套卸下。吊出曲轴，拆除曲轴两端轴承。

⑦ 松开调节螺母，抽出柱塞；取出填料、填料套、导向套。

⑧ 拆除缸盖螺栓，拆下缸盖；取出上垫圈、上缸套、中垫圈、出口单向阀；取出下缸套、下垫圈、进口单向阀。

在拆卸过程中，对拆下的零件要不磕不碰不落地，做好标记，摆放有序。拆卸完毕后，应及时清洗，并按零件质量标准仔细检查，以便决定修复或更换新的备件。

（二）卧式三柱塞泵的主要零部件检修

1. 曲轴

清洗曲轴，吹净润滑油孔，用放大镜检查有无裂纹，必要时进行无损探伤检查，在车床上检查两端主轴颈的径向跳动量，允许偏差 0.03mm，两主轴颈同轴度误差应在 0.03mm 以内，直线度偏差小于 0.3mm，用水平尺测量曲拐轴中心线与主轴中心线平行度偏差，允许偏差为 0.015～0.20mm。主轴颈的圆柱度、圆度偏差不允许超过主轴颈公差之半，如果超过此值，在安装滚动轴承时，需喷镀后磨削加工。在安装滑动轴承时，可直接磨削加工。曲拐轴颈的圆柱度、圆度偏差不允许超过曲拐轴颈公差之半，如果超过此值，应进行磨削加工。轴上有不深的划痕，可用油石打磨消除，划痕深度达 0.1mm 以上，油石打磨消除不了时，应进行磨削加工。轴颈的直径减少量达到原直径的 3％时，应更换新的曲轴。

2. 连杆

连杆不得有裂纹等缺陷，必要时可进行无损探伤检查。连杆大头与小头两孔中心线的平行度偏差应在 0.30mm/m 以内。检查连杆螺栓孔，若孔损坏，应用铰刀进行铰孔修理。铰孔后，应配以新的连杆螺栓。

3. 连杆螺栓

连杆螺栓应进行无损探伤检查，不允许有裂纹等缺陷。根据历次检修记录，检查连杆螺栓长度，长度伸长量超过规定值时，就不能继续使用。

4. 十字头组件

十字头体用放大镜检查，不允许有裂纹等缺陷。十字头销进行无损探伤检查，不允许有裂纹等缺陷，并测量其圆柱度和圆度偏差，十字头销和连杆孔的接触面用涂色法检查，应接触良好。如果连杆孔呈椭圆形，可用铰刀修理，再配以新的销、套。检查球面垫的球面，不允许有凹痕等缺陷，检查十字头与滑板接触磨损情况，检查滑板螺栓。

5. 柱塞

柱塞端部的球面不允许有凹痕等缺陷，柱塞表面硬度要求为 45～55HRC，柱塞表面粗糙度不高于 $Ra0.8\mu m$。柱塞不应弯曲变形，表面不应有凹痕、裂纹，如果有拉毛、凹痕等缺陷，可进行磨削加工。柱塞圆柱度偏差不超过 0.15～0.20mm，圆度偏差不超过 0.08～0.10mm。

6. 轴封

大修时，填料应用事先制成的填料环进行全部更换。填料函上有密封液系统，密封液管道必须通畅。导向套内孔巴氏合金如有拉毛、磨损等严重缺陷，则需更换新的导向套。调节螺母应进行探伤检查，不允许有裂纹等缺陷。

7. 缸体

对缸体进行着色探伤检查，若发现裂纹，原则上要更换新备件，但如尿素装置中的氨基甲酸胺泵等，因缸体用材贵重，不宜轻易报废，为防止裂纹延伸，可用砂轮打磨，继续使用。凡经这样处理的，以后的每次拆修均需详细检查，观察缺陷有无再生或发展。

大修时对缸体进行水压试验，试验压力为操作压力的 1.25 倍。缸体的圆度、圆柱度偏差不应超过 0.50mm，否则，进行光刀，光刀后配以新的缸套。

8. 进出口单向阀

阀口、阀座，视损坏轻重程度，进行研磨或光刀。弹簧、丝杆如有裂纹等缺陷，必须更换新备件。上下阀套的外圆及端面，不允许有拉毛、凹痕等缺陷。垫圈若有断裂、压痕或变形等缺陷，则更换新备件。

9. 轴承

主轴承外圈应与上盖、机座紧密贴合，用涂色法进行检查，接触面积不少于表面积的70%～75%，且斑点应分布均匀。主轴承盖与机座接触的平面，应处理干净，轴瓦的刮研应符合质量要求。连杆轴瓦瓦背应紧密贴在座上，用涂色法检查，接触面积不少于表面积的70%～75%，且斑点应分布均匀。

（三）卧式三柱塞泵的组装与调整

各零部件经检查、修复或更换，并且达到质量要求后，可进行组装。组装过程中应注意以下事项。

① 组装的顺序与拆卸的顺序基本相反，即最后拆卸的要最先安装，最先拆卸的要最后安装。

② 检查、复紧机座的地脚螺栓后，用方水平尺分别放在主轴孔及十字头滑道处，检查机座横向及纵向水平度偏差，横向允许偏差为 0.05mm/m，纵向允许偏差为 0.10mm/m，超出此范围，需进行调整。

③ 检查、调整各部间隙符合表 4-1 要求。

表 4-1　卧式三柱塞泵各部配合间隙

配合部件名称	配合间隙	配合部件名称	配合间隙
连杆轴承与曲轴两侧面的轴向间隙/mm	0.20～0.40	滑道侧面量轨与导轨/mm	0.20～0.25
曲轴颈与曲轴瓦	$d/1000$	十字头滑板与导轨	$(1～2)d/1000$
十字头瓦间隙/mm	0.05～0.10	滚动轴承与轴	H7/k6
十字头压板与十字头间隙/mm	0.15～0.25	滚动轴承与轴承座	Js7/h6

④ 测量紧固后的连接螺栓长度，并作记录。

⑤ 按拆卸时所做的标记将零部件各就各位，不要互换。

⑥ 组装时，十字头球面垫的球面与柱塞球面要稍有间隙，不能压死，其目的在于运转时，柱塞与十字头中心在安装中若有微小的偏差能得到一定的补偿。

【知识与技能拓展】

一、立式柱塞泵

图 4-10 所示的立式柱塞泵与一般的立式柱塞泵不同，柱塞不是由曲轴箱中的十字头直接带动，而是通过十字头，由上十字头带动柱塞，由上而下地进入缸体。每只十字头上垂直连接有两根侧柱，侧柱穿过曲轴箱，跨过缸体和上十字头相连。这样的布置，当泵在运行时，钢质运动零件受到拉应力，铸铁机座受压应力，这比卧式柱塞泵或一般立式柱塞泵的运动零件受压应力、铸铁机座受拉应力要合理得多。和卧式柱塞泵相比，图 4-10 所示的立式柱塞泵还有如下优点。

① 缸体用螺栓固定在曲轴箱顶上，两者完全分开。填料箱用螺栓固定在缸体上端，侧柱外面有保护套筒，填料箱内漏出的液体既不会直接进入曲轴箱，也不会沿侧柱流入曲轴箱，从而保证了曲轴箱内的润滑油不受输送液体的污染。

② 卧式柱塞泵的填料箱处于曲轴和缸体之间，空间狭窄，而这种立式柱塞泵的填料箱处于缸体上方，空间开阔，维修方便。

③ 立式柱塞泵机组紧凑，占地面积小。

④ 卧式柱塞泵的柱塞作水平运动，对中要求高，并且柱塞及连杆本身的重量使得密封填料受力不均匀，产生偏磨损。立式柱塞泵则不存在这类问题。

⑤ 卧式柱塞泵吸入阀、吸入管在缸体下部离地面很近，安装、拆卸不方便，这种立式柱塞泵的出入口布置在水平的缸体两端，维修方便。

⑥ 卧式柱塞泵最多制成三柱塞，而这种立式柱塞泵可制成五柱塞、七柱塞和九柱塞。这样，压力、流量更趋均匀，且在相同的流量下，柱塞越多，柱塞、缸、阀门的直径就越小，密封性能得到改善，缸体及阀门的使用寿命也可以延长。

⑦ 卧式三柱塞泵中，曲轴由两只轴承支承，跨度大，曲轴承受的弯矩大。立式柱塞泵每个曲拐的两边都有支承，n 个柱塞就有 $n+1$ 个轴承。曲轴刚度大、变形小、工作稳定、磨损件使用寿命长。立式三柱塞泵的传动机构如图 4-11 所示。

但立式柱塞泵同卧式柱塞泵相比，也存在如下不足之处。

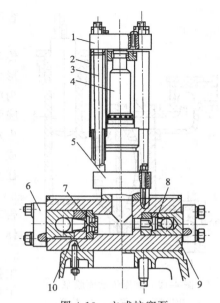

图 4-10　立式柱塞泵

1—上十字头；2—套筒；3—侧柱；4—柱塞；
5—填料箱；6—缸体端盖；7—吸入阀门；
8—排出阀门；9—缸体；10—曲轴箱

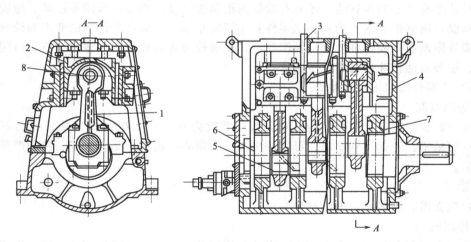

图 4-11　立式三柱塞泵曲轴传动机构

1—连杆；2—十字头；3—侧柱；4—曲轴箱；5—曲拐；
6—曲轴；7—滑动轴承；8—十字头销

① 立式柱塞泵的吸入阀和排出阀为水平安装，不如卧式柱塞泵那样垂直安装好，阀口密封性差，阀座与阀板更易磨损。

② 曲拐支承多，机身曲轴瓦孔和滑道孔的加工难度大，要求高。

二、隔膜泵

（一）隔膜泵的工作原理及结构

隔膜泵是容积泵中较为特殊的一种形式。它是依靠一个隔膜片的来回鼓动而改变工作室容积来吸入和排出液体的。

隔膜泵主要由传动部分和隔膜缸头两大部分组成。传动部分是带动隔膜片来回鼓动的驱动机构，它的传动形式有机械传动、液压传动和气压传动等。其中应用较为广泛的是液压传动。图 4-12 为液压传动的隔膜泵，隔膜泵的工作部分主要由曲柄连杆机构（图 4-12 中未画出）、柱塞、液缸、隔膜、泵体、吸入阀和排出阀等组成，其中由曲轴、连杆、柱塞和液缸构成的驱动机构与往复柱塞泵十分相似。

隔膜泵工作时，曲柄连杆机构在电动机的驱动下，带动柱塞作往复运动，柱塞的运动通过液缸内的工作液体（一般为油）而传到隔膜，使隔膜来回鼓动。

隔膜泵缸头部分主要由一隔膜片将被输送的液体和工作液体分开，当隔膜片向传动机构一边运动，泵缸内工作室为负压而吸入液体；当隔膜片向另一边运动时，则排出液体。被输送的液体在泵缸内被膜片与工作液体隔开，只与泵缸、吸入阀、排出阀及隔膜片的泵内一侧

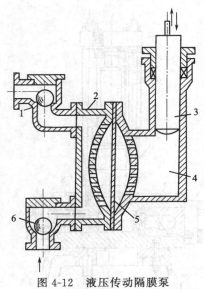

图 4-12　液压传动隔膜泵
1—排出阀；2—泵体；3—柱塞；
4—液缸；5—隔膜；6—吸入阀

接触，而不接触柱塞以及密封装置，这就使柱塞等重要零件完全在油介质中工作，处于良好的工作状态。

隔膜片要有良好的柔韧性，还要有较好的耐腐蚀性能，通常用聚四氟乙烯、橡胶等材料制成。隔膜片两侧带有网孔的锅底状零件是为了防止膜片局部产生过大的变形而设置的，一般称为膜片限制器。隔膜泵的密封性能较好，能够较为容易地达到无泄漏运行，可用于输送酸、碱、盐等腐蚀性液体及高黏度液体。

（二）零部件质量标准及检修

1. 进出口阀

阀座与阀头应有良好的吻合线，吻合线的宽度为 0.25～2.00mm，并且上面不能有锈蚀、麻点等缺陷。若达不到要求，可采用机加工与定心敲击法相结合修复。锈蚀严重时，应更换阀座。

2. 膜片

膜片应光滑，无划痕，弹性符合要求。

3. 控制阀

调节压力阀阀芯与阀座吻合严密，煤油渗漏试验 5 分钟，渗漏不超过一滴。根据损坏情况可相应采取机加工、定心敲击法或研磨法修复。无法修复则更换。

4. 泵体部件

柱塞与导向套配合尺寸公差为 H8/g8，圆度为 0.02mm，直线度为 0.02mm，表面粗糙度为 $Ra0.8\mu m$，表面硬度 45～55HRC。

配合轴径与定位轴径同轴度 0.02mm。柱塞的最大修磨量 0.01D（D 为直径）。

5. 导向套

内径与外径的同轴度为 0.02mm。与柱塞配合尺寸公差 H8/g8。密封圈应有良好弹性，无老化裂纹现象，与柱塞配合无划痕损伤。

6. 曲轴

主轴颈、曲柄颈与轴瓦配合公差为 G7/h6，圆度 0.02mm，直线度 0.02mm，表面粗糙度为 $Ra0.8\mu m$。主轴颈与曲柄最大修磨为直径的 0.04 倍。

7. 曲轴轴瓦壳

与轴瓦配合表面无拉伤起毛现象，表面粗糙度 $Ra0.8\mu m$。与轴瓦壳配合表面的导向孔垂直度 0.02mm。两轴瓦壳组合后，其两端导向孔同轴度 0.02mm。

8. 曲轴瓦

与轴瓦壳配合尺寸公差为 H7/g6，与曲柄颈配合尺寸公差为 G7/h6，配合表面粗糙度 $Ra1.6\mu m$。瓦键槽与定位键配合尺寸公差为 H7/g7。

9. 曲轴套

与主轴颈配合尺寸公差为 H7/g6，表面粗糙度 $Ra1.6\mu m$。内径与外径同轴度为 0.02mm。

10. 中轴

与轴套配合尺寸公差为 H7/g6。圆度为 0.02mm，直线度 0.02mm，表面粗糙度 $Ra0.8\mu m$，调质处理。配合轴颈与定位轴颈同轴度为 0.02mm。最大修磨量为直径的 0.04 倍。

11. 中轴套

表面粗糙度 $Ra1.6\mu m$。内径与外径同轴度为 0.02mm。

（三）隔膜泵的运行

隔膜泵在运行中应无异常声响，各部无跑、冒、滴、漏现象，压力表、控制阀工作可靠，各性能指标达到说明书额定能力或能够满足生产要求。但由于正常磨损或零部件材料的老化，也会发生故障。隔膜泵会因为操作条件的突然改变、主要运转部件的损坏等，导致出现异常声响或不正常工作状态。此时应立即停车，查找原因，经检修后方可再次运行，否则，将会进一步损坏机器，影响生产，甚至发生事故。出现下列情况时应紧急停车：

① 突发性超压；

② 控制部件失灵；

③ 异常声响、振动。

思 考 题

1. 往复泵主要由哪些零部件组成？简述往复泵的工作原理。

2. 往复泵的性能特点有哪些？

3. 往复泵流量调节的方法有哪几种？各有何特点？

4. 往复泵空气室装置的作用是什么？

5. 柱塞泵主要由哪些零部件组成？

6. 柱塞泵排出管路上的安全阀的作用是什么？

7. 简述 N 轴调节机构的调节原理及特点。

8. 柱塞泵运转前的准备工作有哪些？

9. 试述柱塞泵的操作步骤。

10. 柱塞泵在运转过程中有哪些注意事项？

11. 柱塞泵在运转过程中出现何种情况必须立即停车？

12. 柱塞泵的维护保养内容主要有哪些？

13. 三柱塞泵的拆卸步骤是什么？

14. 三柱塞泵的主要零部件的检修有何要求？

15. 三柱塞泵的组装步骤是什么？

16. 立式柱塞泵与卧式柱塞泵相比有何特点？

17. 柱塞泵常见故障有哪些？产生的原因是什么？如何排除？

18. 隔膜泵有何特点？

19. 隔膜泵零部件的质量标准有哪些？

20. 隔膜泵的使用注意事项有哪些？

学习情境五

齿轮泵的检修与维护

学习任务十　齿轮泵的检修与维护

【学习任务单】

学习领域	化工用泵检修与维护	
学习情境五	齿轮泵的检修与维护	
学习任务十	齿轮泵的检修与维护	课时:6
学习目标	1. 知识目标 (1)掌握齿轮泵的工作原理、性能与结构; (2)掌握齿轮泵的操作方法; (3)掌握齿轮泵的检修方法; (4)了解螺杆泵的工作原理与结构。 2. 能力目标 (1)能够按照齿轮泵的操作规程正确操作齿轮泵; (2)能够制订齿轮泵的检修方案,完成齿轮泵的检修工作; (3)能够对齿轮泵常见故障进行分析,并排除。 3. 素质目标 (1)培养学生吃苦耐劳的工作精神和认真负责的工作态度; (2)培养学生踏实细致、安全保护和团队合作的工作意识; (3)培养学生语言和文字的表述能力。	

一、任务描述

齿轮泵具有流量均匀、尺寸小而轻便、结构简单紧凑、坚固耐用、维护保养方便、流量小、压力高等特点,在石油化工生产中常用于输送润滑油、燃烧油等黏性较大的液体。假设你是一名设备管理员或检修工,在日常工作中需要对齿轮泵进行日常运行管理与维护,在齿轮泵出现故障后需要对其进行检修。

二、相关资料及资源

1. 教材;
2. 齿轮泵的技术文件与结构图;
3. 相关视频文件;
4. 教学课件。

三、任务实施说明

1. 学生分组,每小组 4～5 人;
2. 小组进行任务分析和资料学习;
3. 现场教学;
4. 小组讨论,分析齿轮泵的故障,选择齿轮泵的检修方法,制订检修方案;
5. 小组合作,进行齿轮泵的检修;完成齿轮泵的组装、安装与调试工作。

四、任务实施注意点

1. 在制订齿轮泵检修方案时,注意对齿轮泵常见故障原因的分析;
2. 认真分析齿轮泵的检修方案,注意主要零部件之间的装配关系和装配要求;
3. 在齿轮泵的检修过程中注意主要零件的技术要求和质量要求;
4. 遇到问题时小组进行讨论,可让老师参与讨论,通过团队合作获取问题的解决;
5. 注意安全与环保意识的培养。

五、拓展任务

了解螺杆泵的工作原理与结构。

【知识链接】

一、齿轮泵的基本原理

（一）齿轮泵的工作原理与结构

1. 齿轮泵的工作原理

齿轮泵是由一对相互啮合的齿轮在相互啮合过程中引起工作容积的变化来输送液体，如图 5-1 所示。齿轮安装在泵壳内，两个齿轮分别用键固定在各处的轴上，其中一个为主动齿轮，与原动机轴相连；另一个为从动齿轮。当主动齿轮旋转带动从动齿轮跟着旋转时，液体受到齿轮的拨动，吸入管中的液体分两路沿齿槽与泵壳体内壁围成的空间 K，流到压出管，当两齿轮啮合时齿槽内的液体就被强行带至压出管。齿轮的啮合处把吸入管的低压区 D 与压出管的高压区 G 隔开，使液体不致倒流，起着密封的作用。齿轮顶部与壳体间的间隙很小，约为 0.1mm，能够阻止液体从高压区向低压区泄漏。由于齿轮高速旋转，每转过一个齿，就有一部分液体排出，所以齿轮泵的排液量比较均匀。

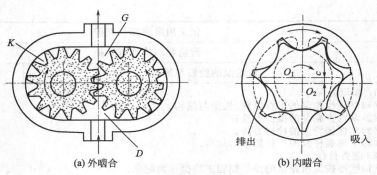

图 5-1　齿轮泵的分类

（a）外啮合　　　　　（b）内啮合

2. 齿轮泵的分类与结构

齿轮泵分外啮合齿轮泵和内啮合齿轮泵两种。外啮合齿轮泵，如图 5-1（a）所示，有直齿、斜齿、人字齿等几种齿轮，一般采用渐开线齿形，外啮合齿轮泵的齿轮数目为 2~5 个，以两齿轮最为常用。内啮合齿轮泵，如图 5-1（b）所示，这种泵的两个齿轮形状不同，齿数也不一样，其中一个为环状齿轮，能在泵体内浮动，中间一个是主动齿轮与泵体成偏心位置。环状齿轮齿数较主动齿轮多一个齿，主动齿轮带动环状齿轮一起转动，利用两齿间空间的变化来输送液体，内啮合齿轮泵只有两齿轮一种。

3. 齿轮泵的特点

齿轮泵的特点是流量均匀，尺寸小而轻便，结构简单紧凑，坚固耐用，维护保养方便，流量小，压力高，适用于输送黏性较大的液体，如润滑油、燃烧油，可作润滑油泵、燃油泵、输油泵和液压传动装置中的液压泵，温度一般不超过 70℃，流量范围为 0.045~30m³/h，压力范围为 0.7~20MPa，工作转速为 1200~4000r/min。齿轮泵不宜输送黏性低的液体，如水、汽油等，不宜输送含有固体颗粒的液体。齿轮泵的流量和压力脉动以及噪声较大，而且加工工艺要求较高，不易获得精确的配合。

（二）齿轮泵的安全操作规程

1. 启动前

① 检查流程是否正确；

② 齿轮泵周围是否清洁，不许有妨碍运行的东西存在；

③ 检查联轴器保护罩、地脚等部分螺丝是否紧固，有无松动现象；

④ 轴承油盒要有充足的润滑油，油位应保持在规定范围内；

⑤ 按齿轮泵的用途及工作性质选配好适当的压力表；

⑥ 有轴瓦冷却水及轴封水的齿轮泵应保持水流畅通；

⑦ 检查电压是否在规定范围内，电机接线及接地是否正常。

2. 启动

① 打开齿轮泵的入口阀门；

② 打开齿轮泵的放空阀，排除齿轮泵内气体后关闭；

③ 打开齿轮泵的出口阀；

④ 启动电机，观察齿轮泵运转是否正常，且无杂音；

⑤ 检查轴封泄漏情况，正常时填料密封泄漏应为 10～20 滴/分，且没有发热现象；机械密封泄漏应小于 5～10 滴/分；

⑥ 齿轮泵出口压力应在规定范围内；

⑦ 齿轮泵的振动在转速为 1500r/min 以下者，不应超过 0.1mm，转速在 1500r/min 以上者，应保持不超过 0.06mm；

⑧ 齿轮泵的轴窜量不超过 2～4mm（多段齿轮泵）；

⑨ 检查电机，轴承处温度≤80℃；

3. 运行

① 压力指示稳定，压力波动应在规定范围内；

② 齿轮泵壳内和轴承瓦应无异常声音，达到润滑良好，油位在规定范围内；

③ 电机电流应在铭牌规定范围内；

④ 轴瓦冷却水及水封水应畅通无漏水现象，盘根（填料密封）滴水应正常；

⑤ 按时记录好有关资料数据。

4. 停车

① 切断电源停运电机；

② 逐渐关闭出口阀门；

③ 待齿轮泵停止运转后，关闭齿轮泵的入口阀门；

④ 如长期停车，应将泵内液体排尽。

（三）主要性能参数

1. 理论排量和流量

理论排量指泵在没有泄漏损失的情况下，每转一转所排出的液体体积，当两齿轮的齿数相同时，外啮合齿轮泵的理论排量为

$$V_{th} = \frac{\pi b}{2} \left(d_a^2 - a^2 - \frac{1}{3}t_0^2 - \frac{1}{3}b^2 \tan^2 \beta_g \right) \times 10^{-3} \quad (5-1)$$

式中　V_{th}——理论排量，cm^3/r；

d_a——齿顶圆直径，mm；

a——齿轮中心距，mm；

t_0——基圆直径，mm；

b——齿轮宽度，mm；

β_g——基圆柱面上的螺旋角。

未修正标准直齿轮的齿轮泵理论排量

$$V_{th} = 2\pi b m^2 \left(z + 1 - \frac{1}{12}\pi^2 \cos^2\alpha \right) \times 10^{-3} \tag{5-2}$$

式中　m——齿轮模数，mm；

　　　z——齿轮齿数；

　　　α——刀具压力角。

齿轮泵的理论流量为

$$Q_{th} = V_{th} n \times 10^{-3} \tag{5-3}$$

式中　Q_{th}——理论流量，L/min；

　　　n——齿轮泵转速，r/min。

齿轮泵的实际流量

$$Q = Q_{th}\eta_V \tag{5-4}$$

式中　Q——实际流量，L/min；

　　　η_V——容积效率。

2. 瞬时流量

泵每瞬时排出的液体体积称为瞬时流量，外啮合齿轮泵的瞬时理论流量为

$$q_{th} = \omega b (r_a^2 - r'^2 - l^2) \times 10^{-3} \tag{5-5}$$

式中　q_{th}——瞬时理论流量，cm³/s；

　　　ω——齿轮旋转角速度，rad/s；

　　　r_a——齿顶圆半径，mm；

　　　r'——齿节圆半径，mm；

　　　l——啮合点至啮合节点的距离，mm，$l = r_g\theta$；

　　　r_g——基圆半径，mm；

　　　θ——旋转角，rad。

泵工作时两齿轮啮合点沿啮合线移动，因此值 $l(\theta)$ 是变化的，即泵的瞬时流量是脉动的，如图 5-2 所示，其脉动频率为

$$f = zn/60 \tag{5-6}$$

式中　f——脉动频率，Hz。

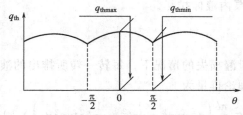

图 5-2　齿轮泵的瞬时理论流量

齿轮泵流量脉动（同时引起压力脉动）将使齿轮泵产生噪声和振动。流量和压力的脉动程度与齿数有关，如图 5-3 所示。

流量脉动大小以流量不均匀系数 δ_q 表示

$$\delta_q = \frac{q_{thmax} - q_{thmin}}{q_{thmax}} \tag{5-7}$$

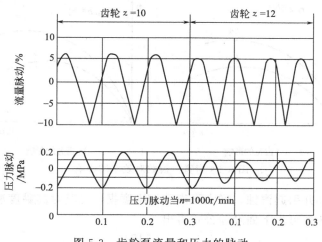

图 5-3　齿轮泵流量和压力的脉动

式中　q_{thmax}——最大瞬时理论流量，cm^3/s；

　　　q_{thmin}——最小瞬时理论流量，cm^3/s。

对齿数相等，重叠系数 $\varepsilon=1$ 的外啮合标准直齿齿轮泵（未开卸荷槽）有

$$\delta_q = \frac{\pi^2 \varepsilon^2 \cos^2 \alpha}{4(z+1)} \tag{5-8}$$

3. 效率

齿轮泵内的能量损失主要是机械损失和容积损失，水力损失很小，可以忽略。

（1）容积效率　容积损失主要通过齿轮端面与侧板之间的轴向间隙以及齿顶与泵体内孔之间的径向间隙和齿侧接触线的泄漏损失。其中轴向间隙泄漏约占总泄漏量和 $75\%\sim80\%$，一般轴向间隙为 $0.03\sim0.04mm$。

容积效率

$$\eta_V = \frac{Q}{Q_{th}} \tag{5-9}$$

一般 $\eta_V=0.70\sim0.90$，小流量、高压泵的 η_V 低。

（2）机械效率　齿轮泵的机械效率 $\eta_m=0.80\sim0.90$，大流量、高压泵的 η_m 低。

总效率

$$\eta = \frac{P}{P_e} = \frac{pQ}{61.2 P_e} \approx \eta_V \eta_m \tag{5-10}$$

式中　P——有效功率，kW；

　　　P_e——轴功率，kW；

　　　p——全压力，MPa，$p=p_2-p_1$；

　　　p_1——吸入压力，MPa；

　　　p_2——排出压力，MPa。

一般轴向间隙固定的齿轮泵，$\eta=0.60\sim0.80$，轴向间隙补偿泵的 $\eta>0.80$。

齿轮参数对效率的影响如图 5-4 所示。图中横坐标 $p/\mu n$ 中 μ 为液体动力黏度（$10^{-3} Pa \cdot s$）。

4. 转速

齿轮泵的流量一般与转速成正比，但转速过高，由于离心力的作用，液体不能充满齿

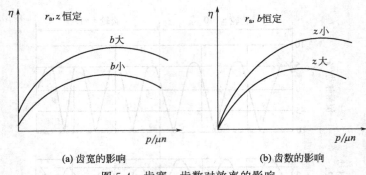

(a) 齿宽的影响   (b) 齿数的影响

图 5-4　齿宽、齿数对效率的影响

间，反而使流量减小并引起汽蚀，增大噪声和加剧磨损，尤其对高黏度液体影响更大。

齿轮泵的最高转速可由下面经验公式得出

$$n_{\max} \leqslant \frac{117}{d_a^4 \sqrt{°E}} \tag{5-11}$$

式中　$n_{\max}$——最高转速，r/min；

　　　d_a——齿顶圆直径，m；

　　　$°E$——恩氏黏度。

$n_{\max}$ 也可按表 5-1 确定。

表 5-1　$n_{\max}$ 值

液体黏度 $°E$	2	6	10	20	40	72	104
$n_{\max}/(m/s)$	5	4	3.7	3	2.2	1.6	1.25

注：表中 $n_{\max}$ 为齿轮节圆最大圆周速度。

为避免容积效率过低，齿轮泵的最低转速也应限制。最小齿轮节圆圆周速度为

$$n'_{\min} \geqslant \frac{1.72p}{°E_{50}} \tag{5-12}$$

式中　$n'_{\min}$——最小齿轮节圆圆周速度，m/s；

　　　p——全压力，MPa；

　　　$°E_{50}$——温度 50℃时的恩氏黏度。

（四）化工齿轮泵

齿轮泵属小流量、高排压泵，其流量和压力脉动小于往复泵，而效率又高于在小流量、高排压工况下运行的叶片泵，但对被输送液体的黏度和含有的固体颗粒物很敏感。因此，齿轮泵未能在化工生产中得到广泛应用。为使齿轮泵能在化工生产中获得广泛应用，多年来一直以适应化工生产的需要作为齿轮泵的主要发展目标之一，并开发出专用齿轮泵的新品种，称作化工齿轮泵，已用于化工生产。化工齿轮泵在设计、结构、制造和选材等方面有如下发展。

（1）外啮合齿轮泵工作齿轮只用作输送液体，其主动齿轮和从动齿轮的传动依靠另设的一对同步齿轮传动。齿轮的齿廓曲线有渐开线、圆弧等。工作齿轮和传动齿轮分开的外啮合齿轮泵在输送高黏度液体时，不会发生"挤死"现象，扩大了齿轮泵输送液体的黏度范围，最高黏度可达 1000Pa·s，但能达到的排出压力较低，最大排出压力不大于 2.5MPa。

（2）应用非金属材料制造齿轮。如以 SiC、ZrO_2 和 Al_2O_3 等陶瓷制造齿轮或在金属齿

轮的表面搪、涂上述陶瓷材料。齿轮表面具有很高的硬度，可达维氏硬度 2000。当齿轮泵的齿轮等过流零部件和轴承等均以上述陶瓷材料制成时，可用于输送细化泥浆（软、硬皆可）等浆状物料；SiC 具有自润性，以其制造齿轮等过流零部件和轴承的齿轮泵输送黏度较低或润滑性较差的非润滑性液体时，不会发生齿轮的"干涉"和"咬死"等现象，适合输送低黏度（5×10^{-4}Pa·s）的液体，也适合输送高黏度液体；ZrO_2 和 Al_2O_3 具有良好的耐腐蚀性能，可用于输送强腐蚀性液体。也有用乙烯-四氟乙烯共聚物、聚苯硫醚和聚四氟乙烯制作齿轮等过流零部件和轴承等，以扩大齿轮泵的应用范围，可用于输送涂料、漆、颜料、灰汁、抛光剂和酸类、碱液等腐蚀性溶液。

（3）提高齿轮的制造精度，将齿轮泵的工作间隙缩小到仅有 $3.8\mu m$，泵每一转的排液量达到很高的精确度和重复性，再通过高精度的转速调节系统，以改变齿轮泵的转速来调节其流量，并可自动控制，成为一种流量无脉动、调节精度高、运行平稳、寿命长、适合输送黏稠和浆状液体的旋转式计量泵。

二、齿轮泵的检修

（一）齿轮泵的拆卸

由于齿轮泵的结构十分简单，所以其拆卸方法并不复杂，具体步骤如下。

（1）断开电动机电源，关闭进出口阀，松开联轴器，将泵和电动机分离。

（2）拆除端盖，取下端盖轴套或轴承，将齿轮从泵体取出，将泵体连同侧盖取下。

（3）拆除侧盖。

（4）拆除填料压盖，取出填料或油封，从托架上取出轴套或滚动轴承。

（二）齿轮泵的主要零部件的检修

1. 齿轮

齿轮的两端面与轴中心线的垂直度偏差应在 0.02mm/100mm 以内；两齿轮的宽度应一致，单个齿轮的宽度误差不得超过 0.05mm/100mm；齿轮两端面平行度误差应在 0.02mm/100mm 以内。

用着色法检查，齿轮的啮合接触斑点应均匀分布在节圆线的上下，接触面积沿齿宽应不小于 70%，沿齿高应不小于 50%。

2. 轴与轴套

轴颈的圆柱度、圆度偏差应小于其直径公差的一半，轴颈表面不得有伤痕，表面粗糙度应在 $Ra1.6\mu m$ 以下，轴颈最大磨损量为 0.01d（d 为轴颈直径）。

3. 端盖与托架

端盖、托架表面不得有气孔、砂眼、夹渣、裂纹等缺陷，加工表面粗糙度应低于 $Ra3.2\mu m$；端盖、托架两孔中心线与加工端面的垂直度误差应小于 0.03mm/100mm。

4. 泵体

泵体铸件不得有气孔、砂眼、夹渣、裂纹等缺陷，内孔中心线与加工端面的垂直度误差应小于 0.02mm/100mm，水压试验压力为工作压力的 1.5 倍，保持 5min 不漏。

（三）齿轮泵的组装与调整

齿轮泵组装时，其主要部分的配合间隙应按表 5-2 执行，齿轮的啮合间隙应按表 5-3 执行。

齿轮泵组装前，首先应进行试装。在试装过程中，用着色法检查两齿轮啮合时接触面积及位置，用压铅法测量齿轮端面与端盖、托架的轴向间隙，啮合时的齿顶间隙和齿侧间隙也可用压铅法测量。

表 5-2　齿轮泵各部配合间隙

配合部件名称	配合间隙	配合部件名称	配合间隙
齿轮啮合的齿顶间隙/mm	0.20～0.30	滚针轴承内套的配合	Js6
齿轮端面与端盖的轴向总间隙/mm	0.10～0.15	滚针轴承外圈与镗孔的配合	K7
齿顶与壳体的径向间隙/mm	0.10～0.15	滚针轴承无内圈时轴与滚针的配合	H7/h6
轴颈与滑动轴承径向间隙/mm	$(1\sim2)d/1000$	填料压盖与轴的径向间隙/mm	0.40～0.50
齿轮与轴的配合	H7/m6	联轴器与轴的配合	H7/k6
轴承外圆与端盖镗孔配合	R7/h6	联轴器两端面轴向间隙/mm	2～4

表 5-3　齿轮泵啮合的齿侧间隙

中心距/mm	安装间隙/mm	报废间隙/mm	中心距/mm	安装间隙/mm	报废间隙/mm
≤50	0.085	0.20	81～120	0.13	0.30
51～80	0.105	0.25	121～200	0.17	0.35

经检测，各零部件达到质量要求，各间隙也在允许范围之内，可进行组装。组装时，齿轮端面与端盖、托架的轴向间隙，依靠改变端盖、托架与泵之间的密封垫片的厚度来调整。

紧固端盖螺栓时，应对称均匀地拧紧，边拧紧边盘动转子。遇到转子转不动时，应松掉螺栓，加厚密封垫片，调整齿轮与端盖的轴向间隙后重新拧紧。

加填料或装油封，紧压盖时仍需边紧边盘动转子，不可紧得过死。

安装泵与电动机的联轴器，找正。

清理现场，填写检修记录，交操作人员试车验收。

（四）齿轮泵典型故障分析与处理

齿轮泵典型故障及处理方法详见附录 3 的表 5。

凡是遇有下列情况之一时，必须紧急停车。

① 泵内发生异常的严重声响和振动突然加剧；

② 轴承温度突然上升，超过规定标准；

③ 泵流量突然下降；

④ 电流超过额定值，继续上升不下降。

【知识与技能拓展】

螺杆泵

螺杆泵是利用互相啮合的一根或数根螺杆使容积变化来吸、排液体的容积式转子泵。如图 5-5 所示，主动螺杆通过填料函伸出泵壳由原动机驱动。主动螺杆与从动螺杆螺纹旋向相反，一为左旋螺纹；另一为右旋螺纹。螺杆泵具有流量范围宽，排出压力大，效率高和工作平稳的特点，但加工工艺复杂，制造成本高。它适用于输送油类液体，还可输送气液混合相流体、高黏度液体，如腈纶浆液等，故在油品、合成橡胶、合成纤维生产中得到广泛应用。

螺杆泵按互相啮合的螺杆数目分为单螺杆泵、双螺杆泵、三螺杆泵和五螺杆泵等。

当螺杆旋转时，靠吸入室一侧啮合空间打开与吸入室接通，使吸入室容积增大，压力降低，而将液体吸入。液体进入泵后随螺杆旋转而作轴向移动。液体的轴向移动相当于螺母在螺杆上的相对移动，为了使充满螺杆齿槽的液体不至于旋转，必须以一固定齿条紧靠在螺纹内将液体挡住，如图 5-6 所示。

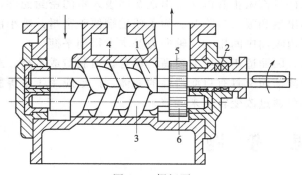

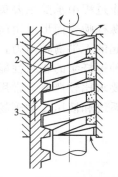

图 5-5　螺杆泵

1—主动螺杆；2—填料函；3—从动螺杆；

4—泵壳；5,6—齿轮

图 5-6　单螺杆泵工作原理

1—螺杆；2—齿条；3—壳体

双螺杆泵中从动螺杆齿槽接触的凸齿，起了挡住液体使其不能旋转的挡板作用。随着螺杆不断旋转，液体便从吸入室沿轴向移动至排出室。

螺杆泵主要有以下几方面的特点。

（1）螺杆泵流量均匀　当螺杆旋转时，密封腔连续向前推进，各瞬时排出量相同。因此，它的流量比往复泵、齿轮泵要均匀。

（2）受力情况良好　多数螺杆泵的主螺杆不受径向力，所有从动螺杆不受扭转力矩的作用。因此，泵的使用寿命较长。双吸结构的螺杆泵，还可以平衡轴向力。

（3）运转情况良好　运转平稳、噪音小、被输送液体不受搅拌作用；螺杆泵密封腔空间较大，有少量杂质颗粒也不妨碍工作。

（4）具有良好的自吸能力　因螺杆泵密封性好，可以排送气体，启动时可不用灌泵，可用作气液混合物的输送。

（5）适用范围广　螺杆泵可输送黏度较大的液体；一般螺杆泵的流量范围为 $1.5 \sim 500 \mathrm{m}^3/\mathrm{h}$，排出压力可达 17.5MPa，转速为 50Hz。

图 5-7 所示为卧式双吸三螺杆泵的结构图。它的主要构件有主动螺杆 1、两个从动螺杆 2 和 7、衬套 3、泵体 4、填料箱 5 和轴承 6 等。衬套外表面是圆形，与泵体配合形成吸油腔与排油腔，衬套内有三个相互连接的圆孔与三个螺杆相配合。主动螺杆比从动螺杆粗，因为

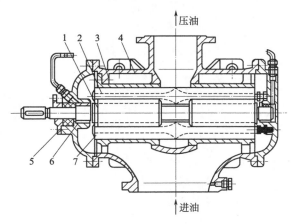

图 5-7　卧式双吸三螺杆泵的结构图

它在工作过程中承受主要负荷，从动螺杆只作阻止液体从排出室漏回吸入室的密封元件，即与主动螺杆啮合而形成密闭容积，将排出室和吸入室隔开。为了使轴端便于密封并减小由伸出端引起的不平衡轴向力，通常都是两边吸油中间排油，轴向力基本上得到平衡。

　　这种螺杆泵的密封性能好、效率高，因而适用于压力较高的场合。但制造成本高，对输送液体要求比较严格，常用于输送比较清洁而又具有自润滑性的液体，广泛应用于中等黏度的润滑系统和液压传动等场合，其流量可通过改变转速来调节。

思　考　题

1. 齿轮泵工作原理如何？
2. 齿轮泵具有哪些特点？适合输送哪些介质？
3. 齿轮泵启动前应做好哪些准备工作？
4. 齿轮泵如何启动？
5. 齿轮泵在运行过程中应做好哪些工作？
6. 齿轮泵停车步骤如何？
7. 齿轮泵主要性能参数有哪些？
8. 齿轮泵的转速为何不能过高也不能过低？
9. 齿轮泵的能量损失主要有哪几种？
10. 齿轮泵拆卸检查程序和步骤有哪些？
11. 齿轮泵在安装中有哪些要求？
12. 齿轮泵常见故障有哪些？是什么原因？如何排除？
13. 齿轮泵的日常维护主要内容有哪些？
14. 什么是螺杆泵？适用于输送哪些介质？
15. 螺杆泵有哪些特点？

学习情境六

真空泵的检修与维护

学习任务十一 旋片式真空泵的检修与维护

【学习任务单】

学习领域	化工用泵检修与维护	
学习情境六	真空泵的检修与维护	
学习任务十一	旋片式真空泵的检修与维护	课时：6
学习目标	1. 知识目标 （1）了解真空泵的分类、型号编制方法和用途； （2）掌握真空泵的基本性能参数； （3）掌握旋片式真空泵的结构和工作原理，熟悉旋片式真空泵的操作规程与操作方法； （4）掌握旋片式真空泵的检修方法； （5）掌握旋片式真空泵的维护与保养方法。 2. 能力目标 （1）能够正确操作旋片式真空泵； （2）能够对旋片式真空泵进行日常维护与保养； （3）能够对旋片式真空泵进行检修。 3. 素质目标 （1）培养学生吃苦耐劳的工作精神和认真负责的工作态度； （2）培养学生踏实细致、安全保护和团队合作的工作意识； （3）培养学生语言和文字的表述能力。	

一、任务描述
    假设你是一名现场设备管理员，在日常工作中需要对真空泵进行管理与维护。现由你组织检修工对2XZ型旋片式真空泵进行检修，排除机器故障，交付生产使用。
二、相关资料及资源
    1. 教材与真空泵的操作规程；
    2. 2XZ型旋片式真空泵的结构图；
    3. 相关视频文件；
    4. 教学课件。
三、任务实施说明
    1. 学生分组，每小组4～5人；
    2. 小组进行任务分析和资料学习；
    3. 现场教学；
    4. 小组讨论，掌握旋片式真空泵的基本结构，制订检修方案；
    5. 小组合作与现场实践，拆卸和组装旋片式真空泵，对其进行检修。
四、任务实施注意点
    1. 在观察真空泵时，注意真空泵的主要零部件、基本结构，了解其作用与特点；
    2. 认真分析旋片式真空泵的操作规程；
    3. 在旋片式真空泵拆装操作中注意安全、合理，掌握正确的方法，避免零部件的损坏；
    4. 遇到问题时小组进行讨论，可让老师参与讨论，通过团队合作获取问题的解决；
    5. 注意安全与环保意识的培养。
五、拓展任务
    1. 了解常用的真空泵有哪些类型；
    2. 了解喷射泵的基本结构、工作原理和主要零部件的作用。

【知识链接】

一、真空泵的基本知识

(一) 真空泵的分类

所谓真空，是指在给定的空间内，压力低于 $1.013\times10^5\,Pa$ 的气体状态。在真空状态下，气体的稀薄程度通常用气体的压力值来表示，显然，该压力值越小则表示气体越稀薄。

真空泵是利用机械、物理、化学、物理化学等方法对容器进行抽气，从而使容器内的压力低于一个大气压力（即压力为 $1.013\times10^5\,Pa$）的机器。真空泵和其他设备（如真空容器、真空阀、真空测量仪表、连接管路等）组成真空系统，广泛应用于电子、冶金、化工、食品、机械、医药、航天、科研等部门。例如，化工生产中在真空泵的抽吸作用下，溶液的过滤速度加快；分离液体混合物时，可使蒸馏温度下降，避免高温蒸馏中可能出现的物料焦化及分解现象；干燥固体物料的温度降低，速度加快等。

真空泵的种类很多，可按下列方式分类。

1. 按真空区域的压强划分

(1) 粗真空　压力范围为 $1.333\times10^3\sim1.013\times10^5\,Pa$；

(2) 低真空　压力范围为 $1.333\times10^{-1}\sim1.333\times10^3\,Pa$；

(3) 高真空　压力范围为 $1.333\times10^{-5}\sim1.333\times10^{-1}\,Pa$；

(4) 超高真空　压力范围为 $1.333\times10^{-9}\sim1.333\times10^{-5}\,Pa$；

(5) 极高真空　压力低于 $1.333\times10^{-9}\,Pa$。

化工生产中，一般在粗、低真空区域内操作即能达到生产要求。

2. 按结构及工作原理划分

真空泵按照结构与工作原理的分类如图 6-1 所示。

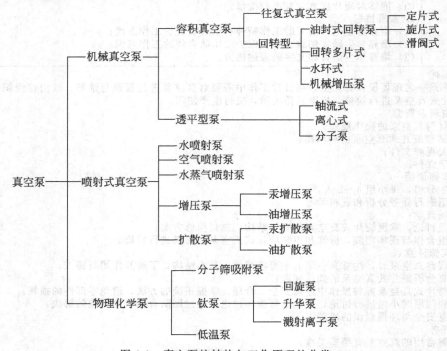

图 6-1　真空泵按结构与工作原理的分类

3. 按用途划分

（1）主泵　在真空系统中，用来获得所要求真空度的真空泵。

（2）粗抽泵　从大气压开始降低系统的压力到另一抽气系统开始工作的真空泵。

（3）前级泵　用来维持另一个泵的前级压力在其临界前级压力以下的真空泵。

（4）维持泵　在真空系统中，当气体量很小，不能有效地利用主、前级泵，此时，可以利用容量较小的辅助前级泵来维持主泵工作或维持容器所需真空度。

（5）粗/低真空泵　从大气压力开始并用来获得低真空度（$10^2 \sim 10^5$ Pa）的真空泵。

（6）高真空泵　在高真空（$10^{-1} \sim 10^2$ Pa）范围工作的真空泵。

（7）超高真空泵　在超高真空（$< 10^{-5}$ Pa）范围工作的真空泵。

（8）增压真空泵　安装在低真空和高真空之间，用来提高系统工作效率或降低前级泵容量要求的真空泵。

（二）真空泵的型号

根据 JB/T 7673—1995 的规定，各种国产真空泵是由基本型号和辅助型号两部分组成，如图 6-2 所示。两者中间为一横线。国产真空泵的型号通常以表 6-1 中构成名称关键字的汉语拼音第一个或前两个大写字母来表示，若在拼音字母前冠以"2"字，则表示泵在结构上是双级泵。

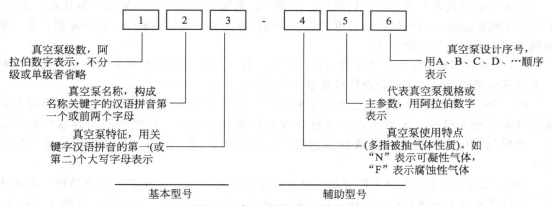

图 6-2　真空泵的型号组成说明

表 6-1　部分真空泵名称代号

名　称	代　号	名　称	代　号
往复式真空泵	W	旋片式真空泵	X
单级多旋片式真空泵	XD	溅射离子泵	L
锆铝吸气剂泵	GL	水环泵	SK、SZ
普通罗茨真空泵	ZJ	带溢流阀罗茨真空泵	ZJP
气冷式罗茨真空泵	LQ	滑阀式真空泵	H
油环式真空泵	Y	定片式真空泵	D
升华泵	S	复合式离子泵	LF
制冷机低温泵	DZ	余摆线真空泵	YZ
灌注式低温泵	DG	分子筛吸附泵	IF
分子真空泵	F	水喷射泵	PS
油扩散真空泵	K	水蒸气喷射泵	P
移动阀式往复泵	WY	立式往复泵	WL
悬臂式结构水环泵	SZB	直联式水环泵	SZZ
直联式旋片泵	XZ	真空电机罗茨真空泵	ZJK

真空泵型号表示方法举例：

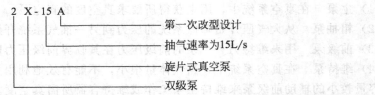

由于泵的种类较多，选用时参阅不同生产厂家的产品说明书或样本显得尤为重要。

（三）真空泵的用途

真空泵的类型众多，广泛用于机械、化工、造纸、医药、食品、电子、冶金、矿山和地基处理等领域。典型真空泵的应用情况如下。

W 型往复式真空泵是获得粗真空的主要真空设备之一。广泛应用于化工、食品、建材等部门，特别是在真空结晶、干燥、过滤和蒸发等工艺过程中更为适宜。

2X 型旋片式真空泵是用来抽除密闭容器的气体的基本设备之一。它可以单独使用，也可作为增压泵、扩散泵、分子泵的前级泵使用。该型泵广泛应用于冶金、机械、电子、化工、石油、医药等行业的真空冶炼、真空镀膜、真空热处理和真空干燥等工艺过程中。

2XZ 型旋片式真空泵具有结构紧凑、体积小、重量轻、噪音低、振动小等优点。所以，它适用于作扩散泵的前级泵，而且更适用于精密仪器配套和实验室使用。例如质谱仪器、冰箱流水线和真空冷冻干燥机等。

XD 型旋片式真空泵可以在任意入口压强下工作，已普遍应用于食品的真空包装、塑料工业的真空吸塑成形、印刷行业的纸张输送和真空夹具以及真空吸引等。

SZ、SK 系列水环式真空泵主要用于粗真空、抽气量大的工艺过程中。它主要用来抽除空气和其他无腐蚀、不溶于水、含有少量固体颗粒的气体，以便在密闭容器中形成真空，所吸气体中允许混有少量液体。它被广泛应用于机械、制药、食品和石油化工等行业中。

2SK、2SK-P1 系列双级水环式真空泵主要用来抽除空气和其他有一定腐蚀性、不溶于水、允许含有少量固体颗粒的气体。广泛用于食品、纺织、医药、化工等行业的真空蒸发、浓缩、浸渍、干燥等工艺过程中。该型泵具有真空度高、结构简单、使用方便、工作可靠、维护方便的特点。

JZJS 型罗茨-水环泵机组由于采用水环泵作为前级泵，因而特别适用于抽除含有大量水蒸气和带有一定腐蚀性和可凝性气体的工艺过程中，如真空蒸馏、蒸发、脱水、结晶和干燥等工艺过程中。

JZJX 型罗茨-旋片泵机组是以罗茨泵为主泵，以旋片泵为前级泵串联而成。其结构紧凑、操作方便。适用于抽除空气及其他无可凝性及无腐蚀性的气体，广泛应用于需要大抽速和高真空的各种真空系统中，如真空冶炼、电力电容器、变压器、真空浸渍处理和真空镀膜设备中的预抽等。

ZJ 系列罗茨真空泵是一种旋转式变容真空泵，须有前级泵配合方可使用，在较宽的压力范围内有较大的抽速，对被抽除气体中含有灰尘和水蒸气不敏感。广泛用于冶金、化工、食品和电子镀膜等行业。

HIB-SZ 系列化工耐腐陶瓷水环真空泵，在真空系统中经常碰到输送化学气体，这就需要引进耐腐蚀真空泵的新概念。它是利用陶瓷这一特殊介质来做过流部件的，真正符合了通常的"耐磨、耐酸、耐碱、耐高温"的要求。

各种类型真空泵的使用范围，如图 6-3 所示。

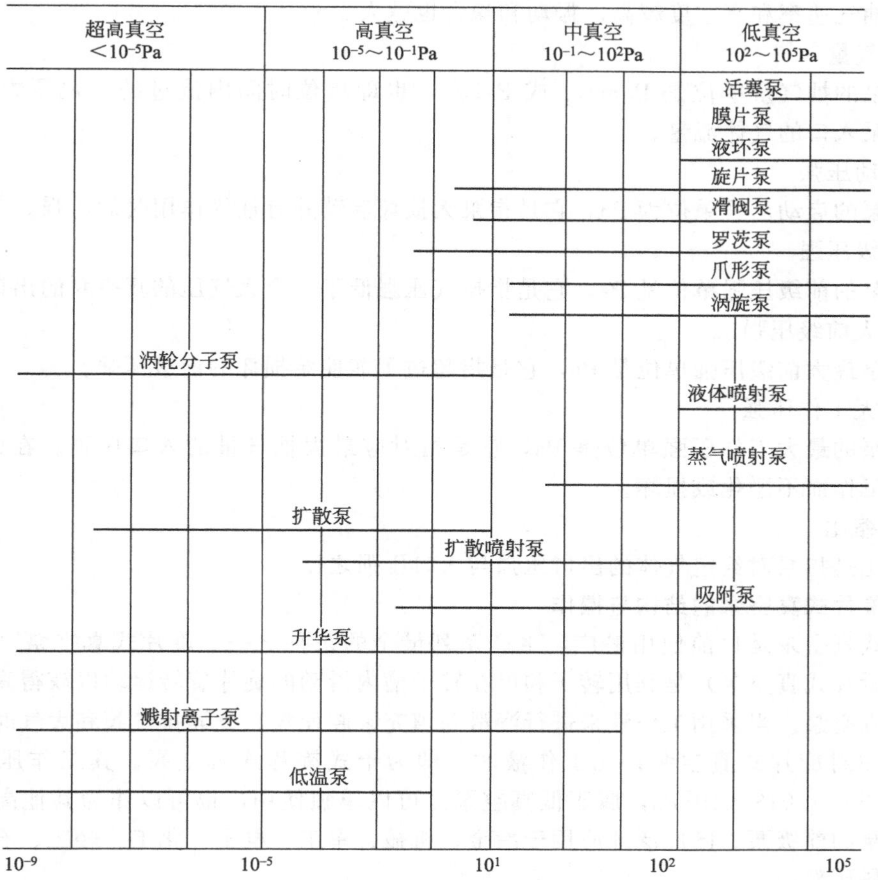

超高真空 $<10^{-5}$Pa	高真空 $10^{-5}\sim10^{-1}$Pa	中真空 $10^{-1}\sim10^{2}$Pa	低真空 $10^{2}\sim10^{5}$Pa

活塞泵
膜片泵
液环泵
旋片泵
滑阀泵
罗茨泵
爪形泵
涡旋泵

涡轮分子泵

液体喷射泵
蒸气喷射泵

扩散泵

扩散喷射泵

吸附泵

升华泵

溅射离子泵

低温泵

10^{-9}　　　　10^{-5}　　　　10^{1}　　　10^{2}　　　10^{5}

图 6-3　真空泵的使用范围

（四）真空泵的基本参数

1. 极限真空（通常称为绝对真空度）

真空泵的极限真空单位是 Pa，将真空泵在入口处与标准试验检测容器相连并按规定条件工作，放入待测的气体后，进行长时间连续抽气，当容器内的气体压力不再下降而维持某一定值时，此压力称为泵的极限真空。该值越小则表明越接近理论真空。

普通真空表测得的真空值（即表压）为相对真空度，用负数表示，是指被测气体压力与大气压的差值。

2. 抽气速率

真空泵的抽气速率单位是 m^3/s 或 L/s，是指在泵的吸气口处装有标准试验罩，并按规定条件工作时，单位时间内从试验罩流过的气体体积，简称泵的抽速。

传统工业用真空泵体积普遍很大，而且泵的工作需要特殊的真空泵油和润滑机油，介质气体内会含有大量油雾。随着仪器仪表工业的发展以及人们对环保的要求，普遍有以下规律：泵的价格和真空度指标密切相关。真空度指标是各国生产商努力追求的主要指标，它反映了制造商的技术实力。要提高真空度指标，对零件精度和材料等都有更高的要求，因此生产成本就大幅度提高了，同时，流量的提高也会引起价格的攀升。

高真空度的微型泵由于采用了非常精密的密封零件，因此它对工作环境的清洁条件、温度参数和介质成分等均有更高的要求。

泵的抽气速率和真空度越高，振动和噪音也越大。

3. 抽气量

真空泵的抽气量单位是 Pam³/s 或 PaL/s，也即单位时间内流过的一定压力的气体体积，是指泵入口的气体流量。

4. 启动压强

真空泵的启动压强单位为 Pa，它是指泵无损坏启动并有抽气作用时的压强。

5. 前级压强

真空泵的前级压强单位是 Pa，它是指排气压强低于一个大气压的真空泵的出口压强。

6. 最大前级压强

真空泵最大前级压强单位是 Pa，它是指超过了能使泵损坏的前级压强。

7. 最大工作压强

真空泵的最大工作压强单位是 Pa，它是指对应最大抽气量的入口压强。在此压强下，泵能连续工作而不恶化或损坏。

8. 压缩比

压缩比是指泵对给定气体的出口压强与入口压强之比。

二、旋片式真空泵的结构与操作

旋片式真空泵是目前使用最广，生产系列最全的泵种之一。旋片式真空泵（简称旋片泵，又称滑片式真空泵）是利用转子和可在转子槽内滑动的旋片旋转运动以获得真空的一种变容机械真空泵。当采用工作液来进行润滑并填充泵腔死隙，分隔排气阀和大气时，即为通常所称的油封旋片式真空泵；无工作液时，即为干式旋片式真空泵。其工作压强范围为 $1.33×10^{-2}～1.013×10^{5}Pa$，属于低真空泵。可以单独使用，也可以作为其他高真空泵或超高真空泵的前级泵。已广泛地应用于冶金、机械、军工、电子、化工、轻工、石油及医药等生产和科研部门。

旋片泵可以抽除密封容器中的干燥气体，若附有气镇装置，还可以抽除一定量的可凝性气体。但它不适于抽除含氧过高的、爆炸性、腐蚀性、对泵油会起化学反应以及含有颗粒尘埃的气体。

旋片泵多为中小型泵，有单级和双级两种。随着旋片泵应用数量的增加和应用领域的拓宽，对于缩小泵体积、减轻泵重量、降低泵噪声、防止泵喷油等的要求更迫切。提高泵的转速是改进泵性能的重要途径，高速直联泵正由小型泵向中型和大型泵方向发展。

（一）旋片式真空泵的原理与结构

旋片式真空泵的结构如图 6-4 所示。旋片泵主要由泵体 1、旋片 2、转子 3、弹簧 4、排气阀 5 等组成。在旋片泵的腔内偏心地安装一个转子 3，转子 3 外圆与泵腔内表面相切（二者有很小的间隙），转子槽内装有带弹簧 4 的两个旋片 2。旋转时，靠离心力和弹簧 4 的张力使旋片 2 顶端与泵腔的内壁保持接触，转子 3 旋转带动旋片 2 沿泵腔内壁滑动。

两个旋片 2 把转子 3、泵腔和两个端盖所围成的月牙形空间分隔成 A、B、C 三部分，当转子 3 按箭头方向旋转时，与吸

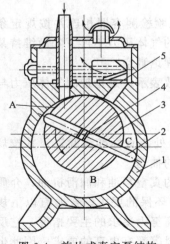

图 6-4　旋片式真空泵结构

1—泵体；2—旋片；3—转子；

4—弹簧；5—排气阀

气口相通的空间 A 的容积是逐渐增大的，正处于吸气过程。而与排气阀 5 相通的空间 C 的容积是逐渐缩小的，正处于排气过程。居中的空间 B 的容积也是逐渐减小的，正处于压缩过程。由于空间 A 的容积是逐渐增大（即膨胀），气体压强降低，泵的入口处外部气体压强大于空间 A 内的压强，因此将气体吸入。当空间 A 与吸气口隔绝时，即转至空间 B 的位置，气体开始被压缩，容积逐渐缩小，最后与排气阀 5 相通。当被压缩气体超过排气压强时，排气阀 5 被压缩气体推开，气体穿过油箱内的油层排至大气中。由泵的连续运转，达到连续抽气的目的。如果排出的气体通过气道而转入另一级（低真空级），由低真空级抽走，再经低真空级压缩后排至大气中，即组成了双级泵。这时总的压缩比由两级来负担，因而提高了极限真空度。

图 6-5 为 2X 型旋片泵结构简图。旋片泵在结构上可分为油封式和油浸式两大类。油封式结构是指油箱设在泵体上，泵油起到密封排气阀的作用；油通过排气阀和油孔进入泵腔，使泵腔内所有运动件的表面覆盖一层油膜，密封住吸气腔与排气腔间的间隙，防止气体反流；这些油还能减少排气腔内的有害空间，以消除它们对极限压强的影响；泵体靠水或风冷。一般大泵多采用这种结构形式。油浸式结构是将整个泵体浸在泵油中，泵油起到密封和冷却作用。小泵和直联泵多采用这种结构形式，转速可高达 1450r/min，大大提高了泵的抽气速率和减轻了泵的重量。

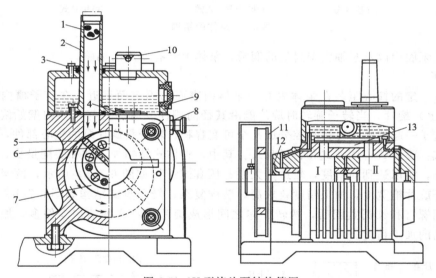

图 6-5 2X 型旋片泵结构简图

1—过滤网；2—进气管；3—压板；4—排气阀片；5—旋片；6—弹簧；7—转子；8—放油螺塞；
9—油标；10—排气口；11—皮带轮；12—轴端密封；13—级间排气通道

（二）旋片式真空泵的主要零部件

1. 泵体

旋片泵的泵体既是整个泵的外壳，实现泵内和泵外空间的分离，又在转子四周形成一个截面积逐步扩大或缩小的对称通道，形成一圆柱形空腔，圆柱形空腔的一侧安装有进气管道，圆柱形空腔上沿泵顶纵轴线位置设有排气口，排气口上安装有排气阀门，它的吸入口与真空容器或真空设备连接，在运转时容器内的气体将大量吸入与排出。通常由灰口铸铁 HT250 或球墨铸铁铸造制成，也有采用铸钢材料焊接制成，还有采用有机合成材料制成的，泵体是采用铣削成型后，再通过数控磨削进行加工。由于转子与旋片、旋片与泵腔之间滑动接触，磨损较大，消耗功率也较大，为防止长时间摩擦产生大量的热量造成泵体变形，旋片泵采用了自然冷却和水冷却两种冷却方式。

泵体是旋片泵的主体，其结构有三种形式，即整体式、中壁压入式和组合式，如图 6-6 所示。其中，整体式结构要求加工精度高，高低真空级两腔同心度不易保证；中壁压入式结构高低真空腔为一整体，中壁有压力机压入或经冷却后装入两种方式，其结构简单、加工和装配量小，但中壁尺寸公差要求严格；组合式结构各零件易于加工，废品率低、互换性好，适于大批量生产，但加工面多，要求精度高。

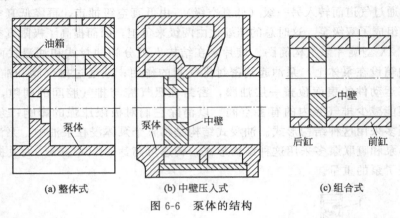

(a) 整体式　　　　　　(b) 中壁压入式　　　　　　(c) 组合式

图 6-6　泵体的结构

为保证泵腔内以及泵轴头密封处的润滑，泵体上开有专用的油路。

2. 转子

转子以一定的偏心距装在泵体内并与泵体内表面的固定面靠近，在转子槽内装有两个（或两个以上）旋片，当转子旋转时旋片能沿其径向槽往复滑动且与泵体内壁始终接触，此时旋片随转子一起旋转，可将泵腔分成几个可变容积。转子是旋片泵的核心部件，转子结构有三种形式：整体式、压套式和转子盘式。其中，整体式结构加工件和装配量少，但旋片槽加工较困难，难以达到高精度，较适于大泵；压套式结构如图 6-7(a) 所示，两半转子中间用衬块保证旋片槽宽度，加工精度要求高，装配复杂；转子盘式结构如图 6-7(b) 所示，两半转子盘用螺钉和锥销紧固后，两转子体之间形成旋片槽，这种结构零件多，加工装配量大，有较高的加工精度。

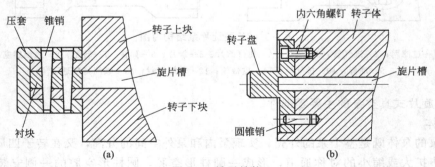

(a)　　　　　　　　　　　(b)

图 6-7　转子结构

3. 旋片

旋片与泵体之间构成了泵的工作容积，旋片是镶嵌在转子的径向槽里，可以自由滑动，当电机带动转子转动时，旋片在离心力和旋片底部弹簧力的双重作用下向外伸出，其顶部紧贴在泵体内表面上。因此，旋片要有一定的强度和耐磨性。旋片材料一般采用铸铁、石墨、高分子复合材料等，直联泵多采用高分子复合材料做旋片。

4．排气阀

排气阀是旋片泵主要易损件之一，将影响泵的抽气性能并产生噪声。排气阀有两种形式：一种是用橡胶垫做阀片，如图6-8(a)所示；另一种是用布质酚醛层压板或弹簧钢片做阀片，如图6-8(b)所示。排气阀必须浸在泵油中。在排气过程中，压缩气体推开排气阀片，穿过泵油后排出，泵油起到密封作用。在双级泵中，当高真空级腔与低真空级腔不等时，需要在两级之间设置辅助排气阀，如图6-9所示。辅助排气阀的作用是在入口压力较高、经高真空级腔压缩的气体已经达到排气压力时，辅助排气阀打开，部分气体由辅助排气阀排出，部分气体被低真空级腔抽走。随着泵入口压力的降低，辅助排气阀排气量逐渐减小，直至最后关闭。

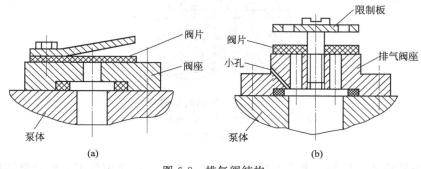

图 6-8　排气阀结构

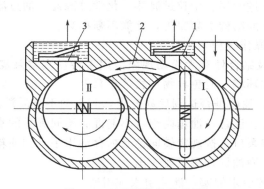

图 6-9　双级泵结构示意图

Ⅰ—高真空级；Ⅱ—低真空级

1—中间辅助排气阀；2—气体通道；3—低真空级排气阀

气镇阀是旋片泵为抽除可凝性气体而设置的。通常，泵抽除的气体为永久性气体和可凝性气体的混合物。在压缩和排气的过程中，当可凝性气体的分压超过泵温对应的该气体饱和蒸气压时，可凝性气体会凝结并混于泵油中，随泵油循环，并在返回高真空侧时重新蒸发成蒸气。这会影响泵的抽气性能，加重泵油的污染程度。气镇法或称掺气法可以有效地防止可凝性气体的凝结，即在压缩过程中将经过控制的永久性气体（通常为室温干燥空气）由气镇孔掺入被压缩气体中，使可凝性气体分压未达到泵温对应的饱和蒸汽压力之前，压缩气体的压力已经达到排气压力，排气阀打开，可凝性气体同永久气体一同被排出。油封式机械真空泵普遍装有气镇装置，因此也叫气镇泵。气镇阀（掺气阀）由节流阀和逆止阀两部分组成，其结构如图6-10所示。节流阀控制掺入气体量，逆止阀防止泵腔内气体压力高于掺气压力时出现反流。气镇孔位置的设置一般有两种：一种是在泵排气口附近，当压缩腔与排气口相通时，开始掺气；另一种是设置于端盖上，当吸气终了以后，转子再转过一个角度（10°～15°）时，露出气镇孔，开始掺气。在掺气过程中，泵的极限压力会上升，抽气速率会下降。在低压时，适当打开气镇阀，掺入少量气体，可以减少泵油冲击排气阀引起的噪声。高速直联泵在高的泵温（90～100℃）下运行，有利于可凝性气体的抽出。

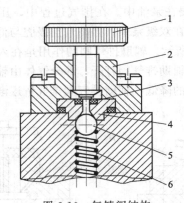

图 6-10　气镇阀结构

1—调节阀；2—气镇阀座；3—密封垫；4—挡块；
5—钢球；6—弹簧

为了防止泵喷油、反油，改善泵的润滑条件，扩大泵的使用范围，旋片泵还配有多种附件，如油雾捕集器、分子过滤器、尘粒过滤器、化学过滤器、油过滤器等。随着技术进步和工艺要求的提高，旋片泵的结构更趋完善，性能不断提高。

（三）旋片泵的安全操作规程

① 检查真空泵管路及结合处有无松动现象。用手转动真空泵皮带轮，试看真空泵转动是否灵活。检查泵的操作环境，避免异物杂物落在泵上。

② 开机前检查油位、油质是否达到启动要求，若泵油不够需添加，并确定在正常油位，润滑油应及时更换或补充。注意：油箱内绝对不能混有不同牌号的真空泵油。为防止因反油与反转而喷油，应先开启泵口，按规定转向把泵内存油用手盘到油箱中。同时查看油位，应在油标中心以上，但不要满油标，多了要放出。

③ 拧下真空泵泵体的引水螺塞，灌注引水或引浆。

④ 关好出水管路的闸阀和出口压力表及进口真空表。

⑤ 点动电机，试看电机转向是否正确。

⑥ 启动电机，系统启动 15min 后查看排气压力，检查排气口有无喷油现象，当真空泵正常运转后，打开出口压力表和进口真空表，视其显示出适当压力后，逐渐打开闸阀，同时检查电机负荷情况。

⑦ 尽量控制真空泵的流量在标牌上注明的范围内，以保证真空泵在最高效率点运转，才能获得最大的节能效果。

⑧ 注意启动及运转声响和温升情况。真空泵在运行过程中，轴承温度不能超过环境温度 35℃，最高温度不得超过 80℃。

⑨ 如发现真空泵有异常声音应立即停车检查原因。

⑩ 真空泵要停止使用时，先关闭闸阀、压力表，然后停止电机。在操作介质含有适量水分的情况下，泵要在系统启动前 30min 开机，且在系统关闭 30min 后停机。

⑪ 真空泵在工作第一个月内，工作 100h 后更换润滑油，以后每隔 500h，换油一次

（视操作介质，工作环境等因素而定）。换油时应先将油箱内的油放完，注入少量新油，开机半分钟后再将油放完，最后注入新的泵油到指定油位。

⑫ 经常调整填料压盖，保证填料室内的滴漏情况正常，以成滴漏出为宜。

⑬ 定期检查轴套的磨损情况，磨损较大应及时更换。

⑭ 真空泵在寒冬季节使用时，停车后，需将泵体下部放水螺塞拧开将介质放净，防止冻裂。

⑮ 真空泵长期停用，需将泵全部拆开，擦干水分，将转动部位及结合处涂以油脂装好，妥善保管。

三、旋片式真空泵的检修

拆洗真空泵和泵内零件时，一般用纱布擦拭即可。其金属碎屑、砂泥或其他有害物质必须清洗时，可用汽油等擦洗，干燥后方可装配，切忌用汽油浸泡。

倘若因泵需要拆开清洗或检修，必须注意拆装步骤，以免损坏机件。下面以 2XZ 型旋片式真空泵为例介绍其拆卸和装配步骤。

（一）2XZ 旋片式真空泵的拆卸

① 根据工作和使用要求，将泵拆离真空系统，放油先拆卸低真空端，取下后端板后，再取出真空转子及键，然后将前端板拆下，取出真空转子及旋片、弹簧等，取下视镜、排气阀门、排气盖，用汽油或酒精彻底清洗全部零件。拆卸时应注意每个零件的部位、方向及组合件的松紧程度，拆下的零件应分开放置，不允许混在一起，以防止互相磨伤；检查全部零部件，看有无磨损或拉毛、打烂等不良现象，按情况进行修理或更换。特别注意对前后端板的检查，如发现有较大程度的擦伤，说明装配时转子与中隔板不垂直，应调整定位销钉，如太严重应予修理或更换。

② 松开进气嘴法兰螺钉，拔出进气嘴，松开气镇法兰螺钉，拔出气镇阀。

③ 拆下油箱。

④ 拆除止回阀开口销，拆下止回阀叶轮。

⑤ 拆除支座与泵的连接螺钉，拆下泵部件，电机拆否视方便而定。

⑥ 松开泵盖螺钉，拆下泵盖，拉出二转子及旋片。拆下低级转子时，需先拆下开口销。

（二）2XZ 旋片式真空泵的装配

① 装配前应清洗干净并烘干，用纱布擦净零件，防止油孔堵塞，最好用清洗液和刷子清洗。

② 把旋片装入转子槽内后，把转子装入定子即泵体内，装上泵盖、销、螺钉、键、联轴器，用手旋转，应无阻滞和明显轻重，装时应使定子顶面朝下，以借助重力使转子贴近定子圆弧面，用刀、尺及厚薄规检查间隙，两端的间隙应基本一致，此间隙最好在 0.01mm。

③ 先装高真空端，将弹簧、旋片托起装入转子内，然后放入高真空室，装上前端板，再装定位销钉，均匀拧紧螺钉，装配后应保证转动灵活，均匀一致。然后再装低真空转子及后端盖，低真空端旋片的槽应向后端板一边，再装排气门，排气阀片应贴紧阀板座，再装其他零件。

④ 装上止回阀叶轮等止回零件，应使止回阀头平面对准进油嘴油孔，按工作时的转向旋转转子并用手轻轻反向挡住叶轮，油孔应时开时闭，调整阀头平面最大开启高度为 0.8～1.2mm，具体可移动止回阀座、橡胶止回阀头在阀杆孔中的位置来实现。简便查法：面对叶轮，使 $\phi3mm$ 传动销处于右手水平位置，顺时针方向拨动叶轮，此时止回阀头平面的开启高度近于最大，应为 0.8～1.2mm。转子停止在任何位置，手从叶轮上松开后，止回阀头应自动落下关闭油孔。

⑤ 装上 2XZ 型旋片式真空泵的排气阀、挡油板等零件。

⑥ 把泵体、键、联轴器、电机装在支座上。

⑦ 装油箱。

⑧ 插入进气嘴、气镇阀，装上法兰固紧。

装配时转动部位应先在摩擦面涂上清洁真空泵油，注意清洁，严禁铁屑、泥砂等落入泵内，定位销钉要接触良好，装好的泵应转动轻松，无转动不均，并没有阻滞现象。记住零件原装配位置，可减少跑合时间。紧固件应无松动。

⑨ 总装完毕后，分别从进气嘴及加油孔加油，装油到视镜横线处方可试车。

（三）旋片式真空泵的试车

① 试车前检查各联接处紧固情况，检查电气线路，检查冷却水管路是否畅通。

② 用手缓慢转动皮带轮，检视传动部分是否正常，不可直接开动电机，以防造成损坏。

③ 打开进气管上放空阀。

④ 打开冷却水管路，看是否畅通。

⑤ 启动电机，注意转动方向应与泵转动方向一致。

⑥ 关闭放空阀，注意油位、冷却水，注意泵运转方向是否正常，有无异常声响，检查电机是否超负荷运转。

⑦ 待开泵 5min 以上缓慢打开进气阀，注意真空表是否指向正确工作压力。如被抽系统体积较大，则进气阀总阀只能稍开一点，使其真空保持在 $-0.06MPa$ 左右，泵内有足够的滑润，待被抽系统都在 $-0.06MPa$ 以上开足进气管道总阀。

⑧ 停车时应先关闭通往真空系统的进气阀，与真空系统隔断，然后关闭电动机，并打开放空阀让空气进入泵内，最后再停止冷却水。

⑨ 如碰到有大量溶剂或水经过真空蒸馏，使其进入泵内，这样会影响真空，严重的会将泵咬死。

⑩ 检修后的泵，应先做运转试验和性能试验，再连接到系统上去。

⑪ 泵不用时，应用橡皮把进气口塞好，以免污物落入泵内。

⑫ 泵所有部件，非绝对必要，切不可自行拆卸，尤其泵内部件，如有损坏，则会影响极限真空和抽气性能。

（四）旋片泵的维护与保养

1. 一般维修

一般维修与周期保养是同时进行的，在保养的同时检修泵，保证泵的工作能力。

2. 中修

在真空度达不到工作要求或泵头出现异常声响时需进行泵头中修。

① 检查更换泵头所有出现问题的零部件，更换轴封和泵油。

② 对缸套、转子、排气阀进行除碳清洁。

③ 清洁进气阀的所有零件，必要时更换进气口单向阀。

④ 装配泵头，进行转子间隙调整。

⑤ 整机装配，运转一个小时，检测技术参数。

3. 大修

泵严重受损，操作数据严重下降或泵连续使用五年以上等情况时，需进行大修保养。

① 更换旋片、轴承、轴封、轴套、密封圈、排气过滤器、油过滤器和泵油等零部件。

② 清洁油路系统、排气阀、缸体、转子、进气口组件和排气口组件等零部件。

③ 泵头的装配，进行转子间隙调整。

④ 整机装配，运转一个小时，检测技术参数。

4. 旋片泵使用保养时的注意事项

① 旋片　使用周期四年左右。

② 轴承　约四年更换，通常在大修保养时更换。

③ 排气过滤器　更换周期18个月（视操作环境而定）或当排气压力超过 0.6bar(1bar＝10^5Pa) 时（排气压力表指针指向红色区域）。

④ 油过滤器　原则上与泵油同期更换。

⑤ 油箱油路　清洁周期为 $500\sim2000$h。

⑥ 进气过滤器　每周清洁一次。

5. 旋片泵维修时的注意事项

① 首先要了解泵的类型、特点和运行状况。了解使用要求，确定修理目标。在进行维修之前，准备好检测手段。

② 判断故障，确诊故障。故障判断准可减少检修工作量；确诊故障要进行验证。

③ 排除故障，先简后繁，先易后难。无须拆卸的不拆，以减少由于缺少专用工具和操作不当引起新的损伤，减少位置变化和跑合运转时间。一般地说，拼接式转子是不可拆卸的，否则形位公差难以保证，转子有可能报废。

④ 如果介质有毒有害、有腐蚀性，应请用户先行清洗泵，并告知检修人员采取必要的防护措施，以保障检修人员的安全与健康。

（五）旋片泵常见故障与排除

旋片泵常见的故障分为运转故障和性能故障。运转故障包括泵不转、泵温太高、漏油、漏水和最大功率超标等。性能故障包括极限压力、极限全压力、抽气效率、气镇性能等不达标或不能满足要求以及噪声大、喷油等现象。旋片式真空泵常见故障、产生原因和排除方法如表 6-2 所示。

表 6-2　旋片式真空泵常见故障、产生原因和排除方法

故　　障	产 生 的 原 因	排 除 方 法
真空度低	1. 油量不足	1. 加油到油标中心
	2. 油脏或乳化	2. 换油
	3. 泵油牌号不符或混油,夏季使用黏度过小的油	3. 换油
	4. 漏气	4. 检查轴封、排气阀、端盖、进气口等部位的密封情况,并修换密封圈
	5. 配合间隙过大(或有磨损和划痕)	5. 检查泵腔、转子、旋片、端盖板之间的配合间隙,清除杂物、杂质,按精度要求修磨
	6. 油路不通,泵腔内没有保持适当的油量	6. 调节油路的进油量
	7. 泵运转中温升太高,使泵油浓度变稀,密封性变差,油蒸气压增大	7. 清洗时用高压空气吹通油孔,把沉积物清洗干净通冷却水降温,检查配合间隙按精度要求进行修理
	8. 泵中隔板压入时过盈量过大,使泵腔鼓起变形,漏气	8. 修整泵腔或换泵、报废
	9. 排气阀片损坏密封不好	9. 修换阀片
	10. 装配不当,端盖板螺钉松紧不一,转子轴心位移	10. 重新装配
	11. 旋片活动不好	11. 修磨转子和旋片的配合,调换弹簧
	12. 被抽气体温度过高	12. 热气体被抽入泵之前加冷却装置
	13. 进气管内的过滤网被堵	13. 取出进气口过滤网清洗干净烘干后再装好
	14. 气镇阀垫圈损坏或没拧紧	14. 换垫圈,拧紧气镇阀
	15. 相对于真空室的容量、泵的排气容量小	15. 重新选泵
	16. 吸气口的连接管道细小或管道过长	16. 用大于吸气口直径的管道、缩短与真空室的距离
	17. 吸气口的金属网堵塞	17. 拆下吸气口上部的管道清洗金属网

故　　障	产生的原因	排除方法
电动机超负荷运转，甚至转不动，发生"卡死"现象	1. 弹簧损坏，使旋片受力不均匀 2. 装配不当，使某局部受力 3. 由于过滤网损坏，外部污物如金属屑、颗粒等落入泵腔内 4. 端面间隙过小，泵温升过高 5. 泵油变质或结垢，油黏度不恰当 6. 转子损坏 7. 轴和轴套配合过紧，缺油润滑 8. 中间气道不畅通 9. 轴中十字接头损坏 10. 电动机接线错误	1. 换弹簧 2. 重新装配 3. 拆泵检查、清洗、装好过滤网，修磨转子旋片 4. 调整间隙 5. 换油 6. 重配新件 7. 强化油路润滑 8. 清理中间气道或换用薄一点的橡皮垫 9. 修换转子轴或十字接头 10. 检查接线
泵在运转中有杂声噪音	1. 弹簧断，运转中发出旋片的冲击声 2. 装配不当，零件松动，致使运转声音不正常 3. 泵腔内有脏物，零件有毛刺或变形，运转发生障碍 4. 泵腔内润滑不良 5. 泵腔内的有害空间太大 6. 电机故障	1. 换弹簧 2. 重新装配 3. 拆洗、检查、修磨 4. 疏通和调节油路 5. 属泵本身的毛病，可将中隔板偏移几厘米以减小有害空间 6. 换修电机
漏油	1. 轴承、端盖、油窗、放油孔、油箱等部位的密封件损坏或者没有压平压紧 2. 箱体有漏孔	1. 调换新密封件；装配时注意位置正确，螺钉拧紧，并使压力均匀适当 2. 堵漏
喷油	1. 油量过多 2. 突然暴露大气 3. 泵转子反转	1. 放出多余油量 2. 开泵时应注意断续启动电机。因系统损坏而暴露大气，应注意关闭低真空阀或夹上夹子在排气口增设油气分离装置，并在排气口接上橡皮管引离工作场地 3. 重接电源，换向
启动困难	1. 油温过低 2. 泵内润滑不良 3. 油已变质或混入某种扩散泵油 4. 停泵时泵腔内未放入大气，大量泵油进入泵腔 5. 电机断一相电源（此时电机无声）	1. 给油加温到15℃以上，保证工作场地室温在15℃以上 2. 调节油路增强润滑 3. 换适当的机械泵油 4. 停泵时要注意放气，检查压差阀是否正常工作 5. 检修电源
泵不抽气	1. 泵联轴器损坏或皮带轮键损坏，致使转子不转 2. 双级泵转子十字接头损坏，高真空级转子不转 3. 泵进气口阀门未开 4. 排气阀片损坏破碎	1. 更换联轴器或键 2. 更换 3. 打开阀门 4. 更换排气阀片

【知识与技能拓展】

喷射泵

（一）喷射泵的结构与工作原理

喷射泵是利用流体流动时能量转变来达到输送的目的。利用它可输送液体，也可输送气体。在化工生产中，常将蒸汽作为喷射泵的工作流体，利用它来抽真空，使设备中产生负压。因此，常将它称为蒸汽喷射泵，又称射流泵和喷射器。它是利用高压工作流体的喷射作用来输送流体的泵，由混合室1、扩散室（又称扩大管）2和喷嘴3等构成，如图6-11所示。

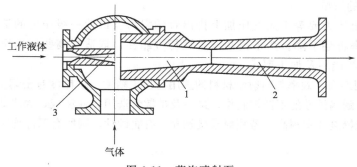

图 6-11　蒸汽喷射泵
1—混合室；2—扩散室（扩大管）；3—喷嘴

工作时工作流体水蒸气在高压下以很高的流速从喷嘴 3 中喷出，在泵混合室 1 内产生低压，使周围的空间形成一定的负压，将低压气体或蒸气带入高速的流体中，吸入的气体与水蒸气混合后进入扩散室 2，两股流体在混合室 1 内进行动量交换，速度趋向一致，经扩散室 2 时将大部分动能转化为压力能，速率逐渐降低，流体的压力又逐渐上升，最后经排出口排出。

根据所用的工作流体，一般分为蒸汽喷射泵和水喷射泵两类。水喷射泵构造简单、使用方便，但产生压头小，效率低，且被输送的流体因与工作流体相混而被稀释，使其应用范围受到限制，主要用于化学工业和动力工程等方面。

单级喷射真空泵仅能达到 90％ 的真空度。为获得更高的真空度，可采用多级喷射真空泵。喷射真空泵的优点是结构简单，抽气量大，适应性强；缺点是效率低，能耗大。

（二）喷射泵故障及产生原因

喷射泵故障症状与原因如表 6-3 所示。

表 6-3　喷射泵故障症状与原因

故 障 症 状	原 因
泵加入运行后系统真空度不上升，也不下降	在蒸汽喷射泵中，拉瓦尔喷嘴的喉径较小，一旦蒸汽管道中的异物随蒸汽进入拉瓦尔喷嘴时会造成喷嘴堵塞，使喷射泵失效。这种情况一般在新设备刚投入运行，蒸汽管道清洁度不够时发生
泵加入运行后，真空度非但没有上升，反而下降	由于泵的拉瓦尔喷嘴伸入吸入室较深，所以蒸汽管与拉瓦尔喷嘴之间有一段送气管，拉瓦尔喷嘴与送气管之间的密封一般采用橡胶石棉垫。当密封被蒸汽击穿后，蒸汽会通过间隙进入吸入室，变成一种附加气源，影响抽真空
泵加入运行后，真空度非但没有上升，反而急剧下降	泵吸入室内的送气管由于管壁厚度不够，蒸汽压力将送气管撑裂，大量蒸汽由送气管的破裂处进入混合室，破坏系统的真空度。泵的吸入室送气管破裂除上述因素外，还有另一种可能是由于前一级喷射泵高速气流中夹带的颗粒长时间冲击该级泵的送气管，使送气管管壁变薄，强度减少，引起破裂，大量蒸汽逸出，破坏系统的真空度

（三）影响喷射泵操作性能的因素

1. 引射气体状态的选择

从原理上讲，工作蒸汽压力越高，喷射泵蒸汽消耗量越少。但压力太大，节约蒸汽效果不明显，一般采用 0.69～1.38MPa 干饱和蒸汽作为引射气体，过热 10～15℃。蒸汽过热度大反而因金属膨胀减小喉部截面积，没有很大益处。湿空气易腐蚀及堵塞喷嘴。当喷嘴直径小于 6mm 时，在喷射泵前蒸汽入口处安装一个蒸汽过滤网。

2. 吸入压力的影响

吸入压力越低，喷射泵蒸汽消耗量越大，但吸入压力主要是由蒸汽系统工艺条件所决定的。

3. 排出压力的影响

喷射泵的排出压力要等于大气压加上排出管的阻力及最后一级压力的消耗。随排出压力升高，喷射泵效率将会下降。为了提高设备运行可靠性，取适当高些排出压力是应当的。

4. 喷射泵材料选用及加工要求

喷射泵的使用寿命、效率与喷射泵材料的选用与加工精度、粗糙度有密切关系。喷嘴喉管的材料须用耐磨的、耐腐蚀性的不锈钢制作。泵体及扩散管选用铸铁铸成，要求表面较光滑，而喷嘴及喉管内表面粗糙度要求很高；若喷射泵接触介质有腐蚀性，则所有部件均应用不锈钢制作。

学习任务十二　液环式真空泵的检修与维护

【学习任务单】

学习领域	化工用泵检修与维护	
学习情境六	真空泵的检修与维护	
学习任务十二	液环式真空泵的检修与维护	课时：6
学习目标	1. 知识目标 　(1) 了解液环式真空泵的用途和特点； 　(2) 掌握液环式真空泵的工作原理，熟悉液环式真空泵的操作规程与操作方法； 　(3) 掌握液环式真空泵的完好标准； 　(4) 熟悉液环式真空泵的检修内容，掌握液环式真空泵的检修方法； 　(5) 了解真空泵的选择注意事项。 2. 能力目标 　(1) 能够正确操作液环式真空泵； 　(2) 能够对液环式真空泵进行日常维护与保养； 　(3) 能够制订液环式真空泵检修方案，并进行安全检修。 3. 素质目标 　(1) 培养学生吃苦耐劳的工作精神和认真负责的工作态度； 　(2) 培养学生踏实细致、安全保护和团队合作的工作意识； 　(3) 培养学生语言和文字的表述能力。	

一、任务描述

假设你是一名现场设备管理员，在日常工作中需要对真空泵进行日常管理与维护。现由你负责对 SZ 型液环式真空泵进行检修，请制订该真空泵的检修方案，实施检修，排除机器故障，交付生产使用。

二、相关资料及资源

1. 教材与液环式真空泵的操作规程；

2. SZ 型液环式真空泵的结构图；

3. 相关视频文件；

4. 教学课件。

三、任务实施说明

1. 学生分组，每小组 4～5 人；

2. 小组进行任务分析和资料学习；

3. 现场教学；

4. 小组讨论，掌握液环式真空泵的基本结构，制订其检修方案；

5. 小组合作与现场实践，拆卸和组装液环式真空泵，对其进行检修。

四、任务实施注意点

1. 在观察真空泵时，注意真空泵的主要零部件和基本结构，了解其作用与特点；

2. 认真分析液环式真空泵与旋片式真空泵的区别；

3. 在液环式真空泵拆装操作中注意安全，掌握正确的方法，避免零部件的损坏；

4. 遇到问题时小组进行讨论，可让老师参与讨论，通过团队合作获取问题的解决；

5. 注意安全与环保意识的培养。

五、拓展任务

了解真空泵的选择时的注意事项。

【知识链接】

一、液环式真空泵的用途与特点

（一）液环式真空泵的用途

液环式真空泵，简称液环泵，又称纳氏泵，是一种粗真空泵，它所能获得的极限真空为2000～4000Pa，串联大气喷射器可达270～670Pa。液环泵也可用作压缩机，称为液环式压缩机，是属于低压的压缩机，其压力范围为1～2×10⁵Pa（表压力）。

液环泵最初用作自吸水泵，故多称为水环泵，主要用于石油、化工、机械、矿山、轻工、医药及食品等工业部门。在工业生产的许多工艺过程中，如真空过滤、真空引水、真空送料、真空蒸发、真空浓缩和真空脱气等工艺过程中，液环泵得到广泛的应用。由于真空应用技术的飞跃发展，液环泵在粗真空获得方面一直被人们所重视。由于液环泵中气体压缩是等温的，故可抽除易燃、易爆的气体，由于没有排气阀及摩擦表面，故也可以抽除带尘埃的气体、可凝性气体和汽水混合物。有了这些突出的特点，尽管它效率低，仍然得到了广泛的应用。

（二）液环式真空泵的特点

1. 液环泵的优点

① 结构简单，制造精度要求不高，容易加工；

② 结构紧凑，泵的转速较高，一般可与电动机直联，无须减速装置。故用小的结构尺寸，可以获得大的排气量，占地面积也小；

③ 压缩气体基本上是等温的，即气体压缩过程温度变化很小；

④ 由于泵腔内没有金属摩擦表面，无须对泵内进行润滑，而且磨损很小。转动件和固定件之间的密封可直接由水封来完成；

⑤ 吸气均匀，工作平稳可靠，操作简单，维修方便。

2. 液环泵的缺点

① 效率低，一般在30％左右，较好的可达50％；

② 真空度低，这不仅是因为受到结构上的限制，更重要的是受工作液饱和蒸气压的限制。用水作工作液，极限压强只能达到2000～4000Pa；用油作工作液，极限压强可达130Pa；

③ 叶轮的圆周速度不高，因而结构尺寸大。

二、液环式真空泵的工作原理与操作

（一）液环式真空泵的工作原理

由图6-12可见，液环泵是由叶轮1，泵体2和4，液环3，吸气口A、排气口B等几部分组成。

图6-12（a）是一台单作用式液环泵的工作原理图。在泵体中装有适量的液体作为工作介质。叶轮1被偏心安装在泵体2中，当叶轮1按顺时针方向旋转时，进入液环泵泵体2的水被叶轮1抛向四周，由于离心力的作用，水形成了一个与泵腔形状相似的等厚度的封闭的水环。水环的上部内表面恰好与叶轮轮毂相切（如Ⅰ—Ⅰ断面），水环的下部内表面刚好与叶片顶端接触（实际上，叶片在水环内有一定的插入深度）。此时，叶轮轮毂与水环之间形成了一个月牙形空间，而这一空间又被叶轮分成与叶片数目相等的若干个小腔。如果以叶轮的上部0°为起点，那么叶轮在旋转前180°时，小腔的容积逐渐由小变大（即从断面Ⅰ—Ⅰ到Ⅱ—Ⅱ），压强不断地降低，且与吸排气盘上的吸气口相通，当小腔空间内的压强低于被抽容器内的压强，根据气体压强平衡的原理，被抽的气体不断地被抽进小腔，此时正处于吸气过程。当吸气完成时与吸气口隔绝，从Ⅱ—Ⅱ到Ⅲ—Ⅲ断面，小腔的容积正逐渐减小，压力不断地增大，此时正处于压缩过程，当气体的压强大于排气压强时，被压缩的气体从排气口被排出。在泵的连续运转过程

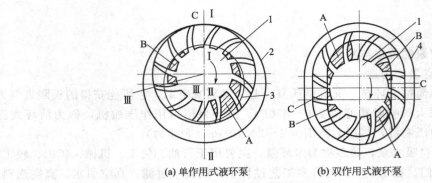

(a) 单作用式液环泵　　　　(b) 双作用式液环泵

图 6-12　液环式真空泵

A—吸气口；B—排气口；C—间隙；

1—叶轮；2—泵体（单作用）；3—液环；4—泵体（双作用）

中，不断地进行着吸气、压缩、排气过程，从而达到连续抽气的目的。液环泵是靠泵腔容积的变化来实现吸气、压缩和排气的，因此它属于变容式真空泵。

图 6-12(b) 是一台双作用式液环泵的工作原理图。它的泵腔对于叶轮做成双偏心的，近似于椭圆形。叶轮转动时其液环内表面与轮毂形成两个上下对称的月牙形空间，其端面上开有两个吸气口和两个排气口，因此转子旋转一周，每个小腔吸气、排气各两次。

液环泵的吸气口终止位置和排气口开始位置决定着泵的压缩比。因为吸气口终止位置决定吸气小腔吸入气体的体积，而排气口开始的位置决定排气时被压缩的气体的体积。对已经确定了结构尺寸的液环泵，就可以求出其压缩比。同样，给定压缩比，也可以确定出吸气口终止位置和排气口起始位置。

（二）液环式真空泵的操作

1. 启动

经过长期停车的泵在启动以前，必须用手转动联轴器数周，以便证实没有卡住或损伤现象。

① 关闭进气管上的闸阀；

② 如果排气管上装有闸阀也应将其关闭；

③ 向填料函和气水分离器内注水；

④ 当气水分离器往外溢水时启动电动机；

⑤ 全开由气水分离器向泵给水管路上的球形阀；

⑥ 打开排气管上的闸阀；

⑦ 打开进气管上的闸阀；

⑧ 用球形阀调整由气水分离器向泵送水的水量，以便在所要求的技术条件下运转，使功率消耗最小；

⑨ 调整由进水管向气水分离器的送水量，以便用最小的水量消耗，保证泵所要求的技术规范；

⑩ 调整向填料函的送水量，以便用最小的水量消耗而保证填料函的密封性，真空泵在极限真空度下工作时，由于泵内产生物理作用而产生爆炸声，但功率消耗量并不增大。

2. 停车

① 关闭进气管上的闸阀；

② 关闭排气管上闸阀；

③ 关闭电动机；

④ 停止向填料、气水分离器内注水；

⑤ 当气水分离器溢水管停止向外溢水后，关闭向泵注水管路；

⑥ 上紧球形阀；

⑦ 如泵停车时，必须拧开泵及气水分离器上的管堵把水放净。

三、液环式真空泵的检修

（一）液环式真空泵的完好标准

1. 零部件

① 主体完整，零、部件安全护罩齐全完好，质量符合要求；

② 控制阀门及真空表应灵敏准确，并定期校验；

③ 进、出口阀门及附属管线安装合理，横平竖直，不堵、不漏、涂色标志明显，符合要求；

④ 基础、泵座稳固可靠，地脚螺栓和各部螺栓连接紧固、齐整，符合技术要求；

⑤ 防腐、防冻设施完整有效，符合要求。

2. 运行性能

① 设备运行参数应达到铭牌标定值，或满足正常生产需要；

② 设备润滑良好，润滑系统畅通，油质选用符合要求，轴承温度不超过60℃；

③ 设备运转平稳，无振动、松动、杂音等不正常现象；

④ 各部温度、压力、转速、流量、电流等运行参数符合要求；

⑤ 进泵水量适合、畅通、稳定，空载真空度不低于0.087MPa。

3. 技术资料

① 设备档案、检修及验收记录齐全、准确；

② 设备运转有记录；

③ 设备易损配件有图纸；

④ 设备操作规程、维护检修规程齐全。

4. 设备及环境

① 泵体清洁，表面无油垢、灰尘等；

② 基础和底座表面及周围无积水、废液及其他杂物等；

③ 阀门、管线、接头、法兰等处均无泄漏；

④ 轴封泄漏量：填料密封每分钟不超15滴，机械密封每分钟不超过5滴。

（二）液环式真空泵的维护

① 经常检查各种检测仪表的读数是否正常，特别是转速和轴功率是否稳定。

② 应定期压紧填料，如填料因磨损而不能保证所需要的密封性时，应更换填料；填料不能压得过紧，正常压紧的填料允许水成滴状或细水柱状漏出，注入填料函中的水应充分，供水压力为 $(0.5 \sim 1) \times 10^5 \mathrm{Pa}$。

③ 轴承温度不得比周围温度高30℃，而且温度绝对值不高于60℃。滚动轴承室内压XZG-4号钙基润滑脂，以充满轴承室内空间的2/3为宜。正常工作的轴承应每年装油3～4次，一年内至少清洗轴承一次，更换全部的润滑油脂。

④ 新泵启动前应检查油箱油量是否足够，润滑系统是否可靠，冷却水是否通畅；并检查电动机旋转方向是否正确，用手盘泵查看泵有无故障（大泵可用间断启动电动机的方法）；还应把泵内的存油排至油箱，以免突然加速，因阻力过大而损坏电动机及泵。冬季如室温过低，应把泵加温后再启动泵；因低温时油黏度大，如突然启动，会使电动机负荷过大，损坏泵的零件。

⑤ 停车时先关闭通往真空系统的阀门，然后关闭电动机并打开放气阀把空气放入泵内，以避免泵油反流入管道和真空室内，最后才停止冷却水。

⑥ 注意水环补充水的供给情况，从泵内流出的水的温度不应超过 40℃。

⑦ 冬季使用时，应注意停车后将泵内及汽水分离器内的水放尽，以免冻裂设备。

⑧ 一般情况下，在泵运转一年后应全部拆开，检查零件的磨损、腐蚀情况，但检修期的长短也可视具体情况酌定。

（三）液环式真空泵的检修

1. 检修周期

检修周期如表 6-4 所示。

表 6-4　液环泵检修周期

检修类别	小　修	中　修	大　修
检修周期/月	3～6	12～18	24～36

注：1. SZ-3 以下泵不安排大修，大修内容并入中修。

2. 当本单位状态监测手段已具备开展预知维修条件后，经请示本单位上一级主管部门批准，可不受上表限制。

2. 检修内容

（1）小修

① 检查、紧固各部连接螺栓；

② 更换填料，调整机械密封；

③ 检查联轴器，更换弹性橡胶圈，校正联轴器的同轴度；

④ 检查轴承，更换润滑油（脂）；

⑤ 清洗、检查循环水系统。

（2）中修

① 包括小修内容；

② 检查转子的晃动情况，校验转子的静平衡；

③ 检查或校正轴的直线度；

④ 更换滚动轴承和润滑油；

⑤ 检修机械密封，修理或更换动、静密封环；

⑥ 检查调整叶轮两端与前盖、后盖的间隙；

⑦ 校验仪表。

（3）大修

① 包括中修内容；

② 解体检查各部零件的磨损、腐蚀、陶瓷衬里的破损程度，检查或更换各部零件；

③ 更换叶轮、轴套、泵盖；

④ 调整泵体水平度；

⑤ 检修电机；

⑥ 机体防腐。

（4）检修方法及质量标准

① 壳体和泵盖

a. 壳体和泵盖不得有裂纹或大面积砂眼等缺陷，陶瓷衬里不得有破损；

b. 铸铁泵盖和壳体端面腐蚀或冲蚀严重，不能保证密封要求时，应报废。若陶瓷泵盖的衬里破损，可采用更换衬里的方法进行修复。

② 主轴、叶轮和轴套

a. 主轴不应有腐蚀、裂纹等缺陷；主轴与滚动轴承的配合采用 H7/js6 或 H7/k6；主轴与叶轮的配合采用 H7/m6；主轴的直线度应不大于 0.2～0.4mm/m；

b. 叶轮两端与前后盖的间隙应符合表 6-5 所示规定；叶轮的叶片不应有毛刺和裂纹；叶轮腐蚀严重或叶片厚度减少二分之一时，应更换；叶轮外圆与轴孔的同轴度应不大于0.06mm；叶轮必要时应做平衡试验，其要求应符合表 6-6 所示规定；叶轮与轴装配后，其端面圆跳动应不大于 0.10mm；

表 6-5　叶轮两端与前后盖的间隙　　　　　　　　　　　　　　　mm

| 型号 | 叶轮两端与泵前后盖的间隙总和 | | | 型号 | 叶轮两端与泵前后盖的间隙总和 | | |
	安装间隙	检修间隙	更换间隙		安装间隙	检修间隙	更换间隙
SZ-1	0.30	0.40	1	SZ-3	0.40	0.50	1
SZ-2	0.30	0.40	1	SZ-4	0.40	0.50	1

表 6-6　叶轮平衡试验要求

| 泵型号 | 叶轮转速 /(r/min) | 叶轮宽/叶轮直径 | 平衡种类 | 在叶轮直径上测量允许偏差 | |
				静平衡允许偏差/g	动平衡允许剩余振幅/mm
SZ-2	1450	220/200＝1.10	动平衡区	5	0.06～0.08
SZ-3	975	320/332＝0.93	静动平衡区	8	0.07～0.10
SZ-4	730	520/450＝1.15	静动平衡区	10	0.07～0.10

c. 轴套与轴不得采用同一种材料，以免咬死；轴套端面对轴线的垂直度应不大于0.01mm；轴套与轴接触面的表面粗糙度不得超过 $Ra1.6\mu m$，采用 H7/h6 配合。

③ 填料密封

a. 填料压盖端面与填料箱端面应平行，紧固螺栓松紧程度均应一致，避免压偏；

b. 压盖压入填料箱的深度一般为一圈填料的高度，但不能少于 5mm；

c. 填料的切口应平行、整齐、不松散，切口成 30°～45°角，装填料时接口应错开 120°。

④ 机械密封

a. 动、静环表面质量良好，不允许有缺损、裂纹、径向划痕等缺陷；

b. 各密封件应完好无缺，橡胶密封圈在每次拆卸时应更换；

c. 弹簧性能良好，无明显变形。

⑤ 滚动轴承

a. 滚动轴承的滚子与滑道表面应无坑疤、斑点，接触面平滑，转动无杂音；

b. 滚动轴承外圈与轴承座的配合应为 H7/h6；

c. 安装轴承时，后轴承应固定，前轴承（靠电机一边）应有 0.20～0.30mm 的轴向间隙；

d. 热装轴承时，用 100～120℃ 的机油油浴轴承 10～15min，或用电加热器加热，严禁用火焰直接加热。

⑥ 弹性联轴器

a. 弹性联轴器与轴采用 H7/js6 或 H7/k6 配合；

b. 两半联轴器的径向跳动应不大于 0.07～0.09mm；

c. 弹性套柱销联轴器两轴对中偏差及联轴器的端面间隙应符合表 6-7 规定。

表 6-7　弹性套柱销联轴器两轴对中偏差及联轴器的端面间隙　　　　mm

| 联轴器最大外圆直径 | 端面间隙 | 对中偏差 | | 联轴器最大外圆直径 | 端面间隙 | 对中偏差 | |
		径向位移	轴向倾斜			径向位移	轴向倾斜
71～106	3	＜0.04	＜0.2/1000	224～315	5	＜0.05	＜0.2/1000
130～190	4	＜0.05	＜0.2/1000	315～400	5	＜0.08	＜0.2/1000

（四）液环式真空泵的拆卸与装配

SZ 系列液环式真空泵及压缩机是用来抽吸或压缩空气和其他无腐蚀性、不溶于水、不含有固体颗粒的气体，以便在密闭容器中形成真空和压力。但吸入气体允许混有少量液体，它被广泛运用于机械、石油化工、制药、食品、制糖工业及电子领域。

SZ 液环式真空泵由于在工作过程中，气体的压缩是等温的，所以在压缩和抽吸易燃、易爆气体时，不易发生危险。因此，SZ 液环式真空泵的应用更加广泛。

1. 拆卸

如图 6-13 所示为 SZ 系列液环式真空泵结构图。泵的拆卸分为部分拆卸检查并清洗和完全拆卸修理及更换零件，在拆泵前应将泵中的水从放水孔放出，并应将管子 4、10 及管子 7、13 取下。

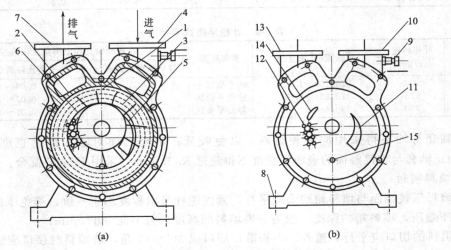

图 6-13　SZ 系列液环式真空泵结构图

1—叶轮；2—泵体；3—水环；4,10—进气管；5,11—吸气孔；6,14—排气孔；7,13—排气管；
8—地脚螺栓；9—真空度调节阀门；12—橡皮阀；15—进水孔

在拆卸时应将所有的垫片谨慎地取下，如发生损坏应在装配时更换同样厚度的新垫片。泵应从不装有联轴器的一端开始拆卸，其顺序如下。

① 松开并取下轴承盖。

② 松开滚动轴承，先用钩扳手将圆螺母拧下，取下填料压盖上的螺帽。

③ 由左侧盖的边将轴承架松开，同时转动两个拆卸螺钉（方头圆柱端螺钉），将轴承及轴承架从轴上取下。

④ 使侧盖上的进水管和管子脱开并松开泵体与侧盖的连接螺钉和泵脚外的双头螺栓。

⑤ 在泵体下加垫，然后使侧盖和泵体离开，从轴上取下侧盖（侧盖取下后应将轴支承住）。

⑥ 使泵体与另一侧盖离开，并由轴上取下。

泵的部分拆卸至此为止，此时泵的工作部分及各个零件可进行检查及清洗，进一步的拆卸应按下列顺序继续进行。

⑦ 切除电动机与电路的连接，松开电动机与底座连接，并与泵分开。

⑧ 利用扳手等拆卸工具，自轴上取下联轴器。

⑨ 从轴上取下联轴器的键。

⑩ 取下轴承盖。

⑪ 取下定位圈或取下圆螺母松开滚动轴承。

⑫ 取下填料压盖的压紧螺帽。

⑬ 按照步骤①～⑫将右边的轴承架和轴承一起取下。

⑭ 将轴和叶轮一起从泵体中取出。

⑮ 从轴上拧下轴套螺母并取下轴套。

⑯ 从轴上取下叶轮。

2. 装配

装配前应清洗残留在结合面上的垫片并仔细擦干涂上机油。所有配合面和螺纹处应仔细擦净涂上机油。清除轴承和轴承架内的旧油并加上新油。旧垫损坏需要更换新垫时，厚度应该相同，装配顺序与拆卸顺序相反。

装配时最主要的是调整叶轮端面和侧盖的间隙，对于 SZ-3 及 SZ-4 其间隙不得超过 0.4mm，对 SZ-1 及 SZ-2 其间隙不得超过 0.3mm。间隙由泵体和侧盖之间的垫片厚度进行调整；叶轮两端间隙应该均衡，可拧轴套螺母以移动叶轮来保证。

3. 试车与验收

（1）试车前的准备工作

① 检查各部螺栓有无松动，零部件、仪表、辅助设备是否完整；

② 检查轴承的润滑是否良好，循环水系统是否畅通；

③ 盘车应无卡阻或轻重不均的现象。

（2）试车　试车 2h 应符合下列要求：

① 运转平稳无杂音；

② 轴封漏损符合要求，附属管路应无跑、冒、滴、漏等现象；

③ 轴承温度不高于 75℃；

④ 轴承振幅应符合要求；

⑤ 真空度达铭牌值；

⑥ 电流稳定，且不超过额定值。

（3）验收　检修质量应符合检修规程要求，检修记录齐全、准确，试车正常，可按规定办理验收手续，交付生产使用。

（五）安全注意事项

1. 维护安全注意事项

① 严禁在运行中松动或紧固带压部分的螺栓和其他附件；

② 泵在运行过程中，不得擦抹或检修其转动部分；

③ 泵运转过程中，操作人员应经常检查运转状况，如发现异常，应立即停车，待压力降至零时方可进行检修。

2. 检修安全注意事项

① 检修前，关闭进出口阀门，加堵盲板与系统隔绝。切断电源，挂上"禁动牌"标志后，办理设备交接手续，方可检修；

② 检修设备，应严格遵守本工种的安全操作规程进行；

③ 检修设备的拆卸和组装应按顺序进行，并尽量使用专用工具；

④ 设备零部件的组装和拆卸，应避免硬性敲击，以免损伤配合面。

3. 试车安全注意事项

① 开停车由专人负责操作，操作者应持有本岗位的"安全作业证"；

② 严格按照泵的启动程序开车；启动前试车人员应站在安全位置；

③ 在试车中发现异常情况，应立即停车，处理后再试车。

（六）常见故障处理方法

常见故障原因与处理方法见表 6-8。

表 6-8　液环泵常见故障原因与处理方法

序号	故障	原因	处理方法
1	抽气量不够	1. 间隙过大 2. 填料处漏气 3. 水环温度高 4. 管道系统漏气	1. 调整间隙 2. 压紧或更换填料 3. 增加供水量 4. 拧紧法兰螺栓,更换垫片或补焊裂纹等
2	真空度降低	1. 法兰连接处漏气 2. 管道有裂纹 3. 填料漏气 4. 叶轮与侧盖间隙过大 5. 水环发热 6. 水量不足 7. 零件摩擦发热,造成水环温度升高	1. 拧紧法兰螺栓或更换垫片 2. 焊补或更换 3. 压紧或更换新填料 4. 更换垫片调整间隙 5. 降低供水温度 6. 增加供水量 7. 调整或重新安装
3	振动或 有响声	1. 地脚螺栓松动 2. 泵内有异物 3. 叶片断裂 4. 汽蚀	1. 拧紧地脚螺栓 2. 停泵检查取出异物 3. 更换叶轮 4. 打开吸入管道阀门
4	轴承发热	1. 润滑油不足 2. 填料压得过紧 3. 没有填料密封水或不足 4. 轴承、轴或轴承架配合过紧,使滚动体与内外圈间隙过小,发生摩擦	1. 检查润滑油情况,加油 2. 适当松开填料压盖 3. 供给填料密封水或增加水量 4. 调整轴承与轴或轴承架的配合
5	启动困难	1. 长期停机后,泵内生锈 2. 填料压得过紧 3. 叶轮与泵体发生偏磨	1. 用手或特制的工具转动叶轮数周 2. 拧松填料压盖 3. 重新安装并调整

如遇下列情况者，应紧急停车处理：

① 泵内突然声音异常；

② 循环水突然中断；

③ 泵体突发性严重振动；

④ 操作规程规定的其他紧急停车。

【知识与技能拓展】

真空泵的选择注意事项

（1）真空泵的工作压强应该满足真空设备的极限真空及工作压强要求。如：真空镀膜要求 1×10^{-5} mmHg 的真空度，选用的真空泵的真空度至少要达到 5×10^{-6} mmHg。通常选择泵的真空度要高于真空设备真空度半个到一个数量级。

（2）正确地选择真空泵的工作点。每种泵都有一定的工作压强范围，如：扩散泵为 $10^{-7} \sim 10^{-3}$ mmHg，在这样宽压强范围内，泵的抽速随压强而变化，其稳定的工作压强范围为 $5 \times 10^{-6} \sim 5 \times 10^{-4}$ mmHg。因而，泵的工作点应该选在这个范围之内，而不能让它在 10^{-8} mmHg 下长期工作。又如钛升华泵可以在 10^{-2} mmHg 下工作，但其工作压强应小于 1×10^{-5} mmHg 为好。

（3）真空泵在其工作压强下，应能排走真空设备工艺过程中产生的全部气体量。

（4）正确地组合真空泵。由于真空泵有选择性抽气，因而，有时选用一种泵不能满足抽气要求，需要几种泵组合起来，互相补充才能满足抽气要求。如钛升华泵对氢有很高的抽速，但不能抽氩，而溅射离子泵对氩有一定的抽速，两者组合起来，便会使真空装置得到较好的真空度。另外，有的真空泵不能在大气压下工作，需要预真空；有的真空泵出口压强低于大气压，需要前级泵，故都需要把泵组合起来使用。

（5）真空设备对油污染的要求。若设备严格要求无油时，应该选各种无油泵，如：液环泵、分子筛吸附泵、溅射离子泵、低温泵等。如果要求不严格，可以选择有油泵，加上一些防油污染措施，也能达到清洁真空要求。

（6）了解被抽气体成分，气体中含不含可凝蒸气、有无颗粒灰尘、有无腐蚀性等。选择真空泵时，需要知道气体成分，针对被抽气体选择相应的泵。如果气体中含有蒸气、颗粒、及腐蚀性气体，应该考虑在泵的进气口管路上安装辅助设备，如冷凝器、除尘器等。

（7）真空泵排出来的油蒸气对环境的影响如何。如果环境不允许有污染，可以选无油真空泵，或者把油蒸气排到室外。

（8）真空泵工作时产生的振动对工艺过程及环境有无影响。若工艺过程不允许，应选择无振动的泵或者采取防振动措施。

（9）真空泵的价格、运转及维修费用。

思 考 题

1. 何谓真空泵？有何用途？
2. 真空泵的型号如何编制？请解释 SZ-2 的含义。
3. 真空泵常用的分类方法有哪几种？如何划分？
4. 真空泵的基本性能参数有哪些？
5. 真空泵为何会有极限真空？
6. 旋片式真空泵有何作用？工作原理如何？
7. 旋片式真空泵由哪些零部件组成？
8. 旋片式真空泵中的气镇阀有何作用？
9. 旋片式真空泵如何进行操作？
10. 旋片式真空泵的拆卸与组装步骤是什么？
11. 旋片式真空泵的试车步骤是什么？
12. 旋片式真空泵维护保养的内容有哪些？
13. 旋片式真空泵常见故障有哪些？如何排除？
14. 喷射泵的工作原理如何？其性能影响因素有哪些？
15. 液环式真空泵有哪些优点？工作原理如何？
16. 液环式真空泵的操作步骤是什么？
17. 液环式真空泵的完好标准包括哪些内容？
18. 液环式真空泵在使用中有哪些要求？
19. 液环式真空泵检修的内容主要包括哪些？
20. 液环式真空泵检修拆卸时应注意哪些事项？如何进行拆卸？
21. 液环式真空泵检修时的安全注意事项有哪些？
22. 液环式真空泵的常见故障有哪些？如何排除？
23. 液环式真空泵在运行中遇到什么情况停车处理？
24. 在选择真空泵时应注意哪些事项？

工作任务单

【工作任务单一】

学习情境一	单级离心式水泵的检修与维护
工作任务一	单级离心式水泵的操作与性能测定
小　　组	
工作时间	2学时

案例引入

在化工生产过程中，一台单级离心式水泵出现故障需要检修，这时需要启动备用泵进行工作。如何启动备用泵，使之能够正常工作，替代故障泵，并将故障泵停车。

任务要求

本工作任务要求学生：

1. 能够熟悉离心泵装置，按照单级离心式水泵的操作规程正确操作离心泵；
2. 能够正确进行离心泵的性能调节；
3. 能够对离心泵进行日常维护；
4. 学会离心泵的性能测试方法，并能够测试离心泵的性能和绘制其性能曲线。

引导文

1. 离心泵是一种什么样的机器？有何作用？其装置由哪几部分组成？

2. 你所操作的离心泵是什么型号？

3. 启动离心泵前要做哪些准备工作？需要做哪些检查？

4. 离心泵的启动步骤是什么？

5. 离心泵在运转时需要做哪些检查？

6. 离心泵的性能参数有哪些？性能曲线主要反映哪些性能参数的关系？

7. 离心泵的性能如何进行调节？

8. 离心泵的性能测试需要测试哪些参数？采用何种测量仪表？如何测试？

9. 离心泵的停车步骤是什么？

请结合自己的认识,说出对单级离心泵的操作与性能测试学习任务的其他说明,列写出你们小组可提出的其他问题：

小组讨论设计本小组的学习评价表,相互评价,请给出小组成员的得分：

任务学习其他说明或建议：

指导老师评语：

任务完成人签字：

日期： 年 月 日

指导老师签字：

日期： 年 月 日

【工作任务单二】

学习情境一	单级离心式水泵的检修与维护
工作任务二	单级离心式水泵的拆卸
小　　组	
工作时间	3学时

案例引入

　　在接到单级离心式水泵检修任务后,应首先对其拆卸、解体、清洗,为离心泵的检修做好准备工作。

任务要求

本工作任务要求学生:

　　1. 熟悉离心泵的基本理论和结构;

　　2. 能够正确选择和使用离心泵的拆卸工具;

　　3. 能够制订正确的离心泵拆卸方案,并安全地完成单级离心式水泵拆卸任务;

　　4. 能够完成主要零部件的清洗工作。

引导文

　　1. IS型离心泵有哪些主要零部件? 有何作用?

　　2. IS型单级离心泵的型号含义是什么?

　　3. 单级离心泵拆卸所使用的工具有哪些?

　　4. 离心泵拆卸前应做好哪些准备工作?

5. 简述单级离心式水泵的拆卸顺序与方法。

6. 离心泵在拆卸过程中有哪些注意事项？

7. 离心泵的轴向力是如何产生的？在单级泵中一般采用何种方法平衡？

8. 离心泵零部件清洗需要使用哪些用具？清洗时应注意哪些事项？

请结合自己的认识,说出对单级离心式水泵拆卸学习任务的其他说明,列写出你们小组可提出的其他问题:

小组讨论设计本小组的学习评价表,相互评价,请给出小组成员的得分:

任务学习其他说明或建议:

指导老师评语:

任务完成人签字:				
	日期:	年	月	日
指导老师签字:				
	日期:	年	月	日

【工作任务单三】

学习情境一	单级离心式水泵的检修与维护
工作任务三	单级离心泵的组装与安装
小　　组	
工作时间	4 学时

案例引入

　　在检修过程中,离心泵进行拆卸、清洗后,需要对主要零部件进行检查,对不合格的零件进行修复或更换,然后对泵进行组装、安装、调试,以交付使用。

任务要求

本工作任务要求学生:

　　1. 能够对单级离心式水泵的主要零部件进行检查,熟悉离心泵故障产生的原因与排除办法,并排除其故障;

　　2. 熟悉离心泵检修方案的编制方法;

　　3. 熟悉离心泵检修所使用的工具,能够正确选择与使用工具;

　　4. 了解单级离心式水泵主要零部件装配的技术要求;

　　5. 能够按检修方案完成 IS 型离心泵的检修任务;

　　6. 能够正确选用离心泵。

引导文

　　1. 离心泵的主要零部件应做哪些检查?

　　2. 离心泵主要零部件如果不符合要求,如何进行修理?

　　3. 离心泵检修施工方案主要包括哪些内容?

　　4. 离心泵主要零部件的质量要求有哪些?

5. 离心泵组装前需要做哪些准备工作？离心泵的装配有何技术要求？

6. IS50-32-160 离心泵的轴组如何组装？有何要求？

7. IS50-32-160 离心泵的泵体与泵盖如何装配？填料密封如何装配？

8. IS50-32-160 离心泵的安装与调试步骤是什么。

9. 如何选择一台离心泵？

请结合自己的认识,说出对单级离心式水泵组装与安装学习任务的其他说明,列写出你们小组可提出的其他问题：

小组讨论设计本小组的学习评价表,相互评价,请给出小组成员的得分：

任务学习其他说明或建议：

指导老师评语：

任务完成人签字：				
	日期：	年	月	日
指导老师签字：				
	日期：	年	月	日

【工作任务单四】

学习情境二	多级离心泵的检修与维护
工作任务四	分段式多级离心泵的拆卸
小　　组	
工作时间	4 课时

案例引入

　　多级离心泵是石油化工生产中常用的输送需要有较高排出压力的液体输送设备。假设你是一名设备管理员或检修工,在多级离心泵的检修过程中,首先需要对多级离心泵进行拆卸。请针对 D 型多级离心泵,选择其拆卸方法,制订拆卸方案,并进行拆卸。

任务要求

本工作任务要求学生:

1. 能够按照多级离心泵的安全操作规程正确操作多级离心泵;
2. 能够根据多级离心泵的装配图和维护检修规程,制定其拆卸方案;
3. 能够安全正确地完成多级离心泵的拆卸工作;
4. 能够认真清洗零部件,并填写相关记录。

引导文

1. 多级离心泵由哪些主要零部件组成? 有何作用?

2. 多级离心泵安全操作规程的内容是什么?

3. 多级离心泵的拆卸所使用的工器具、量具有哪些?

4. 多级离心泵在拆卸前要做好哪些准备工作?

5. 多级离心泵拆卸步骤?

6. 多级离心泵在拆卸时有哪些注意事项?

请结合自己的认识,说出对多级离心泵拆卸学习任务的其他说明,列写出你们小组可提出的其他问题:

对照本小组的学习评价表,相互评价,给出小组成员的得分:

任务学习其他说明或建议:

指导老师评语:

任务完成人签字:

日期: 年 月 日

指导老师签字:

日期: 年 月 日

【工作任务单五】

学习情境二	多级离心泵的检修与维护
工作任务五	轴封装置的检修
小　　组	
工作时间	3 课时

案例引入

　　石油化工生产中泵轴封处的介质泄漏会造成原料介质浪费、环境污染、设备损坏,危及人身和设备安全,据统计,离心泵的维修费用大约有 70% 是用于处理密封故障。因此,轴封的检修是石油化工安全生产的一项重要工作任务。假设你是一名设备管理员或检修工,在多级离心泵的检修过程中需要对其轴封装置进行维修。请针对 DA 型多级离心泵,选择轴封装置的拆装方法,制订检修方案,并进行检修。

任务要求

本工作任务要求学生:

1. 能够掌握填料密封和机械密封的工作原理和结构;
2. 能够选择轴封装置拆卸方法,制订轴封装置的检修方案;
3. 能够正确进行轴封装置的拆卸和组装;
4. 能够对轴封装置的常见故障现象进行分析,并排除故障;
5. 能够对轴封装置进行日常维护。

引导文

1. 填料密封主要由哪些零部件组成?

2. 机械密封主要由哪些零部件组成?

3. 轴封的检修所使用的工器具、量具有哪些?

4. 如何拆卸轴封? 拆卸时有哪些注意事项?

5. 如何组装轴封？组装时有哪些注意事项？

6. 轴封的常见故障有哪些？如何排除？

7. 机械密封为什么要冷却、保温、冲洗、过滤？

8. 轴封组装后的检查有哪些要求，如何验收？

请结合自己的认识，说出对轴封装置检修学习任务的其他说明，列写出你们小组可提出的其他问题：

对照本小组的学习评价表，相互评价，给出小组成员的得分：

任务学习其他说明或建议：

指导老师评语：

任务完成人签字：				
	日期：	年	月	日
指导老师签字：				
	日期：	年	月	日

【工作任务单六】

学习情境二	多级离心泵的检修与维护
工作任务六	多级离心泵的组装与安装
小　　组	
工作时间	4 课时

案例引入

多级离心泵是石油化工生产中经常使用的一种输送压力较高液体的输送设备。假设你是一名设备管理员或检修工,在多级离心泵的检修过程中,对多级离心泵进行拆卸后。请针对 D 型多级离心泵,完成主要零部件的检查、修复或更换工作,并选择其组装与安装方法,制订组装与安装方案,并进行装配,经试车验收合格,交付使用。

任务要求

本工作任务要求学生:

1. 能够完成多级离心泵的主要零部件检查、修复工作;
2. 能够根据多级离心泵的装配图和维护检修规程,制定其组装与安装和试车验收方案;
3. 能够完成多级离心泵的组装、安装与试车验收等工作;
4. 能够进行联轴器找正。

引导文

1. 分段式多级离心泵的转子检查与测量内容有哪些?

2. 请画出平衡盘装置的结构示意图;其检修内容有哪些?

3. 密封环的检修有哪些要求?

4. 多级离心泵的组装与安装检修所使用的工器具、量具有哪些?

5. 如何组装与安装多级离心泵？组装时有哪些注意事项？
6. 如何进行离心泵的联轴器找正？
7. 多级离心泵的常见故障有哪些？如何排除？
8. 如何对多级离心泵进行试车验收？
请结合自己的认识,说出对多级离心泵组装与安装学习任务的其他说明,列写出你们小组可提出的其他问题:
对照本小组的学习评价表,相互评价,给出小组成员的得分:
任务学习其他说明或建议:
指导老师评语:

任务完成人签字：

日期：　　年　　月　　日

指导老师签字：

日期：　　年　　月　　日

【工作任务单七】

学习情境三	耐腐蚀泵的检修与维护
工作任务七	耐酸泵的检修与维护
小　　组	
工作时间	4 课时

案例引入

　　耐酸泵是石油化工生产中经常使用的一种输送腐蚀性液体的流体输送设备。假如你是企业的一名设备管理员或检修工,请针对 FB 型不锈钢耐腐蚀泵或 FSB 型氟塑料耐腐蚀泵,制订合理的检修方案,并进行检修和试车验收,交付使用。

任务要求

本工作任务要求学生:

　　1. 了解耐腐蚀泵的防腐蚀措施;

　　2. 能够制订耐酸泵的检修方案;

　　3. 能够完成耐酸离心泵的拆卸、主要零部件的检查与修理、组装与调试等检修工作;

　　4. 在检修过程中能够做好安全和环保等工作。

引导文

　　1. 腐蚀的基本机理是什么? 常见的腐蚀有哪几种基本类型?

　　2. 离心泵常用的防腐措施有哪些? 耐腐蚀离心泵常用的材料有哪些?

　　3. 耐酸离心泵的检修所使用的工器具、量具有哪些?

　　4. 如何拆卸耐酸离心泵?

5. 如何组装耐酸离心泵？组装时有哪些注意事项？
6. 耐酸离心泵的常见故障有哪些？如何排除？
7. 如何对耐酸离心泵进行试车验收？
请结合自己的认识,说出对耐酸泵的检修与维护学习任务的其他说明,列写出你们小组可提出的其他问题:
对照本小组的学习评价表,相互评价,给出小组成员的得分:
任务学习其他说明或建议:
指导老师评语:
任务完成人签字: 日期：　年　　月　　日
指导老师签字: 日期：　年　　月　　日

【工作任务单八】

学习情境三	耐腐蚀泵的检修与维护
工作任务八	离心式油泵的检修与维护
小　　组	
工作时间	4 课时

案例引入

在石油化工生产中,特别是石油炼制企业中,通常用离心式油泵来输送原油、轻油、重油等各种冷热油品及与油相近的各种有机介质。假如你是企业的一名设备管理员或检修工,请针对 RY 型高温油泵,制定合理的检修方案,并进行检修和试车验收。

任务要求

本工作任务要求学生:

    1. 能够根据高温油泵的装配图和维护检修规程,制定其检修方案;

    2. 能够完成高温油泵的拆卸、主要零部件的检查与修理、组装与调试等检修工作;

    3. 能够完成高温油泵的日常运行管理与维护等工作;

    4. 在高温油泵检修过程中能够做好安全和环保等工作。

引导文

    1. 高温油泵与普通离心式清水泵相比在结构上有哪些特点?

    2. 高温油泵的检修所使用的工器具、量具有哪些?

    3. 高温油泵的日常运行管理与维护应做好哪些工作?

    4. 高温油泵的拆卸步骤是什么?

5. 高温油泵主要零部件的检查与修理内容有哪些？

6. 安装高温油泵的一般步骤是什么？有哪些注意事项？

7. 高温油泵的常见故障有哪些？如何排除？

8. 如何对高温油泵进行试车验收？

请结合自己的认识,说出对高温油泵的检修与维护学习任务的其他说明,列写出你们小组可提出的其他问题:

对照本小组的学习评价表,相互评价,给出小组成员的得分:

任务学习其他说明或建议:

指导老师评语:

任务完成人签字:						
	日期:	年		月		日
指导老师签字:						
	日期:	年		月		日

【工作任务单九】

学习情境四	柱塞泵的检修与维护
工作任务九	柱塞泵的检修与维护
小　　组	
工作时间	4 课时

案例引入

　　石油化工生产中,柱塞泵经常使用在排出压力高、流量较小、液体黏度大的场合,假如你是企业的一名设备管理员或维修工,请针对 J-X 系列型柱塞泵,制订合理的检修方案,并进行检修、试车与验收,交付使用。

任务要求

本工作任务要求学生:

　　1. 能够根据柱塞泵的装配图和维护检修规程,制定其检修方案;

　　2. 能够完成柱塞泵的拆卸、主要零部件的检查与修理、组装和调试等工作;

　　3. 能够完成柱塞泵的日常运行与维护等工作。

引导文

　　1. 柱塞泵由哪些主要零部件组成?

　　2. 柱塞泵的检修所使用的工器具、量具有哪些?

　　3. 柱塞泵的拆卸前准备及拆卸步骤是什么?

　　4. 柱塞泵的主要零部件如何进行检查与修理?

5. 柱塞泵的组装顺序与要求？
6. 柱塞泵的常见故障有哪些？如何排除？
7. 如何对柱塞泵进行试车验收？
8. 柱塞泵的日常运行与维护的主要内容有哪些？
请结合自己的认识，说出对柱塞泵的检修与维护学习任务的其他说明，列写出你们小组可提出的其他问题：
对照本小组的学习评价表，相互评价，给出小组成员的得分：
任务学习其他说明或建议：
指导老师评语：
任务完成人签字： 　　　　　　　　　　　　　　　　　　　　　日期：　　年　　月　　日 指导老师签字： 　　　　　　　　　　　　　　　　　　　　　日期：　　年　　月　　日

【工作任务单十】

学习情境五	齿轮泵的检修与维护
工作任务十	齿轮泵的检修与维护
小　　组	
工作时间	4 学时

案例引入

　　齿轮泵是一种自吸能力好、流量和压力脉动小,同时结构简单、重量轻、价格低的泵。齿轮泵工作可靠、维护方便、使用寿命长,可输送中低压力、小流量较黏稠以至膏状物的液体,所以此类型泵广泛使用在石油化工生产中。因此,齿轮泵的维护与检修是设备管理员和检修工的日常工作之一。

任务要求

本工作任务要求学生:
　　1. 掌握齿轮泵的工作原理与结构;
　　2. 能够按照操作规程正确操作齿轮泵;
　　3. 能够制订齿轮泵的检修方案;
　　4. 能够完成齿轮泵的拆卸、主要零部件的检修、组装与调整等工作;
　　5. 能够进行齿轮泵典型故障的分析,并排除。

引导文

　　1. 齿轮泵由哪些零件组成?

　　2. 齿轮泵的操作步骤是什么?

　　3. 如何正确进行齿轮泵的拆卸操作? 使用哪些工具?

4. 齿轮泵主要零部件的检修内容与检修要求有哪些？

5. 如何组装齿轮泵？组装时有哪些注意事项和要求？

6. 齿轮泵的常见故障有哪些？如何排除？

请结合自己的认识,说出对齿轮泵的检修与维护学习任务的其他说明,列写出你们小组可提出的其他问题:

小组讨论设计本小组的学习评价表,相互评价,请给出小组成员的得分:

任务学习其他说明或建议:

指导老师评语:

任务完成人签字:					
	日期:	年		月	日
指导老师签字:					
	日期:	年		月	日

【工作任务单十一】

学习情境六	真空泵的检修与维护
工作任务十一	旋片式真空泵的检修与维护
小　　组	
工作时间	3 学时

案例引入

在拆卸与组装工作过程中,真空泵进行解体维修后,需要进行组装、试车与验收,以交付使用。

任务要求

本工作任务要求学生:

1. 能够正确选择旋片式真空泵拆卸所使用的工具;
2. 了解旋片式真空泵的工作原理,认识其结构与主要零部件;
3. 能够正确做好旋片式真空泵拆卸前的准备工作;
4. 能够正确选择旋片式真空泵的拆装顺序和方法;
5. 能够按拆装顺序正确拆卸旋片式真空泵。

引导文

1. 旋片式真空泵的主要零部件有哪些?有何作用?各有哪些类型?

2. 旋片式真空泵的型号是如何编制的?

3. 旋片式真空泵的操作步骤是什么?

4. 旋片式真空泵拆装所使用的工具有哪些?

5. 旋片式真空泵拆卸前要做哪些准备工作?

6. 旋片式真空泵的拆装顺序与方法是什么?有何要求?

7. 旋片式真空泵的日常维护保养内容有哪些?如何进行?

请结合自己的认识,说出旋片式真空泵检修与维护学习任务的其他说明,列写出你们小组可提出的其他问题:

小组讨论设计本小组的学习评价表,相互评价,请给出小组成员的得分:

任务学习其他说明或建议:

指导老师评语:

任务完成人签字:

日期:　　年　　月　　日

指导老师签字:

日期:　　年　　月　　日

【工作任务单十二】

学习情境六	真空泵的检修与维护
工作任务十二	液环式真空泵的检修与维护
小　　组	
工作时间	4 学时

案例引入

　　在生产工作过程中,真空泵根据检修计划进行解体维修后,需要进行组装、试车与验收,以交付使用。

任务描述

本学习任务要求学生:

　　1. 正确选择液环式真空泵拆卸所使用的工具;

　　2. 了解液环式真空泵的工作原理,认识其结构与主要零部件;

　　3. 正确做好液环式真空泵拆卸前的准备工作;

　　4. 正确选择液环式真空泵的拆卸、检修、组装顺序和方法;

　　5. 按步骤正确拆卸、检修和组装液环式真空泵;

　　6. 学会制订液环式真空泵的检修计划和检修方案。

引导文

　　1. 液环式真空泵的主要零部件有哪些? 有何作用? 各有哪些类型?

　　2. SZ 真空泵型号的含义是什么?

　　3. 液环式真空泵拆卸、组装所使用的工具有哪些?

　　4. 液环式真空泵拆卸前要做哪些准备工作?

5. SZ 型液环式真空泵的拆卸顺序与方法是什么？有何要求？

6. SZ 型液环式真空泵的检修计划和检修方案都包括哪些内容？

7. SZ 型液环式真空泵的组装顺序是什么？有哪些要求？

8. SZ 型液环式真空泵的试车方法与步骤是什么？

请结合自己的认识,说出对液环式真空泵的检修与维护的其他说明,列写出你们小组可提出的其他问题:

小组讨论设计本小组的学习评价表,相互评价,请给出小组成员的得分:

任务学习其他说明或建议:

指导老师评语:

任务完成人签字:				
	日期:	年	月	日
指导老师签字:				
	日期:	年	月	日

附录 1

离心泵维护检修规程（HS01013—2004）

1 总则

1.1 主题内容适用范围

1.1.1 本规程规定了离心泵的检修周期与内容、检修与质量标准、试车与验收、维护与故障处理。

1.1.2 本规程适用于石油化工常用离心泵。

1.2 编写修订依据

SY 21005—73《炼油厂离心泵维护检修规程》

HGJ 1034—79《化工厂清水泵及金属耐蚀泵维护检修规程》

HGJ 1035—79《化工厂离心式热油泵维护检修规程》

HGJ 1036—79《化工厂多级离心泵维护检修规程》

GB/T 5657—1995《离心泵技术要求》

API 610—1995《石油、重化学和天然气工业用离心泵》

2 检修周期与内容

2.1 检修周期

2.1.1 根据状态监测结果及设备运行状况，可以适当调整检修周期。

2.1.2 检修周期（见表1）

表 1　检修周期表　　　　　　　　　　　　　　　　　/月

检修类别	小修	大修
检修周期	6	18

2.2 检修内容

2.2.1 小修项目

2.2.1.1 更换填料密封。

2.2.1.2 双支承泵检查清洗轴承、轴承箱、挡油环、挡水环、油标等，调整轴承间隙。

2.2.1.3 检查修理联轴器及驱动机与泵的对中情况。

2.2.1.4 处理在运行中出现的一般缺陷。

2.2.1.5 检查清理冷却水、封油和润滑等系统。

2.2.2 大修项目

2.2.2.1 包括小修项目。

2.2.2.2 检查修理机械密封。

2.2.2.3 解体检查各零部件的磨损、腐蚀和冲蚀情况，泵轴、叶轮必要时进行无损探伤。

2.2.2.4 检查清理轴承、油封等，测量、调整轴承油封间隙。

2.2.2.5 检查测量转子的各部圆跳动和间隙，必要时做动平衡校检。

2.2.2.6 检查并校正轴的直线度。

2.2.2.7 测量并调整转子的轴向窜动量。

2.2.2.8 检查泵体、基础、地脚螺栓及进出口法兰的错位情况，防止将附加应力施加于泵体，必要时重新配管.

3 检修与质量标准

3.1 拆卸前准备

3.1.1 掌握泵的运转情况,并备齐必要的图纸和资料。

3.1.2 备齐检修工具、量具、起重机具、配件及材料。

3.1.3 切断电源及设备与系统的联系,放净泵内介质,达到设备安全与检修条件。

3.2 拆卸与检查

3.2.1 拆卸附属管线,并检查清扫。

3.2.2 拆卸联轴器安全罩,检查联轴器对中,设定联轴器的定位标记。

3.2.3 测量转子的轴向窜动量,拆卸检查轴承。

3.2.4 拆卸密封并进行检查。

3.2.5 测量转子各部圆跳动和间隙。

3.2.6 拆卸转子,测量主轴的径向圆跳动。

3.2.7 检查各零部件,必要时进行探伤检查。

3.2.8 检查通流部分是否有汽蚀冲刷、磨损、腐蚀结垢等情况。

3.3 检修标准按设备制造厂要求执行,无要求的按本标准执行。

3.3.1 联轴器

3.3.1.1 半联轴器与轴配合为 H7/js6。

3.3.1.2 联轴器两端面轴向间隙一般为 2～6mm。

3.3.1.3 安装齿式联轴器应保证外齿在内齿宽的中间部位。

3.3.1.4 安装弹性圈柱销联轴器时,其弹性圈与柱销应为过盈配合,并有一定紧力。弹性圈与联轴器销孔的直径间隙为 0.6～1.2mm。

3.3.1.5 联轴器的对中要求值应符合表 2 要求。

表 2　联轴器对中要求　　　　　　　　　　　　　　　　　　　　　/mm

联轴器形式	径向允差	端面允差
刚性	0.06	0.04
弹性圈柱销式	0.08	0.06
齿式		
叠片式	0.15	0.08

3.3.1.6 联轴器对中检查时,调整垫片每组不得超过 4 块。

3.3.1.7 热油泵预热升温正常后,应校核联轴器对中。

3.3.1.8 叠片联轴器做宏观检查。

3.3.2 轴承

3.3.2.1 滑动轴承

a. 轴承与轴承压盖的过盈量为 0～0.04mm(轴承衬为球面的除外),下轴承衬与轴承座接触应均匀,接触面积达 60% 以上,轴承衬不许加垫片。

b. 更换轴承时,轴颈与下轴承接触角为 60°～90°,接触面积应均匀,接触点不少于 2～3 点/cm²。

c. 轴承合金层与轴承衬应结合牢固,合金层表面不得有气孔、夹渣、裂纹、剥离等缺陷。

d. 轴承顶部间隙值应符合表 3 要求。

表 3　轴承顶部间隙表　　　　　　　　　　　　　　　　　　　　　/mm

轴径	间　隙	轴径	间　隙	轴径	间　隙
18～30	0.07～0.12	>50～80	0.10～0.18	>120～180	0.16～0.26
>30～50	0.08～0.15	>80～120	0.14～0.22		

e. 轴承侧间隙在水平中分面上的数值为顶部间隙的一半。

3.3.2.2 滚动轴承

a. 承受轴向和径向载荷的滚动轴承与轴配合为 H7/js6。

b. 仅承受径向载荷的滚动轴承与轴配合为 H7/k6。

c. 滚动轴承外圈与轴承箱内壁配合为 JS7/h6。

d. 凡轴向止推采用滚动轴承的泵,其滚动轴承外圈的轴向间隙应留有 0.02~0.06mm。

e. 滚动轴承拆装时,采用热装的温度不超过 120℃,严禁直接用火焰加热,推荐采用高频感应加热器。

f. 滚动轴承的滚动体与滚道表面应无腐蚀、坑疤与斑点,接触平滑无杂音,保持架完好。

3.3.3 密封

3.3.3.1 机械密封

a. 压盖与轴套的直径间隙为 0.75~1.00mm,压盖与密封腔间的垫片厚度为 1~2mm。

b. 密封压盖与静环密封圈接触部位的粗糙度为 Ra 3.2μm。

c. 安装机械密封部位的轴或轴套,表面不得有锈斑、裂纹等缺陷,粗糙度 Ra 1.6μm。

d. 静环尾部的防转槽根部与防转销顶部应保持 1~2mm 的轴向间隙。

e. 弹簧压缩后的工作长度应符合设计要求。

f. 机械密封并圈弹簧的旋向应与泵轴的旋转方向相反。

g. 压盖螺栓应均匀上紧,防止压盖端面偏斜。

h. 静环装入压盖后,应检查确认静环无偏斜。

3.3.3.2 填料密封

a. 间隔环与轴套的直径间隙一般为 1.00~1.50mm。

b. 间隔环与填料箱的直径间隙为 0.15~0.20mm。

c. 填料压盖与轴套的直径间隙为 0.75~1.00mm。

d. 填料压盖与填料箱的直径间隙为 0.10~0.30mm。

e. 填料底套与轴套的直径间隙为 0.50~1.00mm。

f. 填料环的外径应小于填料函孔径 0.30~0.50mm,内径大于轴径 0.10~0.20mm,切口角度一般与轴向成 45°。

g. 安装时,相邻两道填料的切口至少应错开 90°。

h. 填料均匀压入,至少每两圈压紧一次,填料压盖压入深度一般为一圈盘根高度,但不得小于 5mm。

3.3.4 转子

3.3.4.1 转子的跳动

a. 单级离心泵转子跳动应符合表 4 要求。

表 4　单级离心泵转子跳动表　　　　　　　　　　　　　　　　　/mm

测量部位直径	径向圆跳动		叶轮端面跳动	测量部位直径	径向圆跳动		叶轮端面跳动
	叶轮密封环	轴套			叶轮密封环	轴套	
≤50	0.05	0.04	0.20	>120~260	0.07	0.06	0.20
>50~120	0.06	0.05		>260	0.08	0.07	

b. 多级离心泵转子跳动应符合表 5 要求。

3.3.4.2 轴套与轴配合为 H7/h6,表面粗糙度 Ra 1.6μm。

3.3.4.3 平衡盘与轴配合为 H7/js6。

3.3.4.4 根据运行情况,必要时转子应进行动平衡校验,其要求应符合相关技术要求。一般情况下动平衡精度要达到 6.3 级。

3.3.4.5 对于多级泵,转子组装时其轴套、叶轮、平衡盘端面跳动须达到表 5 的技术要求,必要时研磨修刮配合端面。组装后各部件之间的相对位置须做好标记,然后进行动平衡校验,校验合格后转子解体。各部件按标记进行回装。

表 5　多级离心泵转子跳动表 /mm

测量部位直径	径向圆跳动		端面圆跳动	
	叶轮密封环	轴套、平衡盘	叶轮端面	平衡盘
≤50	0.06	0.03		
>50～120	0.08	0.04		
>120～260	0.10	0.05	0.20	0.04
>260	0.12	0.06		

3.3.4.6　叶轮

a. 叶轮与轴的配合为 H7/js6。

b. 更换的叶轮应做静平衡，工作转速在 3000r/min 的叶轮，外径上允许剩余不平衡量不得大于表 6 的要求。必要时组装后转子做动平衡校验，一般情况下，动平衡精度要达到 6.3 级。

表 6　叶轮静平衡允许剩余不平衡量表

叶轮外径/mm	≤200	>200～300	>300～400	>400～500
不平衡重/g	3	5	8	10

c. 平衡校验，一般情况在叶轮上去重，但切去厚度不得大于叶轮壁厚的 1/3。

d. 对于热油泵，叶轮与轴装配时，键顶部应留有 0.10～0.40mm 间隙，叶轮与前后隔板的轴向间隙不小于 1～2mm。

3.3.4.7　主轴

a. 主轴颈圆柱度为轴径的 0.25‰，最大值不超过 0.025mm，且表面应无伤痕，表面粗糙度 Ra 1.6μm。

b. 以两轴颈为基准，找联轴器和轴中段的径向圆跳动公差值为 0.04mm。

c. 键与键槽应配合紧密，不允许加垫片，键与轴键槽的过盈量应符合表 7 要求。

表 7　键与轴键槽的过盈量表 /mm

轴径	40～70	>70～100	>100～230
过盈量	0.009～0.012	0.011～0.015	0.012～0.017

3.3.5　壳体口环与叶轮口环、中间托瓦与中间轴套的直径间隙值应符合表 8 要求。

表 8　口环、托瓦、轴套配合间隙表 /mm

泵类	口环直径	壳体口环与叶轮口环间隙	中间托瓦与中间轴套间隙
冷油泵	<100	0.40～0.60	0.30～0.40
	≥100	0.60～0.70	0.40～0.50
热油泵	<100	0.60～0.80	0.40～0.60
	≥100	0.80～1.00	0.60～0.70

3.3.6　转子与泵体组装后，测定转子总轴向窜量，转子定中心时应取总窜量的一半；对于两端支承的热油泵，入口的轴向间隙应比出口的轴向间隙大 0.5～1.00mm。

4　试车与验收

4.1　试车前准备

4.1.1　检查检修记录，确认检修数据正确。

4.1.2　单试电机合格，确认转向正确。

4.1.3　热油泵启动前要暖泵，预热速度不得超过 50℃/h，每半小时盘车 180°。

4.1.4　润滑油、封油、冷却水等系统正常，零附件齐全好用。

4.1.5　盘车无卡涩现象和异常声响，轴封渗漏符合要求。

4.2　试车

4.2.1 离心泵严禁空负荷试车，应按操作规程进行负荷试车。

4.2.2 对于强制润滑系统，轴承油的温升不应超过 28℃，轴承金属的温度应小于 93℃；对于油环润滑或飞溅润滑系统，油池的温升不应超过 39℃，油池温度应低于 82℃。

4.2.3 轴承振动标准见 SHS 01003—2004《石油化工旋转机械振动标准》。

4.2.4 保持运转平稳，无杂音，封油、冷却水和润滑油系统工作正常，泵及附属管路无泄漏。

4.2.5 控制流量、压力和电流在规定范围内。

4.2.6 密封介质泄漏不得超过下列要求。

机械密封：轻质油 10 滴/min，重质油 5 滴/min；

填料密封：轻质油 20 滴/min，重质油 10 滴/min。

对于有毒、有害、易燃易爆的介质，不允许有明显可见的泄漏。对于多级泵，泵出口流量不小于泵最小流量。

4.3 验收

4.3.1 连续运转 24h 后，各项技术指标均达到设计要求或能满足生产需要。

4.3.2 达到完好标准。

4.3.3 检修记录齐全、准确，按规定办理验收手续。.

5 维护与故障处理

5.1 日常维护

5.1.1 严格执行润滑管理制度。

5.1.2 保持封油压力比泵密封腔压力大 0.05~0.15MPa。

5.1.3 定时检查出口压力、振动、密封泄漏、轴承温度等情况，发现问题应及时处理。

5.1.4 定期检查泵附属管线是否畅通。

5.1.5 定期检查泵各部螺栓是否松动。

5.1.6 热油泵停车后每半小时盘车一次，直到泵体温度降到 80℃以下为止，备用泵应定期盘车。

5.2 故障与处理（见表 9）

表 9　常见故障与处理

序号	故障现象	故障原因	处理方法
1	流量、扬程降低	泵内或吸入管内存有气体 泵内或管路有杂物堵塞 泵的旋转方向不对 叶轮流道不对中	重新灌泵,排除气体 检查清理 改变旋转方向 检查、修正流道对中
2	电流升高	转子与定子碰撞	解体修理
3	振动增大	泵转子或驱动机转子不平衡 泵轴与原动机轴对中不良 轴承磨损严重，间隙过大 地脚螺栓松动或基础不牢固 泵抽空 转子零部件松动或损坏 支架不牢引起管线振动 泵内部摩擦	转子重新平衡 重新校正 修理或更换 紧固螺栓或加固基础 进行工艺调整 紧固松动部件或更换 管线支架加固 拆泵检查消除摩擦
4	密封泄漏严重	泵轴与原动机对中不良或轴弯曲 轴承或密封环磨损过多形成转子偏心 机械密封损坏或安装不当 密封液压力不当 填料过松 操作波动大	重新校正 更换并校正轴线 更换检查 比密封前压力大 0.05~0.15MPa 重新调整 稳定操作
5	轴承温度过高	轴承安装不正确 转动部分平衡被破坏 轴承箱内油过少、过多或太脏变质 轴承磨损或松动 轴承冷却效果不好	按要求重新装配 检查消除 按规定添放油或更换油 修理更换或紧固 检查调整

附录 2

电动往复泵维护检修规程
（SHS01015—2004）

1 总则

1.1 主题内容与适应范围

1.1.1 本规程规定了电动往复泵的检修周期与内容、检修与质量标准、试车与验收、维护与故障处理。

1.1.2 本规程适应于石油化工用 DB、DS、WB 等型电动往复泵。

1.2 编写修订依据

HGJ 1027—79《化工厂柱塞泵维护检修规程》

《化工厂机械手册》（化学工业出版社，1989）

SHS01001—2004《石油化工设备完好标准》

2 检修周期与内容

2.1 检修周期

检修周期见表1。根据日常状态监测结果、设备实际运行状况，有无备用设备等情况，可适当进行调整。

表 1 检修周期 /月

检修类别	小修	大修
检修周期	6	24

2.2 检修内容

2.2.1 小修项目

2.2.1.1 更换密封填料。

2.2.1.2 检查、清洗泵入口和油系统过滤器。

2.2.1.3 检查、紧固各部螺栓。

2.2.1.4 检查、修理或更换进、出口阀组零部件。

2.2.1.5 检查各部轴承磨损情况。

2.2.1.6 检查、调整泵的对中情况、更换联轴器零部件。

2.2.1.7 检查、调整齿轮油泵压力。

2.2.1.8 检查计量、调节机构，校验压力表、安全阀。

2.2.2 大修项目

2.2.2.1 包括小修项目。

2.2.2.2 泵解体、清洗、检查、测量各零部件以及磨损情况。

2.2.2.3 机体找水平，曲轴及缸重新找正。

2.2.2.4 检查减速机，更换调整各轴承。

2.2.2.5 检查机身、地脚螺栓紧固情况。

2.2.2.6 检查清洗油箱、过滤器和油泵。

3 检修与质量标准

3.1 拆卸前准备

3.1.1 掌握泵的运行状况，备齐必要的图纸资料和相关检修记录。

3.1.2 备齐检修工具、量具、起重机具、配件及材料。

3.1.3 切断与泵相连的水、电源，关闭泵管线上的进、出口阀，泵体内部介质置换、吹扫干净，符合安全检修条件。

3.2 拆卸与检查

3.2.1 拆检联轴器，检查泵对中情况。

3.2.2 拆卸附件及附属管线。

3.2.3 拆卸十字头组件，检查十字头、十字头销轴、十字头与滑板的配合与磨损。

3.2.4 拆卸曲轴箱，检查曲轴、连杆及各部轴承。

3.2.5 拆卸泵体上的进、出口阀，检查各部件及密封。

3.2.6 拆卸工作缸、柱塞，检查缸与柱塞的磨损情况与缺陷。

3.2.7 拆卸减速机盖，检查轴承磨损与齿轮啮合痕迹。

3.2.8 拆卸齿轮油泵，检查齿轮啮合情况。

3.2.9 检查地脚螺栓。

3.3 检修质量标准

3.3.1 缸体

3.3.1.1 缸体用放大镜或着色检查，应无伤痕、沟槽或裂纹，发现裂纹应更换。

3.3.1.2 缸体内径的圆度、圆柱度公差值为 0.04mm。

3.3.1.3 缸体内有轻微拉毛和擦伤时，应研磨修复处理。表面粗糙度为 $Ra\ 1.6\mu m$。

3.3.1.4 必要时对缸体进行水压试验，试验压力为操作压力的 1.25 倍。

3.3.2 曲轴

3.3.2.1 曲轴安装水平度公差值为 0.05mm/m。

3.3.2.2 清洗、检查曲轴不得有裂纹等缺陷，必要时进行无损探伤。

3.3.2.3 曲轴的主轴颈、曲轴颈的圆柱度公差值见表 2，其表面粗糙度为 $Ra\ 0.8\mu m$。

表 2 主轴颈、曲轴颈圆柱度公差 /mm

轴颈直径	主轴颈、曲轴颈圆柱度		轴颈直径	主轴颈、曲轴颈圆柱度		轴颈直径	主轴颈、曲轴颈圆柱度	
	公差值	极限值		公差值	极限值		公差值	极限值
<80	0.015	0.05	80~180	0.020	0.10	>180	0.025	0.10

3.3.2.4 主轴颈圆跳动为 0.04mm，主轴颈与曲轴颈的中心线平行度公差值为 0.02mm/m。

3.3.2.5 曲轴中心线与缸体中心线垂直度公差值为 0.15mm/m。

3.3.2.6 曲轴轴向窜量见表 3。

表 3 曲轴轴向窜量 /mm

主轴颈直径	轴向窜量	主轴颈直径	轴向窜量
≤150	0.20~0.40	>150	0.40~0.80

3.3.2.7 主轴颈、曲轴颈擦伤凹痕面积不大于轴颈面积的 2%，轴颈上的沟痕不大于 0.10mm，轴颈磨损减少值不大于原轴径的 3%。

3.3.3 连杆

3.3.3.1 连杆两孔及装瓦后的中心线平行度公差值为 0.02mm/m。

3.3.3.2 连杆小头为球面，圆度公差值为 0.03mm，表面粗糙度为 $Ra\ 1.6\mu m$。

3.3.3.3 检查连杆螺栓孔，螺栓孔若损坏，用铰刀铰孔修理，并配制新的连杆螺栓。

3.3.3.4 连杆和连杆螺栓不得有裂纹等缺陷，必要时应进行无损探伤。

3.3.3.5 连杆螺栓拧紧时的伸长不应超过原长度2‰，否则更换。

3.3.4 十字头、滑板

3.3.4.1 十字头体用放大镜或着色检查，不得有裂纹等缺陷。

3.3.4.2 十字头销轴的圆柱度公差值为0.02mm，表面粗糙度为 Ra 0.8μm。

3.3.4.3 十字头销轴与十字头两端销轴孔用着色法检查，接触良好。

3.3.4.4 当连杆小头为球面时，球面垫的球面应光滑无凸痕，球面垫与连杆小头的间隙值为 H8/e7。

3.3.4.5 十字头滑板与导轨的间隙值为十字头直径的1‰～2‰，最大磨损间隙为0.50mm。十字头滑板与导轨接触均匀，用着色法检查，接触点每平方厘米不少于2点。

3.3.4.6 滑板螺栓在紧固时应有防松措施或涂厌氧胶防止松动。

3.3.4.7 导轨水平度不大于0.05mm。

3.3.5 柱塞

3.3.5.1 柱塞不应有弯曲变形，表面应无裂纹、沟痕、毛刺等缺陷，表面粗糙度为 Ra 0.8μm。

3.3.5.2 柱塞的圆柱度公差值为0.05mm。

3.3.5.3 柱塞与导向套配合间隙为 H9/f9。

3.3.5.4 导向套的内孔、外径的圆柱度公差值为0.10mm。

3.3.5.5 导向套内孔轴承合金不允许有脱壳现象，局部缺陷用同样材料补焊修复。导向套内孔表面粗糙度为 Ra 1.6μm。

3.3.6 进、出口阀

3.3.6.1 进、出口阀的阀座与阀芯密封工作面不得有沟痕、腐蚀、麻点等缺陷，阀芯与阀座成对研磨，环向接触线不间断，组装后用煤油试5min不渗漏。

3.3.6.2 检查弹簧，若有折断或弹力降低时，应更换。

3.3.6.3 阀芯（片）的升程应符合技术要求。

3.3.6.4 阀装在缸体上必须牢固、紧密，不得有松动和泄漏现象。

3.3.7 轴承

3.3.7.1 滑动轴承

a. 轴承合金应与瓦壳结合良好，不得有裂纹、气孔和脱壳现象。

b. 轴与轴衬的接触面在轴颈正下方60°～90°，连杆瓦在受力方向60°～75°，用涂色法检查，接触点每平方厘米不少于2点。

c. 轴衬衬背应与轴承座、连杆瓦座均匀贴合，用涂色法检查，接触面不小于总面积的70％。

d. 各部滑动轴承配合径向间隙见表4。

表4 滑动轴承径向间隙 /mm

部位名称	径向间隙	部位名称	径向间隙	部位名称	径向间隙
主轴轴衬	$(1\sim2)d/1000$	曲轴轴衬	$(1\sim1.5)d/1000$	连杆小头轴衬	0.05～0.10

注：d 为轴颈直径。

3.3.7.2 滚动轴承

a. 滚动轴承的滚子与滚道表面应无坑痕和斑点，转动自如无杂音。

b. 轴与轴承的配合为 H7/k6，轴承与轴承座的配合为 JS7/h6。

c. 滚动轴承在热装时严禁直接用火焰加热。

3.3.8 填料密封

3.3.8.1 填料函有密封液系统的，密封液管道必须畅通，液封环位置正确。

3.3.8.2 压盖紧固螺栓的松紧程度要均匀一致。

3.3.8.3 压盖压入填料箱深度一般为一圈的高度，但最小不能小于5mm。

3.3.8.4 填料的切口应平行、整齐，安装时切口应错开 120°～180°。

3.3.8.5 填料压入填料函时必须一圈圈压入，严禁多圈同时压入。

3.3.8.6 对于可拆卸填料函，在安装时须保证填料函、柱塞、十字头三者的同轴度。

3.3.9 电机与减速器、减速器与泵的同轴度公差值见表 5。

表 5　同轴度公差值　　　　　　　　　　　　　　/mm

联轴器名称	联轴器外径	径向圆跳动	端面圆跳动	端面间隙
弹性柱销联轴器	100～190	0.025	0.14	2～5
	>190～260		0.16	
	>260～350	0.10	0.18	2～8
	>350～500		0.20	
齿轮联轴器	150～300	0.15	0.30	
	>300～600	0.20	0.40	

3.3.10 减速器质量标准见 SHS01028—2004《石油化工变速机维护检修规程》。

3.3.11 齿轮油泵质量标准见 SHS01017—2004《齿轮泵维护检修规程》。

4　试车与验收

4.1　试车前准备

4.1.1　检查检修记录

4.1.2　检查电器、仪表和安全自保系统应灵敏好用。

4.1.3　检查润滑油、油位、油压和油温。

4.1.4　机组盘车两周后，检查应无卡涩及异常响声。

4.1.5　零附件齐全好用，设备符合完好标准。

4.2　试车

4.2.1　空负荷试车

4.2.1.1　按操作规程，启动主机空运行 1h，检查应无撞击和异常现象。

4.2.1.2　检查各部轴承及滑道润滑情况。

4.2.1.3　确认空试没有问题后，进行负荷试车。

4.2.2　负荷试车

4.2.2.1　逐渐升高压力到额定压力，如遇不正常情况，应立即停车处理。

4.2.2.2　检查顶针、单向阀应无卡、漏现象。

4.2.2.3　缸内应无冲击、碰撞等异常响声。

4.2.2.4　检查密封填料泄漏情况，泄漏量不大于 20 滴/min，对柱塞泵泄漏不大于 3 滴/min，各连接处密封面不应有渗漏现象。

4.2.2.5　电流及泵出口压力稳定，单向阀工作正常，符合设计要求或满足生产要求。

4.2.2.6　各部润滑、冷却系统正常，温度和压力符合要求，滑动轴承温度不大于 65℃，滚动轴承温度不大于 70℃。

4.2.2.7　机体振动情况见表 6。

表 6　机体振动

转速/(r/min)	最大振幅值/mm	转速/(r/min)	最大振幅值/mm	转速/(r/min)	最大振幅值/mm
<200	0.20	200～400	0.15	>400	0.10

4.2.2.8　设备负荷运行 24h 合格后交付生产。

5　维护与故障处理

5.1　维护

5.1.1 定时检查各部轴承温度。

5.1.2 定时检查各出口阀压力、温度。

5.1.3 定时检查润滑油压力，定期检验润滑油油质。

5.1.4 检查填料密封泄漏情况，适当调整填料压盖螺栓松紧。

5.1.5 检查各传动部件应无松动和异常声音。

5.1.6 检查各连接部件紧固情况，防止松动。

5.1.7 泵在正常运行中不得有异常振动声响，各密封部位无滴漏，压力表、安全阀灵活好用。

5.2 故障与处理（见表7）

表7 常见故障与处理

序号	故障现象	故障原因	处理方法
1	流量不足或输出压力太低	吸入管道阀门稍有关闭或阻塞,过滤器堵塞 阀接触面损坏或阀面上有杂物使阀面密合不严 柱塞填料泄漏	打开阀门,检查吸入管和过滤器 检查阀的严密性,必要时更换阀门 更换填料或拧紧填料压盖
2	阀有剧烈敲击声	阀的升程过高	检查阀门升程高度并清洗阀门
3	压力波动	安全阀、导向阀工作不正常 管道系统漏气	调校安全阀,检查、清理导向阀 处理漏点
4	异常响声或振动	原轴与驱动机同轴度不太好 轴弯曲 轴承损坏或间隙过大 地脚螺栓松动	重新找正 校直轴或更换新轴 更换轴承 紧固地脚螺栓
5	轴承温度过高	轴承内有杂物 润滑油质量或油不符合要求 轴承装配质量不好 泵与驱动机对中不好	清除杂物 更换润滑油,调整油量 重新装配 重新找正
6	密封泄漏	填料磨损严重 填料老化 柱塞磨损	更换填料 更换填料 更换柱塞

附录 3

齿轮泵维护检修规程(SHS01017—2004)

1 总则

1.1 主题内容与适用范围

1.1.1 本规程规定了齿轮泵的检修周期与内容、检修程序与质量标准、试车与验收、维护与故障处理。

1.1.2 本规程适用于石油化工输送温度低于 60℃油品的齿轮泵。

1.1.3 本规程不适用于输送挥发性强、闪点低、有腐蚀及含有硬质颗粒、纤维的介质。

1.2 编写修订依据

HGJ 1040—79《化工厂齿轮泵维护检修规程》

JB/T 6434—92《输油齿轮泵》

ISO 3945《泵振动评价标准》

GB 1884—80《形状和位置公差,未注公差的规定》

GB 1800—79《公差与配合总论、标准公差及基本偏差》

《化工厂机械手册》化学工业出版社,1989 年

《工业泵选用手册》化学工业出版社,1998 年

国际标准化组织推荐使用的日本川铁公司企业标准

2 检修周期与内容

2.1 检修周期

检修周期见表 1,根据运行状况,状态监测结果适当调整检修周期。

表 1 检修周期 /月

检修类别	小修	大修
检修周期	6	24

2.2 检修内容

2.2.1 小修项目

2.2.1.1 检查轴封,必要时更换密封元件,调整压盖间隙或修理机械密封。

2.2.1.2 检查清洗入口过滤器。

2.2.1.3 校正联轴器对中情况。

2.2.2 大修项目

2.2.2.1 包括小修项目内容。

2.2.2.2 解体检查各部零部件磨损情况。

2.2.2.3 修理或更换齿轮副、齿轮轴、端盖。

2.2.2.4 检查修理或更换轴承、联轴器、壳体和填料压盖。

2.2.2.5 校验压力表及安全阀。

3 检修与质量标准

3.1 检修前准备

3.1.1 掌握运行情况，了解近期机械状况，做出检修内容的确定。

3.1.2 备齐必要的图纸资料、数据。

3.1.3 备齐检修工具、量具、配件及材料。

3.1.4 切断电源，关闭进出口阀门，排净泵内介质，符合安全检修条件。

3.2 拆卸与检查

3.2.1 拆卸联轴器。

3.2.2 拆卸后端盖检查轴承。

3.2.3 拆卸压盖，检查填料密封或机械密封。

3.2.4 拆卸检查齿轮、齿轮轴和轴承。

3.2.5 联轴器对中。

3.3 检修与质量标准

原则上以设计或使用、维护说明书要求为准，无要求时参照以下标准执行。

3.3.1 油泵齿轮

3.3.1.1 齿轮啮合顶间隙为 $(0.2\sim0.3)m$ （m 为模数）。

3.3.1.2 齿轮啮合的侧间隙应符合表 2 的规定。

表 2　齿轮啮合侧间隙标准　　　　　　　　　　　　　　/mm

中心距	≤50	51～80	81～120	121～200
啮合侧间隙	0.085	0.105	0.13	0.17

3.3.1.3 齿轮两端面与轴孔中心线或齿轮轴齿轮两端面与轴中心线垂直度公差值为 0.02mm/100mm。

3.3.1.4 两齿轮宽度一致，单个齿轮宽度误差不得超过 0.05mm/100mm，两齿轮轴线平行度值为 0.02mm/100mm。

3.3.1.5 齿轮啮合接触斑点均匀，其接触面沿齿长不小于 70%，沿齿高不小于 50%。

3.3.1.6 轮与轴的配合为 H7/m6。

3.3.1.7 齿轮端面与端盖的轴向总间隙一般为 0.10～0.15mm。

3.3.1.8 齿顶与壳体的径向间隙为 0.15～0.25mm，但必须大于轴颈在轴瓦的径向间隙。

3.4 传动齿轮

3.4.1 侧向间隙 0.35mm。

3.4.2 顶间隙 1.35mm。

3.4.3 齿轮跳动≤0.02mm。

3.4.4 齿轮端面全跳动≤0.05mm。

3.5 轴与轴承

3.5.1 轴颈与滑动轴承的配合间隙（经验值）如表 3 所示。

表 3　轴颈与滑动轴承的配合间隙值

转速/(r/min)	1500 以下	1500～3000	3000 以上
间隙/mm	1.2/1000D	1.5/1000D	2/1000D

注：D 为轴颈直径，mm。

3.5.2 轴颈圆柱度公差值为 0.01mm，表面不得有伤痕，粗糙度为 Ra 1.6μm。

3.5.3 轴颈最大磨损量小于 0.01D（D 为轴颈直径）。

3.5.4 滑动轴承外圆与端盖配合为 R7/h6。

3.5.5 滑动轴承内孔与外圆的同轴度公差值为 0.01mm。

3.5.6 滚动轴承内圈与轴的配合为 H7/js6。

3.5.7 滚针轴承外圈与端盖的配合为 K7/h6。

3.5.8 滚针轴承无内圈时，轴与滚针的配合为 H7/h6。

3.6 端盖

3.6.1 端盖加工表面粗糙度为 $Ra\ 3.2\mu m$，两轴孔表面粗糙度为 $Ra\ 1.6\mu m$。

3.6.2 端盖两轴孔中心线平行度公差值为 0.01mm/100mm，两轴孔中心距偏差为 ±0.04mm。

3.6.3 端盖两轴孔中心线与加工端面垂直度公差值为 0.03mm/100mm。

3.7 壳体

3.7.1 壳体两端面粗糙度为 $Ra\ 3.2\mu m$。

3.7.2 两孔轴心线平行度和对两端垂直度公差值不低于 IT 6 级。

3.7.3 壳体内孔圆柱度公差值为 0.02～0.03mm/100mm。

3.7.4 孔径尺寸公差和两中心距偏差不低于 IT 7 级。

3.8 轴向密封

3.8.1 填料压盖与填料箱的直径间隙一般为 0.1～0.3mm。

3.8.2 填料压盖与轴套的直径间隙为 0.75～1.0mm，周向间隙均匀相差不大于 0.1mm。

3.8.3 填料尺寸正确，切口平行、整齐、无松动，接口与轴心线成 45°夹角。

3.8.4 压装填料时，填料的接头必须错开，一般接口交错 90°，填料不宜压装过紧。

3.8.5 安装机械密封应符合技术要求。

3.9 联轴器

3.9.1 联轴器与轴的配合根据轴径不同，采用 H7/js6、H7/k6 或 H7/m6。

3.9.2 联轴器对中偏差和端面间隙如表 4 所示。

表 4 联轴器对中偏差及端面间隙表　　　　　　　　　　　　　　/mm

联轴器型式	联轴器外径	对中偏差		端面间隙
		径向位移	轴向倾斜	
滑块联轴器	≤300	<0.05	<0.4/1000	
	300～600	<0.10	<0.6/1000	
齿式联轴器	170～185	<0.05	<0.3/1000	2.5
	220～250	<0.08		2.5
	290～430	<0.10	<0.5/1000	5.0
弹性套柱销联轴器	71～106	<0.04		3
	130～190	<0.05		4
	220～250	<0.05		5
	315～400	<0.08		
	475	<0.08		6
	600	<0.10		
弹性柱销联轴器	90～160	<0.05	<0.2/1000	2.5
	195～220			3
	280～320	<0.08		4
	360～410			5
	480			6
	540	<0.10		7
	630			

4 试车与验收

4.1 试车前准备

4.1.1 检查检修记录，确认检修数据正确。

4.1.2 盘车无卡涩，填料压盖不歪斜。

4.1.3 点动电机确认旋转方向正确。

4.1.4 检查液面，应符合泵的吸入高度要求。

4.1.5 压力表、溢流阀应灵活好用。

4.1.6 向泵内注入输送介质。

4.1.7 确认出口阀门打开。

4.2 试车

4.2.1 齿轮泵不允许空负荷试车。

4.2.2 运行良好，应符合下列机械性能及工艺指标要求。

a. 运转平稳，无杂音。

b. 振动烈度符合 SHS 01003—2004《石油化工旋转机械振动标准》相关规定。

c. 冷却水和封油系统工作正常，无泄漏。

d. 流量、压力平稳。

e. 轴承温升符合标准。

f. 电流不超过额定值。

g. 密封泄漏不超过下列要求。

机械密封：重质油不超过 5 滴/min；轻质油不超过 10 滴/min；

填料密封：重质油不超过 10 滴/min；轻质油不超过 20 滴/min。

4.2.3 安全阀回流不超过 3min。

4.2.4 试车 24h 合格后，按规定办理验收手续，移交生产。

4.2.5 试车期间维修人员和检修人员加强巡检次数。

4.2.6 停车时不得先关闭出口阀。

4.3 验收

4.3.1 检修质量符合 SHS 01001—2004《石油化工设备完好标准》项目内容的要求和规定，检修记录齐全、准确，并符合本规程要求。

4.3.2 设备技术指标达到设计要求或满足生产需要。

4.3.3 设备状况达到完好标准。

5 维护与故障处理

5.1 日常维护

5.1.1 定时检查泵出口压力，不允许超压运行。

5.1.2 定时检查泵紧固螺栓有无松动，泵内无杂音。

5.1.3 定时检查填料箱、轴承、壳体温度。

5.1.4 定时检查轴密封泄漏情况。

5.1.5 定时检查电流。

5.1.6 定期清理入口过滤器。

5.2 常见故障与处理（见表 5）

表 5 常见故障与处理

序号	故障现象	故障原因	处理方法
1	泵不吸油	吸入管路堵塞或漏气 吸入高度超过允许吸入真空高度 电动机反转 介质黏度过大	检查吸入管路 降低吸入高度 改变电动机转向 将介质加温

序号	故障现象	故障原因	处理方法
2	压力表指针波动大	吸入管路漏气 安全阀没有调好或工作压力过大,使安全阀时开时闭	检查吸入管路 调整安全阀或降低工作压力
3	流量下降	吸入管路堵塞或漏气 齿轮与泵内严重磨损 电动机转速不够 安全阀弹簧太松或阀瓣与阀座接触不严	检查吸入管路 磨损严重时应更换零件 修理或更换电动机 调整弹簧,研磨阀瓣与座
4	轴功率急剧增大	排出管路堵塞 齿轮与泵内严重摩擦 介质黏度太大	停泵清洗管路 检修或更换有关零件 将介质升温
5	泵振动大	泵与电机不同心 齿轮与泵不同心或间隙大 泵内有气 安装高度过大,泵内产生汽蚀	调整同轴度 检修调整 检修吸入管路,排除漏气部位 降低安装高度或降低转速
6	泵发热	泵内严重摩擦 机械密封回油孔堵塞 油温过高	检查调整齿轮间隙 疏通回油孔 适当降低油温
7	机械密封大量漏油	装配位置不对 密封压盖未压平 动环和静环密封面碰伤 动环和静环密封圈损坏	重新按要求安装 调整密封压盖 研磨密封面或更换新件 更换密封圈

参 考 文 献

[1]　任晓善．化工机械维修手册：上卷．北京：化学工业出版社，2003.

[2]　任晓善．化工机械维修手册：中卷．北京：化学工业出版社，2004.

[3]　任晓善．化工机械维修手册：下卷．北京：化学工业出版社，2004.

[4]　张麦秋，傅伟．化工机械安装修理．第2版．北京：化学工业出版社，2015.

[5]　张涵．化工机器．第2版．北京：化学工业出版社，2009.

[6]　魏龙．密封技术．第2版．北京：化学工业出版社，2010.

[7]　张志宇．化工腐蚀与防护．第2版．北京：化学工业出版社，2013.

[8]　魏龙．泵维修手册．北京：化学工业出版社，2009.

[9]　穆运庆．化工机械维修：化工用泵分册．北京：化学工业出版社，1999.

[10]　厚学礼．化工机械维修管钳工艺．北京：化学工业出版社，2006.

[11]　苏军生．化工机械维修基本技能．北京：化学工业出版社，2005.

[12]　周国良．泵技术问答．北京：化学工业出版社，2009.

[13]　刘纯厚．石油化工用泵．长春：吉林科学技术出版社，1984.

[14]　匡照忠．化工机器与维修．北京：化学工业出版社，2008.

[15]　徐海成．真空工程技术．北京：化学工业出版社，2006.

[16]　王晓冬．真空技术．北京：冶金工业出版社，2006.

[17]　王志魁．化工原理．第4版．北京：化学工业出版社，2010.

参 考 文 献